Klimawandel kompakt für Dummies

Rudolf Huth

Klimawandel kompakt

für dummies®

WILEY

WILEY-VCH GmbH

Klimawandel kompakt für Dummies

Bibliografische Information der Deutschen Nationalbibliothek

Die Deutsche Nationalbibliothek verzeichnet diese Publikation in der Deutschen Nationalbibliografie; detaillierte bibliografische Daten sind im Internet über `http://dnb.d-nb.de` abrufbar.

1. Auflage 2026

Coverillustration: Frank H. - `stock.adobe.com`
Korrektur: Milena Fuchs, Berlin
Satz: Straive, Chennai, India
Druck und Bindung: CPI Group (UK) Ltd, Croydon, CR0 4YY

Print ISBN: 978-3-527-72393-5
ePub ISBN: 978-3-527-85524-7

C9783527723935_221125

Widmung

Dieses Buch ist unseren Kindern Susann, Daniel, Jean-Michel, Felix und Lara sowie unseren Enkelkindern Luke, Chris, Sophie, Lucy und Lukas gewidmet, die ausbügeln müssen, was die ältere Generation ihnen zurückgelassen hat. Ich hoffe, ihr schafft das!

Über den Autor

Rudolf Huth ist emeritierter Professor für Chemie der Hochschule Weihenstephan-Triesdorf (HSWT). Nach seinem Chemiestudium an der Technischen Hochschule in Karlsruhe und der Universität des Saarlandes in Saarbrücken arbeitete er zunächst im Technischen Marketing eines amerikanischen Herstellers von Analysengeräten in Überlingen/Bodensee. Anschließend war er in einem Dienstleistungslabor für Umweltanalytik und Altlasten in Nordrhein-Westfalen beschäftigt, bevor er einen Ruf an die HSWT erhielt. Dort bildete er 25 Jahre lang Diplom-, Bachelor- und Master-Studierende aus.

In seinem Ruhestand ist Huth weiterhin für die HSWT im Lehrauftrag tätig. In einem Online-Zertifikatskurs der HSWT, der sich der Ausbildung von Klimaschutz- und Energiemanagern widmet, ist er für das Modul Grundlagen Klimawandel verantwortlich.

Auf einen Blick

Inhaltsverzeichnis

Einleitung

Informationen zum Klimawandel begegnen Ihnen heutzutage auf Schritt und Tritt. Sie lesen in der Tagespresse, dass dieses Jahr das wärmste Jahr ist, seitdem regelmäßig Temperaturaufzeichnungen vorgenommen werden. Sie hören von Dürrekatastrophen, durch die Tausende von Menschen ihre Heimat verlieren. Sie sehen Überflutungen, die gewaltige Schäden an der Infrastruktur verursachen. Sie erfahren, dass die Gletscher weltweit auf dem Rückzug sind und gleichzeitig der Meeresspiegel immer stärker ansteigt.

Wenn Sie dieses Buch lesen, erhalten Sie zu diesem allgegenwärtigen Thema kompakte Informationen, die Ihnen helfen sollen, Fakten von Fake News zu trennen.

Über dieses Buch

Die Absicht dieses Buches besteht darin, wissenschaftliche Ergebnisse der letzten Jahrzehnte im Bereich der Klimaforschung zu erklären, damit Sie sich zum Thema Klimawandel selbst eine Meinung bilden können. Schließlich sollte sich jeder Mensch ein eigenes Urteil zutrauen; ein Urteil, das frei ist von unangemessener Beeinflussung oder Bevormundung.

Der Anspruch dieses Buches besteht darin, Ihnen eine hilfreiche Einführung in die wichtigsten Themen rund um den Klimawandel zu bieten. Sie werden nicht außen vor gelassen; vielmehr können Sie über verständliche Abbildungen in die Materie eintauchen und so selbst über komplizierte wissenschaftliche Aspekte einen Überblick gewinnen.

Ein Minimum an naturwissenschaftlichen Grundlagen ist nötig, um Sie gezielt zu den Kernaussagen dieses Buches zu führen: Sie werden den Temperatur-Treibhauseffekt verstehen, erfahren, was der CO_2-Fußabdruck bedeutet, und Sie werden Auswirkungen des Klimawandels auf die Natur und unsere Gesellschaft kennen lernen. Nicht zu unterschätzen ist, wie die Politik auf die großen Herausforderungen durch den Klimawandel reagiert. Daher werden Sie auch zu diesem Thema mehr erfahren. Nicht zuletzt wird Ihnen ein bunter Strauß an Maßnahmen präsentiert, mit denen wir dem Klimawandel entgegentreten können – seien es natürliche oder technische Maßnahmen. Selbst mit der Befolgung einfacher Verhaltensregeln können wesentliche Etappenziele erreicht werden.

Abschließend folgt eine Übersicht, wie der Klimaschutz in die verschiedenen Dimensionen der Nachhaltigkeit eingeordnet werden kann und wie durch die Berücksichtigung von Nachhaltigkeitsaspekten dem Klimawandel entgegengewirkt werden kann. Die Auseinandersetzung mit Hemmnissen für den Klimaschutz, wie Kriege und ein übermäßiges Wirtschaftswachstum, runden das Thema ab.

Törichte Annahmen über die Leser

Als Leser eines Buches der Reihe »... kompakt für Dummies« sind Sie vermutlich nicht darauf aus, eine Thematik im Detail und mit all seinen Facetten zu begreifen. Vielmehr gehe ich davon aus, dass Sie in einer kompakten Darstellung die wesentlichen Elemente erfahren möchten.

- ✔ Vielleicht hören Sie im Schulunterricht etwas über den Klimawandel oder Sie belegen an der Universität einen Kurs, in dem Klimawandel eine Rolle spielt.
- ✔ Vielleicht beeinflusst der Klimawandel Ihre persönlichen Aktivitäten in Ihrem Job im Bereich Klimaschutz- oder Umweltmanagement.
- ✔ Vielleicht möchten Sie aber auch nur Licht ins Dunkel einer wissenschaftlich komplexen Diskussion bringen, weil Sie die aktuellen politischen Diskussionen fundiert verfolgen möchten.

Ihr Interesse kann einen beruflichen oder einen rein privaten Grund haben. Da Kenntnisse und Erfahrungen zum Klimawandel durchaus sehr unterschiedlich sein können, versuche ich, Sie dort abzuholen, wo Sie gerade stehen. Verfügen Sie zum Beispiel über eine naturwissenschaftliche Ausbildung, können Sie gegebenenfalls ein oder mehrere Kapitel von Teil I auslassen und sich gleich den nachfolgenden Teilen widmen.

Wie dieses Buch aufgebaut ist

Das Buch *Klimawandel kompakt für Dummies* besteht aus insgesamt sechs Teilen, wobei jeder Teil für sich gelesen und verstanden werden kann, ohne die Erkenntnisse aus den anderen Teilen.

Teil I: Erste Schritte

In Teil I lernen Sie zunächst einige wichtige naturwissenschaftliche Grundlagen. Diese Grundlagen haben nicht den Anspruch, vollständig zu sein – das würde den Rahmen dieses Buches bei Weitem sprengen. Es sollen lediglich einige Fakten aus Astronomie, Physik, Chemie und Biologie erläutert werden, die für das Verständnis der Prozesse des Klimawandels unverzichtbar sind. Dabei wird auf komplizierte mathematische Gleichungen und chemische Formeln weitgehend verzichtet. Nach Behandlung dieser naturwissenschaftlichen Grundlagen wird die Umwelt in der Prähistorie von vor circa 4 Milliarden Jahren bis heute erörtert, gefolgt von einer Darstellung der Umwelt auf der Erde im Anthropozän (das Zeitalter, in dem die biologische Art Mensch das Erscheinungsbild der Erde verändert).

Teil II: CO_2-Anstieg und Klimawandel

Einer Beschreibung über das Ausmaß des Treibhauseffektes und das Global Warming Potential (GWP) folgen Hinweise zum CO_2-Fußabdruck und zu den ökonomischen Kosten des Klimawandels. Nachdem Sie Ursache und Umfang des CO_2-Anstieges erfahren haben, lernen Sie, was Klimawandelskeptiker und Klimaschutzverfechter jeweils über das Thema denken. Teil II schließt mit der Veranschaulichung der direkten Auswirkungen des Klimawandels, die immer stärker in den Fokus rücken.

Teil III: Klimawandel in Politik und Gesellschaft

Politik und Gesellschaft haben bereits in den siebziger Jahren des letzten Jahrhunderts zaghaft damit begonnen, auf den Klimawandel zu reagieren. Heutzutage ist das Thema allgegenwärtig. Der Klimawandel hat die Weltbühne betreten und ist damit auch auf europäischer und auf Bundesebene präsent. Teil III schließt nach dem politischen Überblick mit einer Beschreibung, wie der Klimawandel in der Gesellschaft diskutiert wird.

Teil IV: Maßnahmen gegen den Klimawandel

In Teil IV werden mögliche Maßnahmen vorgestellt, die wir einleiten könnten, um den Problemen Herr zu werden.

Die im laufenden Text beschriebenen Maßnahmen gegen den Klimawandel beruhen in einem ersten Schritt natürlich auf naturwissenschaftlichen Grundlagen. In einem zweiten Schritt kommen soziologische und politische Ausprägungen hinzu, sodass nicht alle beschriebenen Maßnahmen gegen den Klimawandel die ungeteilte Befürwortung aller Menschen finden werden. Zustimmung oder Ablehnung zu möglichen Maßnahmen können unter Umständen mehr als kontrovers innerhalb der Bevölkerung diskutiert werden.

Die beschriebenen Maßnahmen gegen den Klimawandel können verschiedenen Bereichen zugeordnet werden. Dies sind Maßnahmen in der Energiewirtschaft, der Industrie, dem Gebäudebereich, der Mobilität, der Landwirtschaft, der Landnutzung sowie im öffentlichen und privaten Bereich.

Teil V: Was nun?

In Teil V werden weitere Begriffe und Phänomene erläutert, die im Zusammenhang mit dem Klimawandel oft genannt werden – allerdings eher Teil möglicher Maßnahmen oder Konsequenzen sind. Auf das Kapitel, das den Begriff Nachhaltigkeit erklärt, folgt ein Kapitel, in dem aufgezeigt wird, wie der Klimawandel mit Themen wie Demokratie, sozialen Unruhen und Kriegen, Rüstungswettlauf, Wirtschaftsentwicklung und der Kluft zwischen Armut und Superreichen zusammenhängt. In diesem Zusammenhang sollen zwei mögliche – wenngleich extreme – Zukunftsszenarien vorgestellt werden: eine Utopie, die man erreichen könnte, wenn die Menschheit nicht beratungsresistent wäre und alle Maßnahmen konsequent umsetzen, und eine Art Armageddon, auf das unsere Erde zusteuern könnte, falls wir keinerlei Maßnahmen gegen den Klimawandel ergreifen.

Im letzten Kapitel dieses Teils erhalten Sie dann einige psychologische Erklärungen dafür, warum es so schwierig ist, dem Klimaschutz uneingeschränktes Gehör zu verschaffen.

Teil VI: Der Top-Ten-Teil

Der Top-Ten-Teil beinhaltet zehn unverrückbare Fakten zum Klimawandel, man könnte auch sagen seine Zehn Gebote, sowie die zehn wichtigsten Literaturquellen, die mich zum Schreiben dieses Buches inspiriert haben.

Symbole, die in diesem Buch verwendet werden

Dieses Symbol weist auf wichtige Informationen hin, die Sie aufmerksam lesen und sich am besten auch merken sollten.

Bei diesem Symbol sollten Sie sich in Acht nehmen, da hier etwas gehörig schiefgehen kann. Hier könnten sich Fallstricke verbergen, die es zu vermeiden gilt.

Dieses Symbol gibt Ihnen Tipps und Tricks an die Hand, die Ihnen das Leben leichter machen sollen.

Hier finden Sie naheliegende Vergleiche, die Ihnen komplizierte wissenschaftliche Zusammenhänge durch einfache Worte verdeutlichen sollen.

Wie es weitergeht

Als Einsteiger legen Sie am besten einfach los und lesen das Buch von der ersten bis zur letzten Seite. Mit dieser Vorgehensweise erhalten Sie eine systematische Einführung in das Thema Klimawandel.

Generell gilt aber: Jedes Kapitel ist für sich allein verständlich. Sie müssen daher dieses Buch nicht zwingend von der ersten Seite bis zu letzten durchlesen. Ein stetiges »Hop-on, hop-off«, wie bei einer Sightseeing-Tour durch eine Großstadt, ist jederzeit möglich. Sie sollen sich bei der Beschäftigung mit dem Klimawandel so wohl fühlen, als wären Sie im Urlaub. Lesen Sie so, wie Sie es mögen oder wie Sie es gerade benötigen.

Viel Freude und Erfolg beim Schmökern!

Teil I
Erste Schritte

IN DIESEM TEIL …

- … werden die naturwissenschaftlichen Grundlagen des Klimawandels erläutert.
- Es geht um das Basiswissen der Naturwissenschaften Astronomie, Physik, Chemie und Biologie, allerdings nur, soweit es zum Verständnis des Klimawandels notwendig ist.
- Weiterhin wird die Umwelt in der Prähistorie sowie im Anthropozän (das Zeitalter, seitdem der Mensch die Erde bevölkert) beschrieben.

IN DIESEM KAPITEL

Der Klimawandel in unserer Gesellschaft

Temperaturanstieg und Wetterextreme

Biodiversität

Kippelemente

Transformation in der Gesellschaft

Kapitel 1
Faktencheck Klimawandel

Der Klimawandel ist heutzutage, neben den vielen unsinnigen Kriegen auf der Welt, das drängendste Problem, mit dem sich die Menschheit beschäftigen sollte. Der Klimawandel sorgt insbesondere bei der jungen Generation für große Unsicherheit. Junge Menschen sind daher eher bereit, Einschränkungen hinzunehmen, um dem fortschreitenden Klimawandel Paroli zu bieten. Die ältere Generation ist da wesentlich zurückhaltender. Eine Mentalität des »das war doch schon immer so« oder des »das wird schon nicht so schlimm sein« ist bei ihr weit verbreitet.

Klimawandel-Leugner gibt es in allen Bevölkerungsschichten. Einige Argumente oder Fake-News der Klimawandel-Leugner und was Sie – als Klimaschutzbefürworter – dem entgegenhalten könnten, finden Sie im Kapitel 7. Selbst bei einigen politischen Parteien steht das Leugnen des Klimawandels im Grundsatzprogramm: Der im Jahr 2024 gewählte amerikanische Präsident Donald Trump hat deswegen beispielsweise das Klimaschutzabkommen der Vereinten Nationen (UN = United Nations) gekündigt. Das ist Wasser auf den Mühlen derjenigen, die zwar verunsichert sind, aber lieber den bequemeren Weg gehen wollen.

BEISPIEL

Wenn *die da oben* sagen »der Klimawandel ist Fake-News« wird schon etwas dran sein und manche schließen sich lieber einem Weg an, der ihnen auf kurze Sicht die wenigsten Probleme bereitet, weil er nicht mit persönlichen Einschränkungen verbunden ist.

Dabei wäre es wirklich einfach, in Bezug auf Fakten und Fake-News die Spreu vom Weizen zu trennen. Wissenschaftler aus den verschiedensten Fachgebieten beschäftigen sich bereits seit Jahrzehnten mit den Ursachen und Folgen des Klimawandels. Wenn Sie deren Verlautbarungen, die nicht nur in Fachjournalen zu finden sind, sondern auch in der Tagespresse, aufmerksam verfolgen, können Sie sich leicht einige grundlegende Aussagen zu eigen machen. Einige dieser Aussagen sind:

- ✔ **Die durchschnittliche Temperatur auf der Erde ist heute die höchste Temperatur seit 400 Jahren.** Zudem ist sie im vergangenen Jahrhundert um etwas mehr als ein Grad Celsius angestiegen (Näheres dazu im Kapitel 6). Man könnte nun glauben, dass dies nicht sehr viel ist und im Rauschen der jährlichen Temperaturvariationen untergeht. Es ist aber davon auszugehen, dass dieser Temperaturanstieg im Wesentlichen durch das Verbrennen von fossilen Energieträgern verursacht wurde und dass daher zu befürchten ist, dass der Temperaturanstieg in den nächsten Jahrzehnten noch weiter zunimmt. Wissenschaftler, die seit vielen Jahren die regelmäßigen Berichte des Intergovernmental Panel on Climate Change (IPCC) schreiben, gehen davon aus, dass der Temperaturanstieg zwischen zwei und sechs Grad Celsius betragen könnte. Wenn die Durchschnittstemperatur auf der Erde bis zum Ende dieses Jahrhunderts um sechs Grad Celsius steigen sollte, wäre das sehr besorgniserregend.

- ✔ Der vorgenannte **Temperaturanstieg um ein** Grad Celsius, seit dem Beginn der Industrialisierung um das Jahr 1750 und damit dem Beginn des vermehrten Verbrennens von Kohle und später von Öl und Gas, hat bereits ausgereicht, um beträchtliche Anteile des Permafrostbodens in Alaska und Sibirien aufzutauen und die massiven Eisschichten von Nord- und Südpol zu dezimieren (Kapitel 8). Ein Temperaturanstieg von sechs Grad Celsius hätte weit dramatischere Folgen.

- ✔ Wir müssen vermutlich mit umfassenden **Wetterextremen** (Dürre, Starkregenereignisse, Stürme) rechnen, ganze Klimazonen auf der Erde könnten sich verschieben, gefolgt von massenhafter Migration von Menschen, die in ihrer angestammten Heimat nicht mehr leben können. Eine ausführlichere Beschreibung der Auswirkungen des Klimawandels finden Sie in Kapitel 8. Der Bürgerkrieg in Syrien, der 2011 begann, und in dessen Folge eine der größten Völkerwanderungen zu beobachten war, könnte durch eine beispiellose Dürre und damit durch den Klimawandel ausgelöst worden sein.

- ✔ **Versauerung der Ozeane:** Wir müssen zudem damit rechnen, dass die Meere, in denen zurzeit einigermaßen stabile pH-Verhältnisse herrschen, immer mehr versauern, mit unabsehbaren Folgen für die Pflanzen- und Tierwelt, also Flora und Fauna, in den Ozeanen (siehe Kapitel 8).

- ✔ **Artensterben:** Es ist erstaunlich, dass von den Abermilliarden biologischer Arten, die sich durch Mutation und Selektion seit dem Auftreten von Leben auf der Erde entwickelt haben, die meisten bereits wieder verschwunden sind. Paläontologen schätzen, dass 99 Prozent aller biologischen Arten, die jemals auf der Erde gelebt haben, bereits ausgestorben sind. Das Aussterben von Arten ist also der Normalfall. Es gibt aber offensichtlich sehr erfolgreiche Arten, die bereits mehrere sogenannte Massenaussterben in der Prähistorie überlebt haben (siehe Kapitel 3). Das sind zum Beispiel Quastenflosser, die schon vor 400 Millionen Jahren die Erde bevölkerten, und Pfeilschwanzkrebse und Ginkgos, die vor 150 Millionen Jahren das Licht der Welt erblickten und auch heute noch existieren. Der moderne Mensch existiert erst seit 35 000 Jahren. Im Durchschnitt bleibt eine biologische Art der Erde nur 4 Millionen Jahre erhalten, bevor sie für immer ausstirbt. Das ist so, weil sich die Umweltbedingungen über sehr lange Zeiträume hinweg immer wieder verändern. Arten, denen es in der Vergangenheit gut ging, haben daher keine Garantie, dass sie auch in Zukunft annehmbare Umweltbedingungen wiederfinden werden. Das Leben ist, in großen Zeitskalen betrachtet, ein ständiges Erscheinen und Verschwinden von biologischen Arten (siehe Kapitel 2). Auch der Mensch hat demnach keine Überlebensgarantie.

Zwar können wir durch Einsatz technischer Mittel die Umweltbedingungen stärker beeinflussen als jede andere Lebensform und wären somit in der Lage, Bedingungen, die für den Menschen lebensbedrohlich sind, bedingt zu verändern. Allerdings muss klar sein, was der richtige Weg ist und welche Änderung der Umweltbedingungen wirklich die Lebensumstände für den Menschen verbessert. Dabei müssen alle Konsequenzen der von Technik getriebenen Eingriffe bedacht werden: Nicht nur diejenigen, die klar auf der Hand liegen, sondern auch Konsequenzen, die sich indirekt und gegebenenfalls erst in Hunderten von Jahren ergeben. Dabei können wir uns keine Fehler erlauben. Die Natur und das in ihr beheimatete Leben sind von zahllosen gegenseitigen Abhängigkeiten geprägt. Der Eingriff an einer Stelle kann unabsehbare Entwicklungen an anderer Stelle auslösen. Einige Anmerkungen zu verschiedenen Techniken dieses Geo-Engineerings finden Sie in Kapitel 16.

BEISPIEL

Die biologische Art Wühlmaus gilt aktuell als lebensbedrohlicher Krankheitsüberträger für den Menschen. Dennoch wäre es nicht ratsam, die vollständige Ausrottung der Wühlmaus anzustreben. Niemand kann mit Sicherheit ausschließen, dass in Hunderten von Jahren das Ende der biologischen Art Wühlmaus nicht auch das Ende der biologischen Art Mensch zur Folge hätte. Im Bereich des Klimas sollten Sie auch die kleinsten Veränderungen ernst nehmen.

Es gibt in der Natur zahllose sich selbst verstärkende Effekte. Kleine Änderungen können durchaus große Folgen haben; Folgen, die auch durch massive, gegensteuernde Eingriffe der Menschen nicht mehr zurückgedreht werden können. Die Wissenschaft bezeichnet solche Situationen als Kippelemente. Ein Umweltparameter kann zu einem Kippelement werden, wenn sich der Parameter über lange Zeiträume kontinuierlich, aber abrupt und unumkehrbar an einem sogenannten Kipppunkt verändert (siehe Kapitel 8).

Klima-Kippelemente treten im globalen Erdsystem auf. Sie weisen ein Schwellenverhalten auf, das heißt, dass sie bei einer zunehmenden globalen Erwärmung zunächst stabil bleiben, aber plötzlich – ab einem bestimmten Schwellenwert – bereits durch eine kleine zusätzliche Temperaturerhöhung in einen qualitativ anderen Zustand versetzt werden. Das Klimaelement *kippt* und kann in den vorherigen Zustand nicht mehr zurückfinden.

Der CO_2-Anstieg in unserer Atmosphäre, im Wesentlichen verursacht durch das Verbrennen von fossilen Energieträgern sowie die Rodung von Wäldern und die Trockenlegung von Mooren, führt zu einem immer höheren Treibhauseffekt, der irgendwann nicht mehr beherrscht werden kann (siehe Kapitel 2 und Kapitel 4). Das haben mittlerweile die meisten Politiker erkannt und versuchen, das Ruder herumzureißen. Dabei muss eine Transformation in der Gesellschaft stattfinden. Diese Transformation muss im Wesentlichen in der Energiewirtschaft, in der Industrie, im Gebäudebereich, in der Mobilität, in der Landwirtschaft sowie in der Landnutzung erreicht werden. Viele der möglichen Maßnahmen, um dem Klimawandel entgegenzuwirken, werden in den Kapiteln 13 bis 16 ausführlich beschrieben. Sie sollten sich immer an der Nachhaltigkeit orientieren (siehe Kapitel 17 und 18).

Wie effizient eine Gesellschaft die notwendige Transformation bewerkstelligt, hängt nicht zuletzt von der jeweiligen Staatsform ab. Demokratien können dies besser bewerkstelligen als autoritäre Systeme, insbesondere, wenn in der Autokratie dem Klimaschutz aus vermeintlich wirtschaftlichen Interessen keine Priorität eingeräumt wird. Kurzfristige Vorteile in der Wirtschaftsentwicklung, aber auch kriegerische Auseinandersetzungen, konterkarieren in der Regel alle Bemühungen, dem Klimawandel entgegenzuwirken (siehe Kapitel 19).

Wenn es der Weltgemeinschaft nicht gelingt, das Zusammenleben der Nationen und den Gebrauch der natürlichen Ressourcen nachhaltig zu gestalten, könnte dies bereits in einigen Jahrhunderten das Ende der Spezies Mensch bedeuten (siehe Kapitel 20).

IN DIESEM KAPITEL

Astronomie: Beständigkeit dieser Welt

Physik: wie sich die Kontinente verschieben, Strahlung mit Materie wechselwirkt und wie die Atmosphäre aufgebaut ist

Chemie: was Umweltkompartimente sind

Biologie: der dramatische Artenrückgang sowie die Wechselwirkungen zwischen Photosynthese und Atmung

Kapitel 2
Naturwissenschaftliche Grundlagen

Die naturwissenschaftlichen Grundlagen, die für den Klimawandel von Bedeutung sind, entstammen der Astronomie, der Physik, der Chemie und der Biologie.

Astronomische Grundlagen

Der Planet Erde umkreist die Sonne auf einer schwach elliptischen Bahn und das schon seit der Entstehung unseres Sonnensystems vor circa vier Milliarden Jahren. Neben der Erde umkreisen auch sieben weitere Planeten unser Zentralgestirn. Es sind – in der Reihenfolge des zunehmenden Abstands von der Sonne – die sogenannten Gesteinsplaneten Merkur, Venus, Erde und Mars sowie die Gasriesen Jupiter, Saturn, Uranus und Neptun. Alle Planeten umlaufen die Sonne in der gleichen Ebene, diese Ebene wird Ekliptik genannt. Die Erde besitzt einen durchschnittlichen Abstand zur Sonne von circa 150 Millionen Kilometern. Dieser Abstand wird auch eine Astronomische Einheit (1 AE) genannt. Im sogenannten Perihel (Anfang Januar) steht die Erde der Sonne wegen der elliptischen Bahn mit einem Abstand von 147,1 Millionen Kilometern am nächsten und im sogenannten Aphel (Anfang Juli) trennen 152,1 Millionen Kilometer Sonne und Erde voneinander.

Aus diesen Zahlen kann man bereits ablesen, dass die Jahreszeiten auf der Erde nicht durch den Abstand zur Sonne hervorgerufen werden, sondern durch die Tatsache, dass die Erdachse (vom Nordpol bis zum Südpol) nicht senkrecht auf der Ekliptik steht, sondern zurzeit um einen Winkel von circa 23,5 Grad geneigt ist. Im Rahmen kurzer Zeitabstände weist die Erdachse immer in die gleiche Richtung. Das führt dann dazu, dass sechs Monate lang die Nordhalbkugel der Sonne zugeneigt ist und anschließend sechs Monate lang die Südhalbkugel.

Die Neigung der Erdachse ist für die Jahreszeiten verantwortlich.

Neben diesen kurzperiodischen Schwankungen von einem Tag oder einem Jahr gibt es auch langperiodische Veränderungen der globalen Verteilung der Sonneneinstrahlung, die auf die Erde einwirken. Diese langperiodischen Veränderungen spielen sich in Zeiträumen von circa 26 000 bis etwa 100 000 Jahren beziehungsweise 400 000 Jahren ab und werden Milankovic-Zyklen genannt. Diese Zyklen können unter anderem zurückgeführt werden auf die sogenannte Präzession und Nutation sowie die Änderung der Exzentrizität der Erdbahn. Diese Zyklen helfen dabei, die natürlichen Klimaveränderungen in der Prähistorie zu verstehen und werden im nachfolgenden genauer erklärt.

Der Neigungswinkel der Erdachse schwankt innerhalb einer Periode von 26.000 Jahren zwischen 22 Grad und 24,5 Grad. Der Neigungswinkel von 22 Grad führt zu kühleren Sommern und wärmeren Wintern in höheren Breiten. Diese Konstellation verursacht Zuwächse bei den Eisschilden, da wärmere Winter zu einer höheren Luftfeuchtigkeit führen und damit zu stärkeren Schneefällen. Kühlere Sommer verringern hingegen das Abschmelzen der Eisschilde. Daten aus antarktischen Eisbohrkernen zeigen deutlich, dass es im sogenannten Quartär (Zeitraum von vor 1,8 Millionen Jahren bis heute) mehrere Eiszeiten mit dazwischenliegenden Warmzeiten gab.

Die langperiodischen Veränderungen (Milankovic-Zyklen) sind für länger andauernde Kalt- oder Warmphasen (Klima) verantwortlich.

Präzession und Nutation beziehungsweise Exzentrizität sind astronomische Vorgänge, die auf die Erdkugel durch die Gravitationswirkung von Sonne und Mond beziehungsweise Jupiter und Saturn einwirken:

- Im Rahmen sehr großer Zeitabstände durchwandert die Erdachse eine Bewegung um die Senkrechte auf der Bahnebene. Diese Bewegung, die **Präzession** genannt wird, lässt die Erdachse in der Folge in rund 26.000 Jahren einmal im Kreis herum, und zwar gegen die Richtung der Erddrehung wandern.

Der Himmelsnordpol kreist also langsam über den Sternenhimmel. Derzeit zeigt der Himmelsnordpol zu dem Stern Alpha Ursae Minoris, den wir auch Polarstern nennen. In 13.000 Jahren aber wird der Himmelsnordpol zu dem Stern Wega zeigen, bevor in weiteren 13.000 Jahren der Himmelsnordpol wieder zum Polarstern zeigen wird.

Diese Bewegung ist eine Folge der Massenanziehung zwischen Erde, Sonne und Mond in Verbindung mit der Abweichung der Erde von der Kugelform. Tatsächlich ist die Erde keine perfekte Kugel, sie ist an den Polen leicht abgeplattet (der Erdradius an den Polen beträgt circa 6.356 km) und besitzt am Äquator einen leichten Wulst (der Erdradius am Äquator beträgt circa 6.378 km). Die Ursache von Abplattung und Wulst ist die Erddrehung, bei der sich die Erde in 24 Stunden einmal um ihre Achse dreht.

✔ Neben der Präzession ist noch eine weitere Bewegung der Erdachse entscheidend; diese geschieht senkrecht zum Öffnungskegel der Präzession: Es ist die sogenannte **Nutation**. Die Nutation ist eine kleine periodische Schwankung der Richtung der Erdachse, die eine Periodendauer von circa 18,6 Jahren besitzt. Präzession und Nutation sind grundlegende physikalische Vorgänge, die auf die Ausrichtung eines Kreisels im Raum einwirken. Das Ausmaß der Effekte wird im Wesentlichen durch das Trägheitsmoment, das Drehmoment und die Rotationsperiode bestimmt.

Die Vorgänge von Präzession und Nutation sind in Abbildung 2.1 schematisch dargestellt.

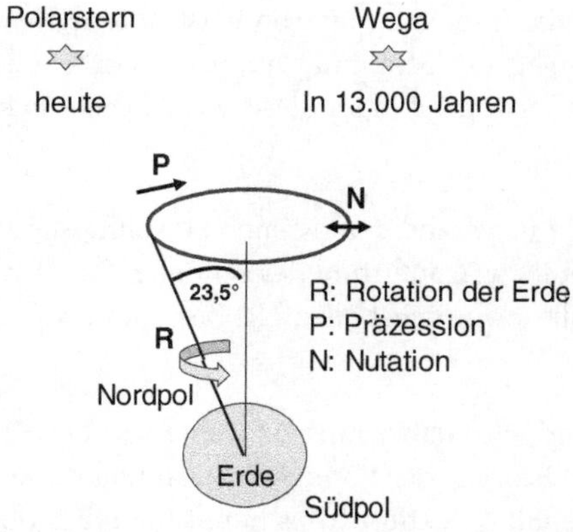

Abbildung 2.1: Schematische Darstellung von Präzession und Nutation

- ✔ Ein weiterer astronomischer Vorgang, neben Präzession und Nutation, ist die **Exzentrizität**. Die Erde umläuft die Sonne nicht auf einer exakt kreisförmigen, sondern auf einer elliptischen Bahn. Die Exzentrizität gibt an, wie weit die ellipsenförmige Umlaufbahn von einer kreisförmigen Umlaufbahn abweicht.

  In großen Zeitabständen verändert sich der Zahlenwert der Exzentrizität und damit auch der Abstand zwischen Erde und Sonne. Ursache dieser Variationen in den Abständen der Erde zur Sonne sind gravitative Störungen der Erdbahn durch die anderen Planeten des Sonnensystems, in erster Linie durch Jupiter und Saturn.

Die Oberfläche der Erde wird durch die Strahlungsleistung der Sonne aufgewärmt. Die Sonne und die von ihr ausgehende Strahlungsleistung können als Energielieferanten des irdischen Wetters und auch des Klimas angesehen werden. Durch die verschieden starken Einstrahlungen in den Tropen und in den Polargebieten werden die globalen Windzirkulationssysteme aufrechterhalten. Daraus leiten sich die Mechanismen ab, die die Klimazonen und unser tägliches Wetter bestimmen.

Die Strahlungsleistung der Sonne am Oberrand der Atmosphäre beträgt bei senkrechter Einstrahlung etwa 1 361 W/m^2. Diese Größe nennt man Solarkonstante S_0. Das ist die langjährig gemittelte extraterrestrische Bestrahlungsstärke (Intensität) der Sonne, die bei mittlerem Abstand zwischen Erde und Sonne ohne den Einfluss der Atmosphäre senkrecht zur Strahlrichtung auf die Erde auftrifft. Der Begriff »Konstante« wird konventionell verwendet, obwohl es sich um keine Naturkonstante handelt, da sich die Intensität der Sonnenstrahlung mit der Zeit ändert. Die zeitlichen Änderungen der Strahlungsintensität der Sonne in verschiedenen Zyklen sind allerdings so gering, dass diese nicht berücksichtigt werden müssen.

Auf die Erdoberfläche gelangt von der insgesamt gemessenen Strahlungsleistung von circa 1 361 W/m^2 nur ein Bruchteil, weil aufgrund des schrägen Einfallswinkels und der Erdatmosphäre (Lufthülle sowie gegebenenfalls Bewölkung) Verluste auftreten.

Die Erde besitzt eine Kugelgestalt und wird daher nur zur Hälfte von der Sonne angestrahlt. Zudem werden circa 30 Prozent der Sonneneinstrahlung durch die Erdoberfläche wieder zurück ins Weltall reflektiert. Dies nennt man die Albedo der Erde. Daher wird die Erde im Mittel nur von 239 W/m^2 angestrahlt.

Mithilfe der Physik ist es nunmehr möglich, zu berechnen, welche mittlere Temperatur auf der Erde herrschen würde, wenn man sich die Anwesenheit der

Atmosphäre auf der Erde wegdenken könnte. Man kommt dabei auf eine Temperatur von −18 Grad Celsius und die Erde wäre vermutlich vollständig vereist. Das ist eine mittlere Temperatur über den gesamten Globus gemittelt. Natürlich wäre es am Tag deutlich wärmer, aber in der Nacht auch deutlich kälter.

Aus den zuvor beschriebenen astronomischen Gegebenheiten wäre auf der Erde eine mittlere globale Temperatur von −18 Grad Celsius zu erwarten. Tatsächlich aber beträgt die mittlere globale Temperatur auf der Erde *glücklicherweise* +16 Grad Celsius. Der natürliche Treibhauseffekt, den die Anwesenheit der Atmosphäre verursacht, ist der Grund für diese Differenz von +34 Grad Celsius.

Zum Vergleich kann man sich die Tag- und Nachtemperaturen auf der Mondoberfläche anschauen. Der Mond hat keine Atmosphäre, die Tagtemperaturen liegen bei circa +100 Grad Celsius, die Nachttemperaturen bei circa −150 Grad Celsius. Die Temperaturdifferenz zwischen Tag und Nacht beträgt also circa 250 Grad Celsius. Dabei ist der Mond im Mittel genauso weit von der Sonne entfernt wie die Erde.

Die Anwesenheit der Atmosphäre auf der Erde sorgt für relativ gut ausgeglichene Tag- und Nachttemperaturen.

Die Strahlungsleistung der Sonne hängt aber auch, über die Leuchtkraft, von der Masse der Sonne ab. Die Masse der Sonne beträgt $2 \cdot 10^{30}$ kg. Wäre die Masse der Sonne um 20 Prozent größer als sie tatsächlich ist, würden auf der Erdoberfläche Temperaturen wie auf der Venus herrschen. Wäre die Masse der Sonne um 20 Prozent kleiner als sie tatsächlich ist, würden auf der Erdoberfläche Temperaturen herrschen, wie sie auf dem Mars auftreten.

Es ist also kein Zufall, dass das Leben vor drei bis vier Milliarden Jahren auf der Erde Fuß fasste und sich seit dieser Zeit immer weiter von einfachsten zu immer komplizierteren Lebensformen weiterentwickelt hat. Die Erde hat den richtigen Abstand zur Sonne, gemessen an ihrer aktuellen Größe.

Physikalische Grundlagen

Zu den physikalischen Grundlagen gehören einerseits Kenntnisse über die Kontinentalverschiebungen und andererseits Informationen über die Ursachen für den Treibhauseffekt sowie über den Aufbau der Erdatmosphäre.

Kontinentalverschiebungen

In seinem 1915 veröffentlichten Buch »Die Entstehung der Kontinente und Ozeane« stellte der Polarforscher und Geowissenschaftler Alfred Wegener die Hypothese auf, dass die Küstenlinien von Südamerika und Afrika die Bruchstücke eines ehemals größeren, auseinander gebrochenen, Kontinents sein könnten. Der heute zwischen ihnen liegende Atlantische Ozean habe sich dadurch gebildet, dass sich die Kontinente Südamerika und Afrika durch eine Kontinentalverschiebung voneinander entfernt hätten. Diese zu seinen Lebzeiten von anderen Wissenschaftlern nicht anerkannte Hypothese wurde nach seinem Tod zu einer wesentlichen Grundlage für das heutige Modell der Plattentektonik.

Vor 250 Millionen Jahren existierte auf der Erde nur ein einziger Superkontinent: Pangaea. Vor circa 135 Millionen Jahren brach dieser Kontinent auseinander und bildete einen Nordkontinent und einen Südkontinent. Der Nordkontinent umfasste im Wesentlichen die Gebiete, die man heute Nordamerika und Eurasien nennt. Der Südkontinent bestand aus den übrigen Landmassen. Vor circa 100 Millionen Jahren spaltete sich der Südkontinent weiter auf in Südamerika, Afrika, Australien, Indien und die Antarktis. Diese Landmassen bewegten sich dann mit einer Geschwindigkeit von zwei bis 20 Centimetern pro Jahr weiter und bildeten die Kontinente wie wir sie heute kennen. Auch heute noch bewegen sich die Landmassen. Das können wir zum Beispiel an den unterschiedlichen Grabenbrüchen innerhalb der Kontinentalplatten ablesen.

BEISPIEL

Erdbeben in Ostafrika lassen erkennen, dass das sogenannte Horn von Afrika immer weiter vom afrikanischen Kontinent abgetrennt werden wird. Die San-Andreas-Verwerfung in Kalifornien ist eine tektonische Störung, an der die Pazifische Platte an der Nordamerikanischen Platte vorbeidriftet. Starke vulkanische Aktivitäten auf Island zeigen an, dass die Kontinente Eurasien und Nordamerika immer weiter auseinandergetrieben werden, wodurch der Atlantik größer, aber der Pazifik immer kleiner wird. Der gesamte afrikanische Kontinent wandert nordwärts und staucht dabei den italienischen Stiefel zusammen und ist damit dafür verantwortlich, dass die Alpen weiter in die Höhe wachsen und das Mittelmeer immer kleiner wird, bis es vielleicht in Tausenden von Jahren verschwunden sein wird.

Mithilfe von Computersimulationen haben Forscher aus den gegenwärtigen Bewegungen der Kontinente errechnet, dass in circa 250 Millionen Jahren die gegenwärtig sieben verschiedenen Kontinente wieder zu einem neuen Superkontinent verschmelzen könnten. Im Zuge dieses Prozesses, in dem eine Landmasse unter eine andere Landmasse geschoben wird (Subduktion), werden vermehrt

Vulkaneruptionen mit dem Ausstoß großer Mengen Kohlendioxid (CO_2) verbunden sein. Zudem werde sich der neue Superkontinent in der Äquatorzone zusammenballen, wodurch ein heißes kontinentales Klima herrschen werde.

Weiterhin wird sich die Strahlungsemission der Sonne voraussichtlich um circa 2,5 Prozent erhöhen. Diese drei Faktoren würden dazu führen, dass die mittlere Temperatur auf der Erdoberfläche +40 bis +70 Grad Celsius betragen könnte.

Wenn sich die Kontinente und damit das Klima so weitgehend verändern, könnten Säugetiere – und damit auch der Mensch – nicht mehr überleben.

Solche Veränderungen in der Verteilung der Landmassen ziehen erhebliche klimatische Wechsel auf den Landoberflächen nach sich. Warme oder kalte Meeresströmungen wie der Golfstrom im Atlantik oder El Niño im Pazifik können umgeleitet oder ganz unterbrochen werden. Regionen, die vormals einem Ozeanbeeinflussten Klima ausgesetzt waren, können unter den Einfluss eines Kontinentalklimas geraten. Der Jetstream, ein Starkwind in circa zehn Kilometern Höhe, der rund um den Globus von Westen nach Osten weht und in seinem Verlauf von hohen Gebirgsketten wie den Rocky Mountains, den Anden oder dem Himalaya beeinflusst wird, kann umgelenkt werden und somit das Wettergeschehen stark verändern.

Wechselwirkungen der elektromagnetischen Strahlung mit Materie

Es mag vielleicht verwundern, warum eine doch recht geringfügige Erhöhung der CO_2-Konzentration und anderer Gase in der Atmosphäre die Temperatur auf der Erde beeinflussen kann. Ursache hierfür ist der sogenannte Treibhauseffekt, der sich aus einfachen physikalischen Prinzipien aus der Wechselwirkung zwischen Materie und elektromagnetischer Strahlung ergibt. Elektromagnetische Strahlung kann in ganz unterschiedlichen Wellenlängenbereichen auftreten (siehe Abbildung 2.2).

Das sichtbare Licht (VIS-Strahlung) reicht von der höher energetischen blauen Strahlung bei circa 400 nm bis zur nieder energetischen roten Strahlung bei circa 700 nm. Im linken Bereich des Spektrums schließen sich an blaues Licht mit stark zunehmender Energie die Ultraviolett-Strahlung (UV-Strahlung), die Röntgenstrahlung und die γ-Strahlung an. Im rechten Teil des Spektrums folgen auf die rote Strahlung mit weiterhin abnehmender Energie die Infrarot-Strahlung (IR-Strahlung), die Mikrowellenstrahlung und die Radiowellen.

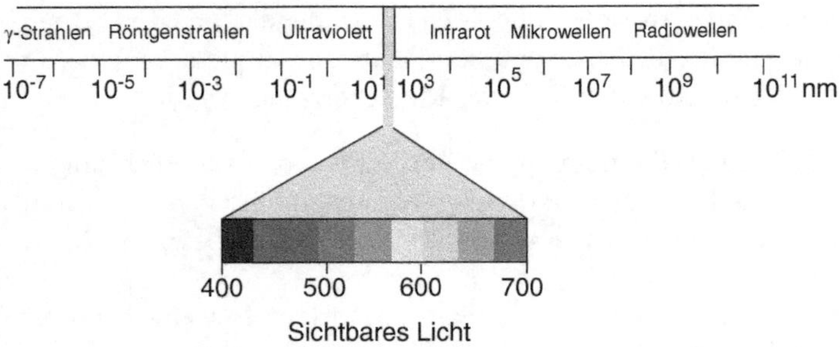

Abbildung 2.2: Elektromagnetisches Spektrum

Die Energie einer Strahlung kann man mit dem Planck´schen Gesetz bestimmen. Es lautet:

$$E = h \bullet \nu = h \bullet \frac{c}{\lambda}$$

Hierbei bedeutet:

h = Planck´sches Wirkungsquantum (eine Naturkonstante)

ν = Frequenz der Strahlung

c = Lichtgeschwindigkeit (eine Naturkonstante)

λ = Wellenlänge der Strahlung

Blaue Strahlung ist hochenergetisch, rote Strahlung ist niederenergetisch. Dabei ist die Energie proportional zur Frequenz und umgekehrt proportional zur Wellenlänge.

Daher wird die Energie einer Strahlung häufig mit »h • ν« bezeichnet (siehe Abbildung 2.3).

Trifft eine elektromagnetische Strahlung (h • ν) auf Materie, kann es zu ganz unterschiedlichen Wechselwirkungen kommen. Infrarot-Strahlung wird von vielen

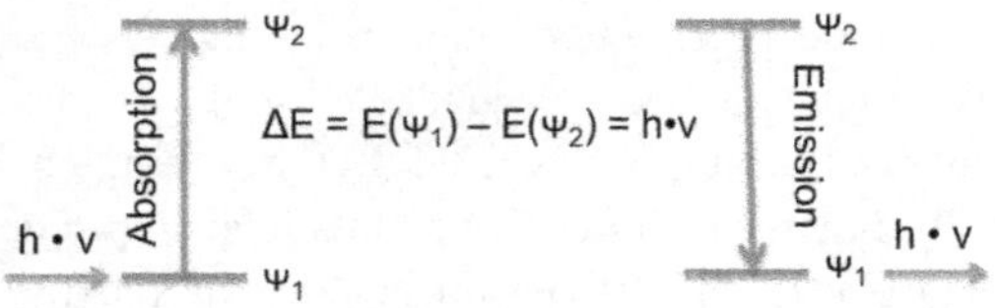

Abbildung 2.3: Energieaufnahme (Absorption) und Energieabgabe (Emission) von Strahlung

gasförmigen Molekülen (wie unter anderem CO_2, CH_4, N_2O) aufgenommen (absorbiert). Dabei wird das aufnehmende Molekül aus dem Grundzustand (ψ_1) in den angeregten Zustand (ψ_2) versetzt. Bei dieser Anregung wird Energie auf das aufnehmende Molekül übertragen. Mehr Energie, die in einem Molekül steckt, bedeutet, das Molekül bewegt sich schneller. Sich schneller bewegende Moleküle bedeuten aber auch, dass die Moleküle eine höhere Temperatur besitzen. Wenn also Gasmoleküle in der Atmosphäre Infrarot-Strahlung absorbieren, nimmt die absorbierende Gasschicht eine höhere Temperatur an.

Materie, die sich schneller bewegt, hat eine höhere Temperatur als Materie, die sich langsamer bewegt.

Auf dieser Absorption von IR-Strahlung durch Moleküle basiert eine Messtechnik, die man Infrarot-Molekülabsorption nennt, mit deren Hilfe viele verschiedene Gase in der Atmosphäre gemessen werden können, weil jedes gasförmige Molekül die IR-Strahlung bei einer anderen Wellenlänge absorbiert.

Ein weiterer temperaturerhöhender Effekt zwischen Strahlung und Materie läuft ab, wenn sichtbare Strahlung auf die Erdoberfläche trifft. Die auftreffende Strahlung wird zum größten Teil absorbiert, was mit schnellerer Bewegung der Oberflächenteilchen und damit einer Temperaturerhöhung verbunden ist. Die Oberfläche heizt sich auf.

BEISPIEL

Diesen Effekt kann man im Sommer besonders gut beobachten. Das Sonnenlicht heizt das Innere eines Kraftfahrzeuges auf, weil die Metalloberfläche Strahlung besonders gut absorbiert. Diese Absorption führt im Inneren des Fahrzeuges zu einer Temperaturerhöhung.

Es findet neben der Absorption an der Erdoberfläche aber auch eine Reflexion der Strahlung statt, wobei bei einer dunklen Oberfläche die Absorption stärker und die Reflexion schwächer, und bei einer hellen Oberfläche die Reflexion stärker und die Absorption schwächer ist. Auch das kann im Sommer gut beobachtet werden.

BEISPIEL

In einem Kraftfahrzeug mit heller Lackierung wird es im Sommer weniger warm (mehr Reflexion und weniger Absorption) als in einem Kraftfahrzeug mit dunkler Lackierung (mehr Absorption und weniger Reflexion).

Dies bewirkt aber auch, dass die Strahlung der Sonne auf einer ausgedehnten Eis- oder Schneefläche viel stärker zurück ins Weltall geworfen wird als von jeder anderen Oberfläche, sei es ein Siedlungsgelände, ein Waldareal oder eine Ackerfläche. Diese Eigenschaft der Erdoberfläche nennt man Albedo, von ihr war bereits bei den astronomischen Grundlagen die Rede. Die Albedo ist also ein Maß dafür, wieviel der einfallenden Sonnenstrahlung wieder zurück ins Weltall reflektiert wird.

Auch Wolken besitzen eine gewisse Albedo, die aber je nach Art der Wolken sehr unterschiedlich sein kann. Hohe Zirruswolken besitzen eine sehr geringe Albedo, sind also fast komplett durchlässig für die Sonnenstrahlung. Niedrige Stratuswolken, die sehr dicht sind und aus denen typischerweise Regen oder Schnee auf die Erdoberfläche herabfällt, besitzen eine sehr hohe Albedo. Am Tag reflektieren diese Wolken die Sonnenstrahlung und wirken daher abkühlend. In der Nacht aber wird die Wärmestrahlung des Erdbodens an der unteren Wolkendecke zurück zur Erdoberfläche geworfen und daher wirken sie dann erwärmend.

Infolge der Reflexion von Strahlung ändert sich aber auch die Wellenlänge des reflektierten Lichtstrahls. Es entsteht aus sichtbarer Strahlung ein erheblicher Anteil an Infrarot-Strahlung, weil durch die gleichzeitige Absorption der sichtbaren Strahlung an der Oberfläche des absorbierenden Körpers die reflektierte Strahlung weniger Energie besitzt als die einfallende sichtbare Strahlung.

Wird sichtbare Strahlung an der Erdoberfläche reflektiert, wird ein Teil der Strahlung in Infrarot-Strahlung (Wärmestrahlung) umgewandelt.

Mit diesen einleitenden Informationen über Wechselwirkungen von Strahlung mit Materie ist der erste Schritt zum Verständnis des Treibhauseffektes getan.

Der Treibhauseffekt

Die Ursache des gegenwärtigen Klimawandels ist der sogenannte Treibhauseffekt in der Atmosphäre. Wie ein solcher Treibhauseffekt zustande kommt, zeigt die Abbildung 2.4.

Hier eine kurze Übersicht dazu, durch welche Abläufe der Treibhauseffekt entsteht:

1. Die Sonne emittiert elektromagnetische Strahlung, die aus hochenergetischer Ultraviolett-Strahlung (UV), mittelenergetischer sichtbarer Strahlung (VIS als Abkürzung für visible, also sichtbar) und niederenergetischer Infrarot-Strahlung (IR) besteht.

2. Eine ausgeprägte Ozon-Schicht, die sich in etwa 15 bis 50 Kilometern Höhe befindet, absorbiert einen Großteil der hochenergetischen UV-Strahlung. Absorption bedeutet, die Strahlung wird von den Ozon-Molekülen

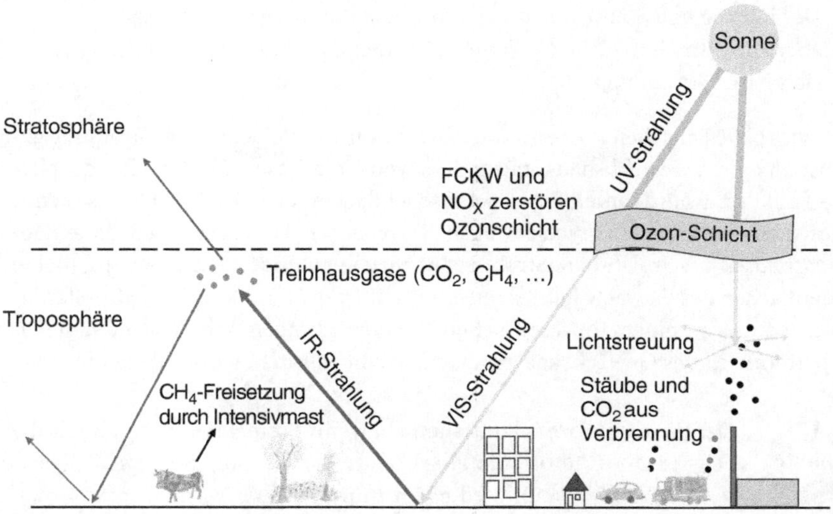

Abbildung 2.4: Treibhauseffekt

aufgenommen und die Energie dabei in Wärme umgewandelt. Daher ist die Temperatur in der Ozonschicht deutlich höher als in der oberen Troposphäre (mehr dazu im folgenden Unterkapitel: Aufbau der Erdatmosphäre).

3. Treibhausgase wie Kohlendioxid (CO_2) und Methan (CH_4) in der oberen Troposphäre absorbieren die Infrarot-Strahlung der Sonne (ein kleinerer Teil wird auch ins Weltall reflektiert), sodass fast nur sichtbare Strahlung der Sonne auf die Erdoberfläche auftrifft. Die sichtbare Strahlung (VIS) wird an der Erdoberfläche teilweise absorbiert (was zu einer Temperaturerhöhung der Oberfläche führt) und teilweise reflektiert. Diese Reflexion geht einher mit einer Vergrößerung der Wellenlänge der reflektierten Strahlung (Umwandlung von sichtbarer Strahlung in Infrarot-Strahlung).

4. Trifft diese Infrarot-Strahlung auf Treibhausgase in der oberen Troposphäre, erfolgt entweder eine erneute Absorption (verbunden mit einer Temperaturerhöhung der Gase), eine Reflexion auf die Erdoberfläche (verbunden mit einer Temperaturerhöhung der Erdoberfläche) oder einer Abstrahlung ins Weltall.

5. Die Verbrennung von Biomasse durch menschliche Aktivitäten oder durch Waldbrände erhöht die Konzentration an CO_2 in der Troposphäre. Die Intensivmast in der Landwirtschaft, aber auch der Reisanbau setzen große Mengen CH_4 in die Troposphäre frei, wodurch sich die Absorption von Infrarot-Strahlung und damit die Temperaturerhöhung noch verstärkt.

Der Eintrag von Stäuben in die Atmosphäre durch Verbrennungsprozesse aber auch durch natürliche Wetterphänomene führt zur Lichtstreuung von sichtbarer Strahlung.

Da diese physikalischen Prozesse von Absorption und Reflexion von Strahlung genauso in einem Gewächshaus stattfinden, wobei die Gase CO_2 und CH_4 die gleiche Funktion wahrnehmen wie die Glasdachflächen des Gewächshauses, nennt man diese natürlichen Erscheinungen Treibhauseffekt. Glasflächen eines Gewächshauses lassen sichtbare Strahlung nahezu ungehindert eintreten, die an den Innenflächen des Gewächshauses reflektierte Infrarot-Strahlung kann die Glasflächen aber nur zu einem unwesentlichen Teil durchdringen – die Wärme sammelt sich im Innern des Gewächshauses an, ein Treibhauseffekt wird wahrnehmbar.

BEISPIEL

Der gleiche Prozess läuft auch ab, wenn Sonnenstrahlung durch die Fenster eines Autos oder eines Wintergartens fällt. Solange die Fenster geschlossen sind, wird es im Innern immer wärmer; öffnet man ein Fenster, kann die Wärme nach außen entweichen.

Neben den zuvor genannten Gasen Kohlendioxid (CO_2) und Methan (CH_4) sind auch andere Stoffe in der Atmosphäre klimawirksam und tragen zu einem Treibhauseffekt bei. Neben Wasserdampf (H_2O) sind dies auch Ozon (O_3), Lachgas (N_2O) und andere Gase wie zum Beispiel fluorierte und chlorierte Kohlenwasserstoffe (FCKW) oder flüchtige organische Verbindungen (VOC = volatile organic carbon).

Diese Stoffe kommen in der Atmosphäre in unterschiedlichen Konzentrationen vor und tragen daher auch unterschiedlich stark zum Treibhauseffekt bei (Abbildung 2.5).

Spurengas	Erwärmungseffekt	Konzentration in Atmosphäre	Temperatur-Differenz
Wasserdampf	20,6 °C	2 – 30.000 ppm	+16 °C
Kohlendioxid	7,5 °C	420 ppm	
Ozon	2,4 °C	0,03 ppm	
Lachgas	1,7 °C	0,3 ppm	Δ 34 °C
Methan	0,9 °C	1,8 ppm	
Andere (FCKW, VOC, …)	0,6 °C	< 1 ppb	-18 °C

Abbildung 2.5: Temperatur-Treibhauseffekt der klimarelevanten Spurengase

Wasserdampf als natürlich in der Atmosphäre vorkommender Stoff besitzt den mit Abstand größten Erwärmungseffekt mit 20,6 Grad Celsius. Die Konzentration von Wasserdampf in der Atmosphäre kann extrem schwanken (zwei bis 30.000 ppm), weil die Konzentration sehr stark von der Temperatur, dem Luftdruck und den Windgeschwindigkeiten, aber auch von der Bewuchsdichte mit Pflanzen abhängt.

In Urwäldern in der Äquatorregion ist die Luftfeuchtigkeit in der Regel sehr hoch, in den Polregionen oder in Wüsten ist die Luftfeuchtigkeit in der Regel sehr niedrig.

Den zweithöchsten Erwärmungseffekt besitzt das Kohlendioxid mit siebeneinhalb Grad Celsius, die Konzentration in der Atmosphäre beträgt zurzeit 420 ppm.

Addiert man alle Erwärmungseffekte der Abbildung 2.5, erhält man ein ΔT von circa 34 Grad Celsius. Die mittlere Temperatur auf der Erde würde –18 Grad Celsius betragen, wenn es überhaupt keine Atmosphäre gäbe. Diesen Zahlenwert kann man aus der Solarkonstante und den Bewegungen der Erde um die Sonne berechnen (Unterkapitel Astronomische Grundlagen). Durch die Anwesenheit der Atmosphäre mit ihren natürlichen und anthropogenen (vom Menschen eingebrachten) Stoffen beträgt die mittlere Temperatur auf der Erde jedoch +16 Grad Celsius. Der mit Abstand größte Teil dieser Temperatur-Differenz ist natürlichen Ursprungs, weil er von Wasserdampf verursacht ist, und nur ein sehr geringer Anteil ist anthropogen, also vom Menschen verursacht.

Man könnte nun daraus schließen, dass das zusätzliche Ausstoßen von CO_2 in die Atmosphäre durch die moderne Industriegesellschaft den Treibhauseffekt nicht sonderlich verstärken würde, weil der gesamte Wasserdampf sowie ein großer Teil des CO_2 natürlichen Ursprungs sind.

Diese Argumentation, die häufig von Leugnern des Klimawandels verwendet wird, ist allerdings außerordentlich verharmlosend und wird der Realität nicht gerecht.

Die Denkweise, dass es sich um Stoffe natürlichen Ursprungs handelt, berücksichtigt nicht die langfristigen Folgen einer permanenten anthropogenen CO_2-Erhöhung in der Atmosphäre. Je mehr CO_2 der Mensch in die Atmosphäre freisetzt, desto wärmer wird es und desto mehr Wasserdampf gelangt an die Atmosphäre (in den Tropen ist der Wasserdampfgehalt in der Atmosphäre höher als in den kälteren Regionen) und umso höher wird der Temperatur-Treibhauseffekt. Es handelt sich hierbei um eine sich selbst verstärkende positive Rückkopplung. Ist dieser Weg einmal eingeschlagen, kann irgendwann ein Kipppunkt überschritten werden.

BEISPIEL

Vergleicht man den CO_2-Gehalt der Luft von 420 ppm (420 ppm bedeutet 420 parts per million, also 420 CO_2-Teile auf 1 Million Luftteile) mit einem Alkoholgehalt im Blut nach dem Genuss eines Glases Wein, erkennt man sofort, dass auch eine kleine Stoffkonzentration eine große Wirkung haben kann. 420 ppm ist das Gleiche wie 0,042 Prozent und das wiederum ist das Gleiche wie 0,42 Promille. Nach dem Verzehr eines Glases Weines kann der Alkoholgehalt im Blut, je nach körperlicher Konstitution des Trinkenden, durchaus 0,42 Promille betragen. Das Trinken eines weiteren Glases Wein, wenn man anschließend ein Auto bewegen möchte, ist keine gute Idee, wenn man seinen Führerschein behalten will, da ab einem Alkoholgehalt von 0,5 Promille im Blut das Führen eines Kraftfahrzeuges verboten ist.

Vielmehr ist die Realität im Zusammenhang mit dem CO_2-Gehalt in der Atmosphäre wie folgt:

- ✔ Mit jeder durch Menschen verursachten Konzentrationssteigerung des CO_2 in der Atmosphäre steigt die mittlere Temperatur auf der Erde. Und mit jeder Steigerung der Temperatur steigt auch die Konzentration an Wasserdampf in der Atmosphäre, weil jeder Temperaturanstieg mehr flüssiges Wasser in die Dampfphase überführt.
- ✔ Im Ergebnis würde ein sich beschleunigender Prozess ablaufen, der die mittlere Temperatur auf der Erde in bisher nie dagewesene Temperaturen steigern könnte. Das nennt man in der Klimawissenschaft eine positive Rückkopplung.
- ✔ Es könnte irgendwann ein sogenannter Kipppunkt erreicht und überschritten werden. Kipppunkt bezeichnet einen kritischen Grenzwert, an dem eine kleine zusätzliche Störung zu einer qualitativen Veränderung im System führen kann; eine Veränderung, die nicht mehr rückgängig gemacht werden kann. Eine stetige Temperaturzunahme könnte dann letztlich sogar bis zu einer vollständigen Verdampfung der Meere führen.

Die Konzentration der Treibhausgase in der Atmosphäre bestimmt im Wesentlichen, ob wir auf der Erde ein sehr heißes oder ein sehr kaltes Klima vorfinden. Hohe Treibhausgaskonzentrationen bedingen ein Abschmelzen von Eismassen und einen Anstieg des Meeresspiegels. Niedrige Treibhausgaskonzentrationen verursachen die Vereisung der Erde und ein Fallen des Meeresspiegels.

Aufbau der Erdatmosphäre

Zum Glück für das Leben auf der Erde gibt es den temperaturausgleichenden Faktor durch die Atmosphäre. Die Erdatmosphäre ist für einen ausgeprägten natürlichen Treibhauseffekt verantwortlich, der die mittlere Temperatur auf der Erde auf circa +16 Grad Celsius anhebt. Unterschiede zwischen Tag- und Nachttemperaturen sind auf der Erde relativ gering und liegen zum Beispiel in Wüsten nur bei circa 30 Grad Celsius – und nicht etwa bei 250 Grad Celsius wie auf dem Mond. Die Abbildung 2.6 zeigt schematisch den Aufbau der Erdatmosphäre. Aus der Abbildung wird ersichtlich, wie sich die mittleren Temperaturen der Erdatmosphäre mit der Höhe über Normalnull (N.N.) verändern (durchgezogene Linie).

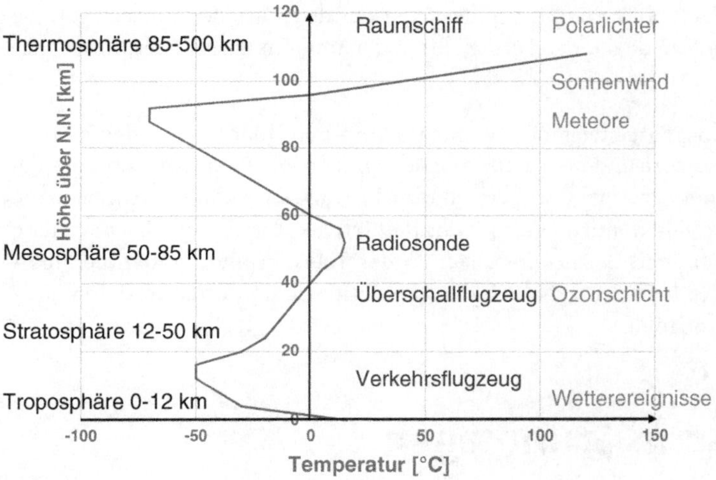

Abbildung 2.6: Aufbau der Erdatmosphäre

Der bodennahe Teil der Atmosphäre heißt Troposphäre. In ihr bewegen sich beispielsweise Verkehrsflugzeuge. Die Wetterereignisse spielen sich in dieser Schicht ab, weil die Troposphäre fast die gesamte Wassermenge der Atmosphäre enthält. Antrieb für die Wetterereignisse ist dabei die unterschiedlich starke Sonnenstrahlung, die den Erdboden erwärmt. Da warme Luft aufsteigt und kalte Luft absinkt, wird die Troposphäre durch verschiedene Wirbel intensiv durchmischt (Konvektion). Die Troposphäre ist dadurch gekennzeichnet, dass die Lufttemperatur mit zunehmender Höhe immer geringer wird. In einer Höhe von zehn Kilometern herrschen typischerweise Temperaturen von circa −50 Grad Celsius.

Die Prozesse in der Stratosphäre werden nicht mehr durch Konvektion bestimmt, sondern durch das Strahlungsgleichgewicht. In der Stratosphäre befindet sich die Ozonschicht, in der die energiereiche UV-Strahlung von der Sonne absorbiert und in Wärme umgewandelt wird. Daher steigt die Temperatur in der Ozonschicht bis über Null Grad Celsius an. Ohne die lebensnotwendige Ozonschicht würde die hochenergiereiche UV-Strahlung bis zum Erdboden gelangen und die uns bekannten Lebensformen zerstören. Überschallflugzeuge können bis in die Stratosphäre aufsteigen.

In der bodennahen Troposphäre, in der sich das Wettergeschehen abspielt, nimmt die Temperatur üblicherweise (wenn keine Inversionswetterlage vorliegt) von unten nach oben ab und beträgt in zehn Kilometern Höhe circa −50 Grad Celsius. In der Stratosphäre steigt die Temperatur auf circa 0 Grad Celsius an, weil dort durch die Reaktion von UV-Strahlung mit Ozon Wärme entsteht.

In der Mesosphäre ist kaum noch absorbierendes Ozon vorhanden, sodass dort die mittlere Temperatur durch den geringen Luftdruck wieder auf sehr geringe Werte abnimmt. Radiosonden können bis in den unteren Bereich der Mesosphäre aufsteigen.

In der Thermosphäre steigt die Temperatur mit der Höhe wieder deutlich an. Hier treffen Meteore und der partikelreiche Sonnenwind (er enthält zum Beispiel hochenergetische Protonen) auf eine nunmehr stark ausgedünnte Atmosphäre. Je nach Stärke des Sonnenwindes kann die Temperatur in der Thermosphäre auf bis zu 1500 Grad Celsius ansteigen. In der Thermosphäre treten die Polarlichter auf. Hier befindet sich auch die Internationale Raumstation ISS in circa 400 Kilometern Höhe.

Chemische Grundlagen

Einige wenige chemische Grundlagen müssen ebenfalls besprochen werden, da sich die Erde mit all ihren Lebensformen in sogenannte Umweltkompartimente (homogene Bereiche in der Umwelt) einteilen lässt. Diese Umweltkompartimente enthalten die verschiedenen Elemente in ganz unterschiedlichen Verbindungen. Gelegentlich ist auch von Bedeutung, ob bestimmte Verbindungen in hohen oder geringen Konzentrationen in der Umwelt vorkommen. Chemische Verbindungen wandeln sich gelegentlich in andere Verbindungen um und können in der ursprünglichen oder auch in der umgewandelten Form in lebensnotwendige Prozesse auf der Erde eingreifen.

Die Umweltkompartimente

Das Leben auf der Erde spielt sich in vier verschiedenen Umweltkompartimenten ab, die in einem regen Stoffaustausch miteinander stehen. Diese Umweltkompartimente sind:

- ✔ Atmosphäre (= Luft)
- ✔ Pedosphäre/Lithosphäre (= Boden/Gesteine)

- Hydrosphäre (= Wasser)
- Biota (= Lebewesen)

Die Abbildung 2.7 zeigt die Beziehungen der Umweltkompartimente zueinander im Überblick.

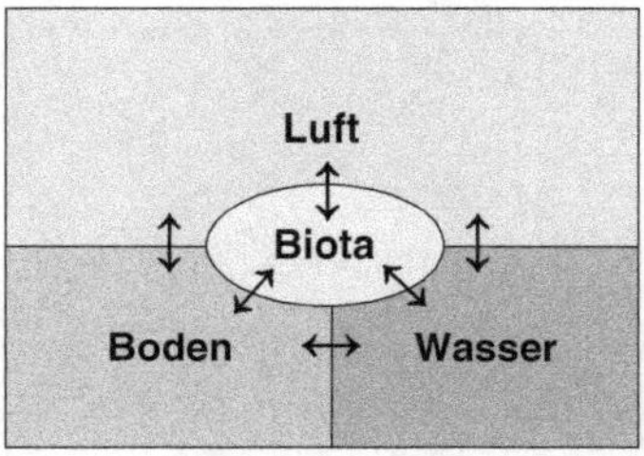

Abbildung 2.7: Beziehungen der Umweltkompartimente zueinander

Permanent werden Stoffe ausgetauscht zwischen Boden und Luft (zum Beispiel Vulkanismus oder leicht flüchtige organische Lösemittel), zwischen Luft und Boden (zum Beispiel Umwandlung von Stickoxiden oder Schwefeloxiden unter Beteiligung von Luftfeuchtigkeit, Staub und UV-Strahlung in Salpeter- beziehungsweise Schwefelsäure, die letztlich als saurer Regen auf die Erdoberfläche zurück kommen), zwischen Wasser und Luft (zum Beispiel Verdampfen von Wasser), zwischen Luft und Wasser (zum Beispiel Lösen von CO_2 in Wasser unter Bildung von Kohlensäure [H_2CO_3]), zwischen Boden und Wasser (zum Beispiel Transport von Düngemitteln/Nitraten ins Grundwasser), sowie zwischen Wasser und Boden (zum Beispiel Versalzung von Böden durch Überschwemmungen mit Meerwasser oder Ausfällung von schwerlöslichem Calciumcarbonat).

Die verschiedenen Lebensformen nehmen aus Boden, Wasser und Luft die verschiedensten Nährstoffe für ihren Stoffwechsel auf, geben aber auch Abfallstoffe an die Umgebung ab. Dabei können die Lebensformen aber auch mit Schadstoffen belastet werden, die im Extremfall toxisch auf die Lebensformen wirken können.

Die Umweltkompartimente als dynamisches System sind ständigen Veränderungen unterworfen. Diese Veränderungen können so weitreichend sein, dass bestimmte Arten der belebten Natur ihre Lebensgrundlage verlieren und aussterben. Aus den veränderten Umweltbedingungen können sich allerdings auch – im Rahmen der Evolution – besser angepasste Arten langfristig durchsetzen.

Atmosphäre – die Luft zum Atmen

Der Planet Erde ist von einer sehr dünnen gasförmigen Atmosphäre umgeben. Die Hauptbestandteile dieser Atmosphäre sind Stickstoff (N_2), Sauerstoff (O_2) und das Edelgas Argon (siehe Abbildung 2.8). Die im Folgenden angegebenen Konzentrationen an Hauptbestandteilen, Nebenbestandteilen und Spuren beziehen sich immer auf trockene Luft.

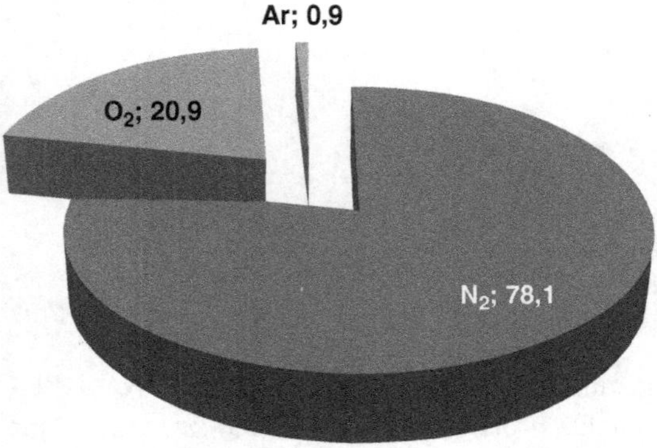

Abbildung 2.8: Hauptbestandteile der Erdatmosphäre in Prozent

99,9 Prozent der Atmosphäre bestehen aus diesen drei Gasen. Stickstoff ist chemisch gesehen ein ziemlich inertes Gas, das nur begrenzt mit anderen Stoffen reagiert. Sauerstoff ist für Tiere und Menschen lebensnotwendig und wird von der Landfauna über die Lunge und von der Wasserfauna über die Kiemen aufgenommen.

Das ebenfalls in der Atmosphäre vorhandene Gas Argon ist ein Edelgas, das mit keinem anderen Stoff chemisch reagiert. Es entsteht fast ausschließlich beim Zerfall des radioaktiven Isotops Kalium-40, das in großen Mengen im Erdmantel und in der Erdkruste enthalten ist.

Neben diesen Hauptbestandteilen sind auch sogenannte Nebenbestandteile in der Erdatmosphäre vorhanden. Die Nebenbestandteile werden üblicherweise in der physikalischen Einheit ppm (parts per million) angegeben. Der Umrechnungsfaktor von ppm in Prozent beträgt 1/10.000. Möchte man die Konzentration von Kohlendioxid (CO_2), die 420 ppm beträgt, in Prozent umrechnen, muss man den Zahlenwert von 420 durch 10.000 dividieren und man erhält die Konzentration in Prozent, in diesem Fall also 0,042 Prozent.

Möchten Sie die Konzentration eines Stoffes in Prozent in die Einheit ppm umrechnen, müssen Sie die Prozentzahl mit dem Faktor 10 000 multiplizieren. Möchten Sie die Konzentration eines Stoffes in ppm in die Einheit Prozent umrechnen, müssen Sie den ppm-Zahlenwert durch den Faktor 10.000 dividieren.

Die Abbildung 2.9 zeigt im linken Tortendiagramm (Nebenbestandteile) die Konzentrationen von Kohlendioxid (CO_2), Neon (Ne), Helium (He) sowie Methan (CH_4) in der Einheit ppm und im rechten Tortendiagramm (Spuren) die Konzentrationen von Wasserstoff (H_2), Distickstoffmonoxid (N_2O), Kohlenmonoxid (CO), Stickstoffdioxid (NO_2) Schwefeldioxid (SO_2) und dem Kohlenwasserstoff Ethan (C_2H_6) in der Einheit ppb. Die Einheit ppb (parts per billion) ist um den Faktor 1.000 niedriger als die Einheit ppm.

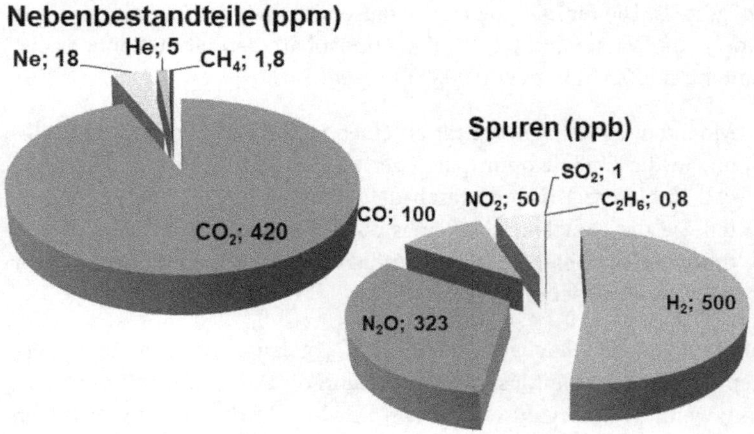

Abbildung 2.9: Nebenbestandteile und Spuren der Erdatmosphäre

Kohlendioxid wird seit dem Beginn der Industrialisierung im 19. Jahrhundert durch das Verbrennen von fossilen Rohstoffen wie Kohle, Erdöl und Erdgas in großen Mengen in die Atmosphäre freigesetzt. Für diesen Prozess kann man stellvertretend für Kohle (C) und für Methan (CH_4) jeweils eine vereinfachte Gleichung angeben, die zeigt, wie solche fossilen Energieträger vollständig zu Kohlendioxid – und falls der fossile Energieträger wie in Erdöl und Erdgas auch Wasserstoff (H) enthält zu Wasser – verbrannt werden:

$$C + O_2 \rightarrow CO_2$$
$$CH_4 + 2O_2 \rightarrow CO_2 + 2H_2O$$

Neon (Ne) und Helium (He) sind inerte Edelgase, die mit keinem anderen Element eine Verbindung eingehen. Methan (CH_4) ist wie Kohlendioxid ein sogenanntes Treibhausgas. Methan entsteht immer dann, wenn Biomasse unter Luftausschluss abgebaut wird. Dies ist vor allem in der Land- und Forstwirtschaft der Fall. Methan entsteht auch als Abfallprodukt bei der Massentierhaltung, weil es im Pansen von Rindern und Kühen gebildet und bei der Verdauung freigesetzt wird. Eine weitere Quelle von Methan sind Klärwerke und Mülldeponien. Methan ist ein sehr reaktives Gas, weil es bereits durch Luftsauerstoff zu Kohlendioxid oxidiert werden kann und verbleibt daher, einmal in die Atmosphäre freigesetzt, nur einige Jahre dort. Kohlendioxid hingegen ist wenig reaktiv und verbleibt dort daher, einmal in die Atmosphäre freigesetzt, über Hunderte von Jahren.

Im rechten Tortendiagramm der Abbildung 2.9 sind die Spurengase in der Einheit ppb dargestellt. Die Einheit ppb ist der tausendste Teil der Einheit ppm. Die Konzentration von Wasserstoff (H_2) in der Atmosphäre beträgt 500 ppb, das ist gleichbedeutend mit 0,5 ppm oder 0,00005 Prozent.

Möchten Sie die Konzentration eines Stoffes in ppb (parts per billion) in die Einheit ppm (parts per million) umrechnen, müssen Sie den Zahlenwert in ppb durch den Faktor 1 000 dividieren. Möchten Sie die Konzentration eines Stoffes in ppm in die Einheit ppb umrechnen, müssen Sie den Zahlenwert in ppm mit dem Faktor 1.000 multiplizieren.

Distickstoffmonoxid, auch Lachgas genannt (N_2O), gelangt vor allem über stickstoffhaltigen Dünger und die Massentierhaltung in die Atmosphäre. Es entsteht immer dann, wenn Mikroorganismen stickstoffhaltige Verbindungen im Boden abbauen. Kohlenmonoxid (CO) entsteht immer dann, wenn organisches Material im Sauerstoffmangel verbrannt wird. In der Atmosphäre wird es aber sehr schnell zu Kohlendioxid oxidiert. Stickstoffdioxid (NO_2) entsteht vor allem bei der Verbrennung von Biomasse im Sauerstoffüberschuss, Es wird insbesondere mit den Abgasen von Dieselfahrzeugen und Flugzeugen freigesetzt. Schwefeldioxid (SO_2) entsteht ebenfalls vor allem bei der Verbrennung von Biomasse. Ethan (C_2H_6) ist neben Methan ein Hauptbestandteil des Erdgases und wird daher auch immer im Zuge der Erdgasförderung bewusst oder unbewusst in die Atmosphäre freigesetzt.

Die am stärksten klimarelevanten Gase, die der Mensch seit dem Beginn der Industrialisierung in die Atmosphäre ausgestoßen hat, sind die Gase CO_2 und CH_4 (Nebenbestandteile) sowie N_2O (Spurenbestandteil).

Pedosphäre – der Boden für die Nahrung

Die Pedosphäre ist die äußere Schicht der Erdoberfläche (Erdkruste), deren Dicke zwischen fünf und 70 Kilometer beträgt. Sie besteht im Wesentlichen aus Sauerstoff und Silicium. Diese beiden Elemente bilden den wichtigsten Bestandteil von Boden, die Silikate. Die weiteren Nebenbestandteile (Aluminium, Eisen, Magnesium und Calcium sind ebenfalls in den verschiedensten Formen der Silikate enthalten.

Die Abbildung 2.10 zeigt die prozentuale elementare Zusammensetzung der Erdkruste.

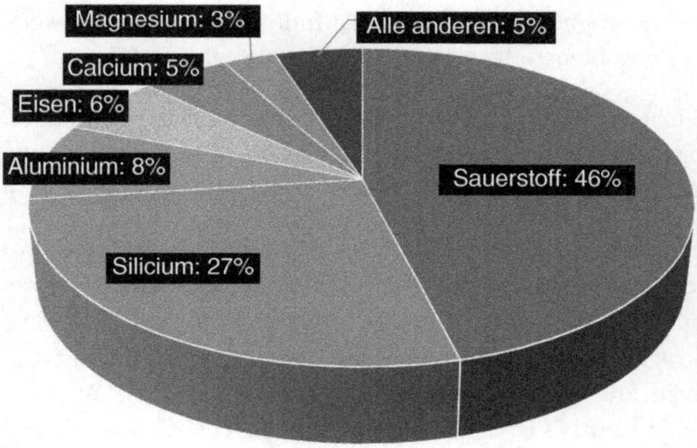

Abbildung 2.10: Hauptbestandteile der Erdkruste

Da die Pedosphäre im ständigen Kontakt mit der Atmosphäre und auch der Hydrosphäre steht, kann es zwischen den Umweltkompartimenten zu einem permanenten Stoffaustausch kommen. Leicht wasserlösliche Schadstoffe können über das Sickerwasser in die Hydrosphäre transportiert werden. Wenig wasserlösliche Stoffe und solche, die besonders gut an Bodenbestandteilen adsorbiert werden, verbleiben mehr oder weniger in der Pedosphäre, wenn sie nicht natürlichen Abbauvorgängen unterworfen sind.

Leicht flüchtige Schadstoffe mit einem hohen Dampfdruck können aus der Pedosphäre in die Bodenluft und dann letztlich in die Atmosphäre übergehen.

Für die Pedosphäre ist der Wassergehalt des Bodens von besonderer Bedeutung, da die natürliche, in einem Boden enthaltene, Bodenfeuchte für die sich im Boden aufhaltenden Lebensformen eine wesentliche Rolle spielt. Auf dem Boden wachsende Pflanzen benötigen eine minimale Bodenfeuchte, damit Wasser und darin enthaltene Nährstoffe über die Pflanzenwurzeln in oberirdische Pflanzenteile transportiert werden können. Ein für den Klimawandel sehr bedeutsames Ökosystem in der Pedosphäre sind Moore. In Mooren ist der Boden durch Niederschläge, Grundwasserzufluss, Oberflächen- oder Quellwasser permanent wassergesättigt. In diesen Biotopen sind sehr große Mengen an Kohlenstoff gespeichert und stellen damit hervorragende CO_2-Senken dar. Die noch verbliebenen Moore der Erde, die der Mensch bisher noch nicht trockengelegt hat, speichern doppelt so viel CO_2 wie alle Wälder der Erde zusammen. Das Trockenlegen von Mooren, zum Beispiel zur Gewinnung von Torf oder der Nutzbarmachung der Flächen für die Landwirtschaft, setzt große Mengen CO_2 wieder frei, die zuvor in Tausenden von Jahren dort gespeichert worden sind. Wegen ihrer großen Bedeutung für den Klimaschutz stehen Moore heute unter strengem Naturschutz. Zudem sollten dort, wo es möglich ist, entwässerte Moore wieder vernässt werden, damit sie wieder ihre Kohlenstoffspeicherfunktion wahrnehmen können.

Moore speichern deutlich mehr CO_2 als Wälder und müssen daher erhalten bleiben – oder bereits trocken gelegte Moore wieder vernässt werden.

In allen nicht vom Menschen besiedelten Flächen sollte eine ausreichende Bodenfeuchte gegeben sein, damit Erosionen durch Wind und Starkregenereignisse minimiert werden. Erosionen führen zu Nährstoffverlusten im Boden und können infolge von Starkregenereignissen Überschwemmungen nach sich ziehen, wenn ein zuvor ausgetrockneter Boden schlagartig auftretende, große Wassermassen nicht mehr fassen kann. Es ist davon auszugehen, dass Erosion bei natürlich ausgebildeter ganzjähriger Pflanzenbedeckung nicht nennenswert auftritt.

Die wichtigsten bewirtschaftungsbedingten Einflussfaktoren auf Erosion sind die Struktur der Kulturlandschaft, die angebaute Kulturart beziehungsweise die Fruchtartenwechsel sowie die Art der Bodenbearbeitung.

- ✔ Große offene Anbauflächen mit fehlenden kleinräumigen Strukturen, wie zum Beispiel Hecken, Grünstreifen oder Baumreihen, begünstigen erosive Prozesse.

- ✔ Bei Kulturen mit einer Bepflanzung in großen Reihenabständen, wie Mais oder Zuckerrüben, ist der Boden besonders im Winter, im Frühjahr und im Frühsommer überwiegend unbedeckt. Wind und Wasser können den Boden direkt angreifen und erodieren.

- ✔ Die Intensität der Bodenbearbeitung beeinflusst sowohl die Bodenbedeckung hinsichtlich der Einarbeitung von Ernteresten als auch die Stabilität der Böden. Schonende, konservierende Bodenbearbeitungsformen fördern sowohl die Bodenbedeckung als auch die Bodenstabilität und damit zum Beispiel das Vermögen der Böden, Wasser aufzunehmen und zu speichern. Das Erosionsrisiko sinkt.

Zusätzlich verstärken Klimaveränderungen das Erosionsrisiko. Insbesondere die steigende Wahrscheinlichkeit von auftretenden Trockenphasen, lokalem Starkregen und die Möglichkeit zunehmender mittlerer Windgeschwindigkeiten sind maßgeblich. Die Notwendigkeit ist gegeben, unsere Böden zukünftig noch stärker vor erosionsbedingten Verlusten und damit einhergehender Degradation zu schützen. Schließlich können Jahrzehnte oder sogar Jahrhunderte vergehen, bis sich ein stark degradierter Boden durch Neuaufbau der Humusschicht wieder erholt hat.

Hydrosphäre – das Wasser zum Trinken

Das Umweltkompartiment Hydrosphäre, also das Wasser (H_2O), besteht im Hinblick auf die Elemente aus Wasserstoff (11 Prozent) und Sauerstoff (89 Prozent).

Die Wasserfläche auf der Erde beträgt 70,7 Prozent, die Landfläche 29,3 Prozent. Meerwasser, das in deutlich größerer Menge als Süßwasser vorliegt, enthält circa 3,5 Prozent Salze. Die Abbildung 2.11 zeigt die durchschnittliche Zusammensetzung der Meerwassersalze.

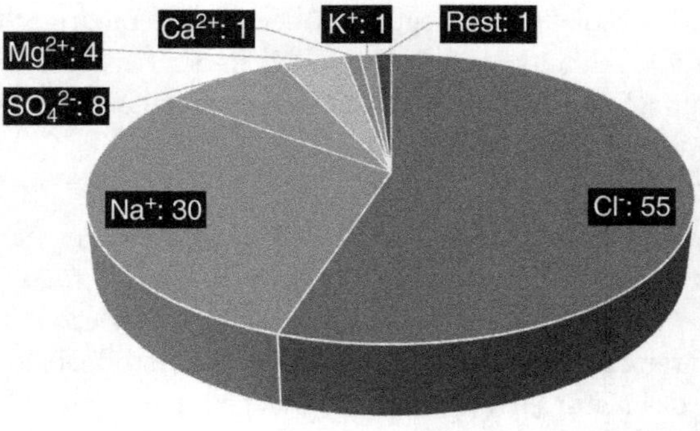

Abbildung 2.11: Zusammensetzung der Meerwassersalze

Wasser enthält neben den hier aufgeführten Salzen zusätzlich noch verschieden Gase, die mehr oder weniger wasserlöslich sind. Die Löslichkeit von Gasen in Wasser ist von Temperatur, Salzgehalt und Druck (Wassertiefe) abhängig.

Für einige Gase wird die Löslichkeit in Wasser bei zwei verschiedenen Temperaturen (Null Grad Celsius und 20 Grad Celsius) in der Tabelle 2.1 angegeben.

Element/ Verbindung	Löslichkeit in Wasser bei 0 Grad Celsius in g/L	Löslichkeit in Wasser bei 20 Grad Celsius in g/L
N_2	0,0294	0,0190
O_2	0,0694	0,0434
CO_2	3,3	1,7
H_2S	7,2	4,0
NH_3	899	518

Tabelle 2.1: Löslichkeit von Gasen in Wasser unter Laborbedingungen

Gase wie N_2 und O_2 gehen keine chemische Reaktion mit Wasser ein, daher ist ihre Löslichkeit sehr gering. CO_2 dagegen reagiert schon merklich als Lewis-Base mit Wasser und bildet Kohlensäure. H_2S reagiert ebenfalls als Säure mit Wasser unter Bildung von HS^-. NH_3 reagiert als Lewis-Base mit Wasser unter Bildung von NH_4OH.

Die Löslichkeiten von CO_2, H_2S und NH_3 sind daher deutlich höher als die von N_2 und O_2.

Je höher die Temperatur ist, umso geringer ist für die meisten Gase die Löslichkeit in Wasser. Das liegt daran, dass bei höherer Temperatur die Brown´sche Molekularbewegung höher als bei niedriger Temperatur ist. Und je schneller sich Gasmoleküle in der Flüssigkeit bewegen, umso wahrscheinlicher ist es, dass die Gasmoleküle aus der flüssigen Phase in die Gasphase übertreten.

Die Löslichkeit von O_2 in Wasser (circa 43 mg/L bei 20 Grad Celsius) darf nicht verwechselt werden mit dem Sauerstoffgehalt einer Wasserprobe (circa neun mg/L bei 20 Grad Celsius). Die Löslichkeit wurde experimentell im Labor ermittelt, indem reiner Sauerstoff in reinem Wasser gelöst wurde. Der Sauerstoffgehalt in einer Wasserprobe wird in der Natur ermittelt und dort liegen neben Sauerstoff auch andere Gase gelöst in Wasser vor (zum Beispiel CO_2), die dann in Konkurrenz zur Löslichkeit von Sauerstoff treten.

Manche Schadstoffe in der Hydrosphäre können durch Niederschlagsbildung ausgefällt werden oder durch Adsorptionsvorgänge an Bodenbestandteilen festgelegt werden und gelangen somit aus der Hydrosphäre in die Pedosphäre. Leicht flüchtige Schadstoffe mit einem hohen Dampfdruck können auch aus der Hydrosphäre in die Atmosphäre gelangen.

Biota – das Ökosystem zum Leben

Dieses Umweltkompartiment umfasst die uns bekannten Lebensformen. Diese basieren alle auf der extrem vielfältigen Chemie des Elementes Kohlenstoff, das mit dem chemischen Symbol C bezeichnet wird und Grundlage der Organischen Chemie ist. Das Symbol C ist abgeleitet von dem lateinischen Wort Carbona für Holzkohle. Kein anderes Element des Periodensystems geht so viele Verbindungen mit anderen Elementen, aber auch mit sich selbst ein, wie das Element Kohlenstoff. Mehr als 90 Prozent aller bekannten Verbindungen sind Kohlenstoffverbindungen. Alle weiteren circa 100 Elemente des Periodensystems bilden gerade einmal circa 10 Prozent der übrigen Verbindungen, an denen der Kohlenstoff nicht beteiligt ist. Damit kommt dem Kohlenstoff eine außergewöhnliche Sonderrolle zu.

Aus dem Nichtmetall Kohlenstoff (C), und von Fall zu Fall auch den weiteren Nichtmetallen Sauerstoff (O), Wasserstoff (H) und Stickstoff (N), bestehen lebensnotwendige Verbindungen wie zum Beispiel Aminosäuren, Kohlenhydrate und Fette. Kohlenstoffverbindungen treten aber auch in der unbelebten Natur auf, zum Beispiel Oxide des Kohlenstoffs wie gasförmiges Kohlendioxid (CO_2) und gasförmiges Kohlenmonoxid (CO), aber auch in Wasser gelöstes CO_2, das man als Kohlensäure (H_2CO_3) bezeichnet. Eine bekannte Kohlenstoffverbindung aus der Pedosphäre ist Calciumcarbonat, das auch Kalkstein genannt wird ($CaCO_3$). Felsmaterialien bestehen häufig aus dieser Feststoffverbindung, die den großen Felsmassiven dieser Erde seine Stabilität verleiht.

In über Jahrmillionen von Jahren andauernden Erosionsprozessen werden diese Carbonate durch flüssiges Wasser und gasförmiges Kohlendioxid aufgelöst und in die Flüsse und die Ozeane verfrachtet. Dort können die gelösten Carbonate wiederum mit Calcium-Ionen (Ca^{2+}), je nach den dort herrschenden Umweltbedingungen, schwerlöslichen Kalkstein bilden, der dann letztlich großflächige Kalksteinschichten auf den Fluss- und Meeressedimenten bilden kann.

Kohlenhydrate, zum Beispiel Glucose ($C_6H_{12}O_6$) sind ein wichtiger Energieträger für die verschiedenen Lebensformen. Vor allem Glucose, als Nahrung aufgenommen, reagiert mit dem starken Oxidationsmittel Sauerstoffgas (O_2), das über Lunge oder Kiemen aufgenommen wird, in den Körperzellen von Tieren und Menschen. Dort wird es abgebaut und setzt dabei Energie frei, die wiederum benötigt wird, um Muskeln zu bewegen. Die Abbauprodukte sind Kohlendioxid (CO_2) und Wasser (H_2O). CO_2 wird über die Lunge oder die Kiemen wieder an die Atmosphäre abgegeben, das Abbauprodukt H_2O löst dann weitere Abfallstoffe aus dem Verdauungstrakt und schleust diese über die Nieren aus dem Körper aus.

Eine stark vereinfachte Reaktionsgleichung für diesen Vorgang, den man Atmung nennt, lautet:

$$C_6H_{12}O_6 + 6O_2 \rightarrow 6CO_2 + 6H_2O.$$

Kohlendioxid ist ein Gas, das von Land- und Wasserflora zum Aufbau von Biomasse im Zuge der sogenannten Photosynthese benötigt wird. Eine stark vereinfachte Reaktionsgleichung, wie Letztere in grünen Blättern unter Beteiligung von Sonnenlicht abläuft, lautet:

$$6CO_2 + 6H_2O \rightarrow C_6H_{12}O_6 + 6O_2$$

Diese Reaktionsgleichung der Photosynthese ist die exakte Umkehrung der bereits erwähnten Reaktionsgleichung, die die Verbrennung von Glucose mit Sauerstoff zu Kohlendioxid und Wasser zeigt. Photosynthese und Atmung sind also zwei gegenläufige Prozesse, wobei die Photosynthese von der Flora und die Atmung von der Fauna bewerkstelligt wird. Kohlendioxid wird also von Pflanzen als Wertstoff benötigt und von Menschen und Tieren als Abfallstoff freigesetzt.

Die vereinfachte Reaktionsgleichung für die Atmung von Tieren und Menschen, bei der aus Glucose und Sauerstoff die Abfallstoffe Kohlendioxid und Wasser entstehen, lautet:

$$C_6H_{12}O_6 + 6O_2 \rightarrow 6CO_2 + 6H_2O.$$

Die vereinfachte Reaktionsgleichung für die Photosynthese von Pflanzen, bei der aus Kohlendioxid und Wasser die Verbindungen Glucose und Sauerstoff entstehen, lautet:

$$6CO_2 + 6H_2O \rightarrow C_6H_{12}O_6 + 6O_2$$

Die zweite Reaktion ist die Umkehrung der ersten Reaktion. Tiere und Menschen sowie Pflanzen sind gegenseitig aufeinander angewiesen.

Abgestorbene Pflanzen, Tiere und Menschen werden an ihrem Lebensende von Mikroorganismen und Pilzen zersetzt. Dabei werden flüchtige Gase wie Stickstoff, Kohlendioxid und Methan in die Atmosphäre freigesetzt und nichtflüchtige organische Verbindungen und Mineralien über das Sickerwasser im Boden verteilt. Diese Wertstoffe können somit wieder an einem Stoffkreislauf innerhalb der Biota oder der Pedosphäre teilnehmen.

Wird kohlenstoffhaltiges Material, zum Beispiel Kohle, Erdöl, Erdgas oder auch Holz in Gegenwart von Sauerstoff verbrannt, bildet sich immer Kohlendioxid

(CO_2). Diesen Verbrennungsprozess kann man vereinfacht, unter Weglassung der weiteren Inhaltsstoffe der fossilen Energieträger, wie folgt schreiben:

$$C + O_2 \rightarrow CO_2$$

Dieser Verbrennungsvorgang ist, genauso wie der Abbau von Kohlenhydraten, eine CO_2-Quelle, weil das gebildete Gas in die Atmosphäre emittiert wird. Der Prozess der Photosynthese ist eine CO_2-Senke, weil CO_2 aus der Atmosphäre entnommen wird und damit der CO_2-Gehalt in der Atmosphäre abnimmt. Neben Wäldern und Pflanzen allgemein sind auch Moore eine CO_2-Senke, weil hier große Mengen Kohlenstoff unter sogenannten anaeroben Bedingungen (Sauerstoffausschluss) gespeichert sind.

Die Abbildung 2.12 zeigt, wie sich Kohlendioxid und Sauerstoff seit Jahrtausenden in einem stabilen Gleichgewicht befunden haben und wie sich dieses Gleichgewicht in der Neuzeit durch die Anwesenheit der Menschen verändert hat.

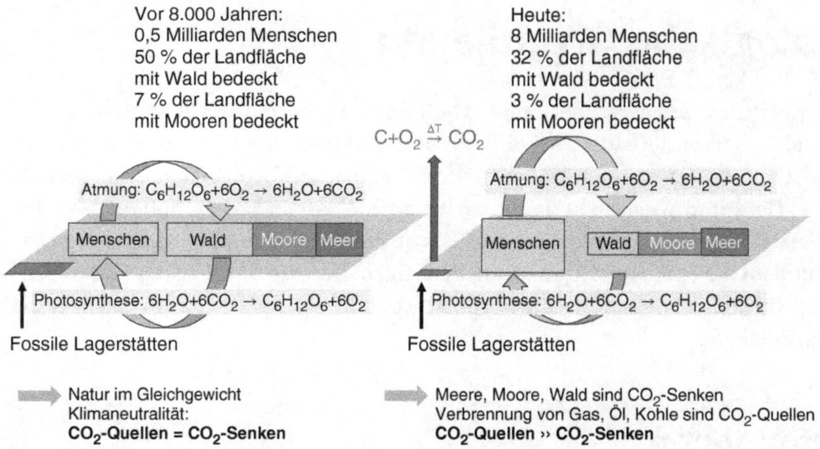

Abbildung 2.12: Kohlendioxid- und Sauerstoffkreislauf

Vor circa 8 000 Jahren, als auf der Erde maximal eine halbe Milliarde Menschen lebten, war der Stoffaustausch von Kohlendioxid (CO_2) und Sauerstoff (O_2) in einem stabilen Gleichgewicht. Die Produktion von O_2 durch die Photosynthese der Pflanzen, die CO_2 benötigt, und der Verbrauch von O_2 durch die Atmung von Tieren Menschen, die CO_2 erzeugt, hielten sich in etwa die Waage.

Die Menschen, natürlich auch Tiere, sind eine CO_2-Quelle. Wald, Moore und die Wasserflächen auf der Erde sind CO_2-Senken, weil der Wald Photosynthese betreibt und Moore und die Meere CO_2 langfristig speichern können. Damit waren die Quellen von CO_2 in etwa genauso groß wie die Senken von CO_2.

Heutzutage hat sich die Zahl der Menschen mehr als verzehnfacht, auf acht Milliarden. Diese müssen ernährt werden, wodurch große Landflächen, die vormals mit Wald bedeckt waren, gerodet wurden. Ebenso entwässerten die Menschen Moore, um Siedlungsfläche und Flächen für die Nahrungsproduktion zu gewinnen. Damit erhöhten sich die CO_2-Quellen erheblich und die CO_2-Senken in Form von Wald und Mooren verminderten sich rapide. Hinzu kommt, dass die Menschen seit dem Beginn der Industrialisierung vor circa 150 Jahren immer größere Mengen CO_2 durch Nutzung der fossilen Energieträger Öl, Gas und Kohle in die Atmosphäre freisetzen. Damit sind die CO_2-Quellen erheblich größer als die CO_2-Senken, das natürliche System ist gewaltig aus dem Gleichgewicht geraten.

Biologische Grundlagen

In der Natur ist seit geraumer Zeit ein beträchtlicher Artenrückgang zu beobachten, der insbesondere auf Aktivitäten von Menschen, die den Lebensraum von Pflanzen und Tieren einengen, zurückgeführt werden kann. Pflanzen einerseits sowie Tiere und Menschen andererseits sind in ihrem Dasein aufeinander angewiesen: Während Pflanzen bei Tageslicht aus Kohlendioxid Sauerstoff erzeugen und an die Atmosphäre abgeben, benötigen Tiere und Menschen diesen Sauerstoff für ihren Stoffwechsel und geben Kohlendioxid als Abfallprodukt an die Atmosphäre ab.

Definitionen

Biologen verwenden häufig vier Fachbegriffe, die in der Diskussion um das Artensterben immer wieder auftauchen und die man daher kennen und nicht miteinander verwechseln sollte. Diese vier Fachbegriffe sind:

- **Biozönose:** Biozönose ist eine Lebensgemeinschaft: Praktisch nie lebt eine Art alleine, sondern mit anderen, kaum verwandten Arten zusammen in einer Lebensgemeinschaft (Biozönose). Diese Lebensgemeinschaft findet bestimmte Umwelteinflüsse wie Licht, Wasser, Temperatur und Nährstoffe vor und muss sich an die äußeren Bedingungen anpassen. Gelingt der einen oder anderen Art diese Anpassung nicht schnell genug, wird sie vermutlich aussterben.

- **Biotop:** Der durch die Lebensgemeinschaft entstandene Lebensraum wird Biotop genannt.
- **Ökosystem:** Biozönose und Biotop gemeinsam bilden zusammen ein Ökosystem.
- **Ökologie:** Die Wissenschaft von den Beziehungen zwischen Lebensgemeinschaft und Umwelt wird Ökologie genannt.

In jedem Lebensraum findet man in der Regel drei Gruppen von Lebewesen:

- Primärproduzenten
- Konsumenten
- Destruenten

Primärproduzenten sind zum Beispiel grüne Pflanzen, die aus CO_2, Wasser, mineralischen Stoffen sowie Sonnenlicht (oder einer anderen Energiequelle) organische Stoffe sowie Sauerstoff herstellen. Die formale chemische Reaktionsgleichung wurde bereits im vorherigen Unterkapitel beschrieben.

Konsumenten sind zum Beispiel Tiere und Menschen, die sich unter anderem von Primärproduzenten ernähren, um Energie zu gewinnen und dabei Gase wie Kohlendioxid sowie Urin und Kot abgeben. Auch diese formale chemische Reaktionsgleichung wurde bereits im vorherigen Unterkapitel beschrieben.

Destruenten sind zum Beispiel Bakterien und Pilze, die die Ausscheidungen der Primärproduzenten und Konsumenten sowie die abgestorbene Biomasse abbauen und die Abbauprodukte wieder in mineralische Stoffe umwandeln.

Somit sind Primärproduzenten, Konsumenten und Destruenten miteinander zu einer Nahrungskette verbunden.

BEISPIEL

Betrachtet man einen Teich als Biotop, stellen Kieselalgen die Primärproduzenten dar, die von Wasserflöhen gefressen werden. Wasserflöhe sind die Nahrung von kleinen Fischen, die wiederum zur Nahrung von Raubfischen werden. Von Raubfischen ernähren sich Reiher und auch die Menschen.

Artenrückgang

Die Erde ist ein Planet voller Leben, der in den letzten dreieinhalb Milliarden Jahren vielfältige Lebensformen hervorgebracht hat. Damit man die verschiedenen

Lebensformen vergleichend erfassen kann, haben die Biologen eine systematische Grundeinheit definiert, dies ist die Art.

Auf der Erde gibt es circa

- ✔ 10.000.000 Mikroorganismenarten
- ✔ 1.380.000 Tierarten
- ✔ 380.000 Pflanzenarten
- ✔ 140.000 Pilzarten

Ein Großteil dieser Arten ist wissenschaftlich noch gar nicht erfasst, weil so manche Art in schlecht zugänglichen Regionen (zum Beispiel Urwald oder Tiefsee) lebt. Prinzipiell gibt es in den Tropen einen ausgesprochenen Artenreichtum, in den Polargebieten aber eine Artenarmut.

In den Jahren zwischen 1970 und 2020 sind circa 40 Prozent aller bekannten Arten auf der Erde verschwunden, 37.500 Tier- und Pflanzenarten stehen auf der »Roten Liste« (Stand: 25.03.2021).

Jede Art besetzt in einem Ökosystem eine ökologische Nische, in der sich die unterschiedlichen Arten möglichst wenig Konkurrenz machen. Je genauer eine Art auf ganz bestimmte Umweltbedingungen angewiesen ist, desto gefährdeter ist sie bei Änderung dieser Bedingungen.

Aus der Abbildung 2.13 kann der Umfang des Artensterbens abgelesen werden.

- ✔ Es wird ersichtlich, dass 37,5 Prozent aller Amphibienarten zwischenzeitlich entweder ausgestorben sind (0,6 Prozent), vom Aussterben bedroht (7 Prozent), gefährdet (23,6 Prozent) oder potenziell gefährdet sind (6,3 Prozent). Weiterhin sind in Summe 21,3 Prozent aller Vogelarten entweder ausgestorben (1,3 Prozent), vom Aussterben bedroht (1,8 Prozent), gefährdet (10,4 Prozent) oder potenziell gefährdet (7,8 Prozent).
- ✔ Bei den Nagetieren sind in Summe 29,0 Prozent entweder ausgestorben (1,5 Prozent), vom Aussterben bedroht (drei Prozent), gefährdet (13,0 Prozent) oder potenziell gefährdet (11,5 Prozent). Die Primaten sind am stärksten vom Artenschwund betroffen (in Summe 56 Prozent). Ausgestorben sind noch keine Arten, aber 7 Prozent sind vom Aussterben bedroht, 32 Prozent sind gefährdet und 17 Prozent sind potenziell gefährdet.

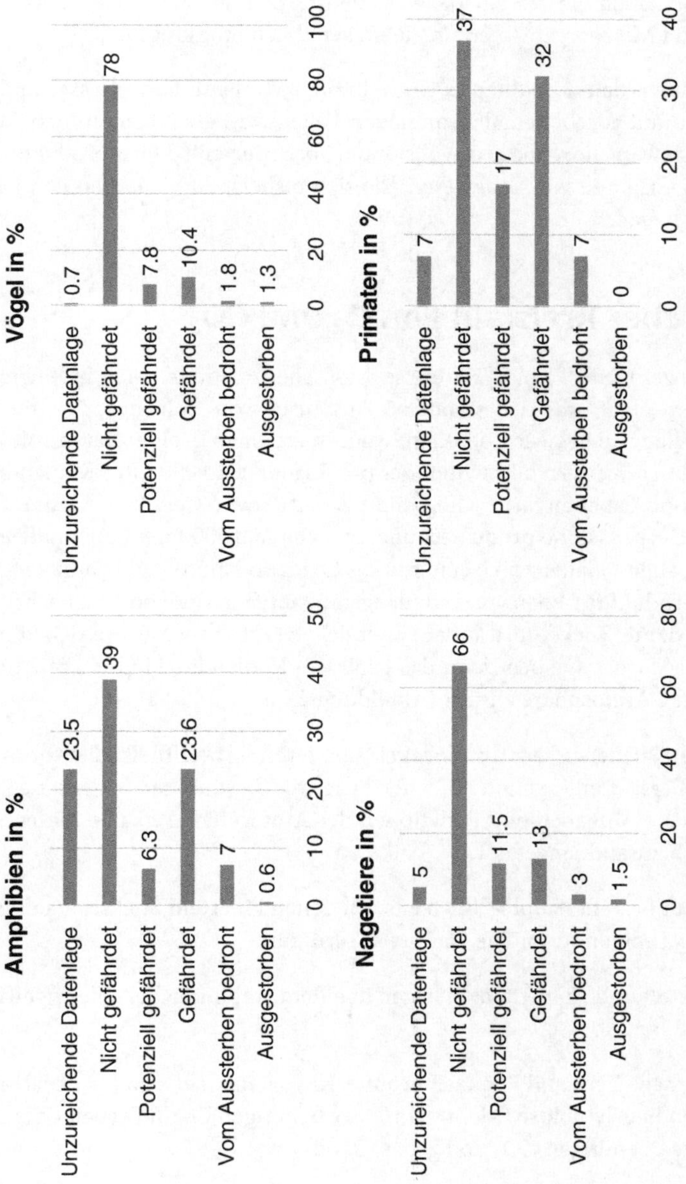

Abbildung 2.13: Vom Aussterben bedrohte Tierarten

Grund für diesen Artenrückgang ist die Bevölkerungsexplosion bei den Menschen und damit verbunden die immer weiter ausufernde Landnutzung durch die Menschen sowie der immer stärker zunehmende Einsatz von Pestiziden. Somit befinden sich auch die verschiedenen Lebensformen an sich (Menschen, Tiere, Pflanzen und Mikroorganismen) in einem ständigen Stoffkreislauf.

Diese Stoffe werden über die drei Umweltkompartimente Luft, Wasser und Boden verteilt und gegebenenfalls von neuen Lebensformen aufgenommen. Wenn dem nicht so wäre, wäre die Erde vollständig überlagert mit Abbauprodukten von diesen drei Gruppen von Lebewesen, die sich bisher seit Milliarden von Jahren gesammelt haben.

Natürlicher Kreislauf von O_2 und CO_2

Flora (Pflanzen) und Fauna (Tiere und Menschen) befinden sich in einem natürlichen Kreislauf, was den ständigen Austausch von Kohlendioxid und Sauerstoff anbelangt. Dies wird deutlich, wenn man einen großen Baum mit circa 250.000 grünen Blättern betrachtet, der pro Tag circa 10.000 Liter Kohlendioxid aufnimmt und dabei circa 12 Kilogramm Zucker sowie Cellulose, Lignin, Farbstoffe und Geruchsstoffe produziert und dabei circa 8.500 Liter Sauerstoff an die Umgebung abgibt. Sauerstoff ist ein starkes Oxidationsmittel und damit ein giftiges Abfallprodukt für Pflanzen. Dahingegen benötigen Tiere und Menschen den Sauerstoff, damit Zucker und andere Energielieferanten verdaut werden können. Tiere und Menschen geben dann das gebildete Kohlendioxid über die Atmung wieder an die Atmosphäre zurück (Abbildung 2.14).

Was den natürlichen und anthropogenen Klimawandel betrifft, ist die Atmosphäre, eine äußerst dünne Schutzhülle der Erde, von besonderer Bedeutung. Einige wesentliche Aufgaben und Funktionen der Atmosphäre seien an dieser Stelle summarisch zusammengefasst:

- ✔ Die Luft besteht hauptsächlich aus weitgehend inertem Stickstoff, der den für das Leben notwendige Sauerstoff verdünnt.
- ✔ Sauerstoff und Kohlendioxid liegen in einem empfindlichen Gleichgewicht vor.
- ✔ Menschen/Tiere und Pflanzen profitieren voneinander durch eine lebensnotwendige Symbiose (Menschen/Tiere benötigen O_2 und geben CO_2 ab, Pflanzen benötigen CO_2 und geben O_2 ab).
- ✔ Die Lufthülle schützt vor extremen Temperaturschwankungen.

Abbildung 2.14: Stoffaustausch bei einem großen Baum

- ✔ Die Lufthülle unterhält den Wasserkreislauf (verantwortlich für das Wetter und das Klima auf der Erde).
- ✔ Die Lufthülle unterhält viele weitere Stoffkreisläufe (zum Beispiel N_2, CO_2).
- ✔ Die Lufthülle bewahrt Leben vor lebensbedrohlichen Strahlen aus dem All sowie vor der UV-Strahlung des Sonnenlichts (Ozonschicht in Stratosphäre).
- ✔ Die Bestandteile der Luft gelangen durch die Atmung in den Stoffwechsel der Lebewesen.

Zusammenfassung: Nachdem Sie jetzt umfangreiche naturwissenschaftliche Grundlagen aus Astronomie, Physik, Chemie und Biologie kennengelernt haben, möchte ich Ihnen im Folgenden noch einen kleinen Einblick gewähren, warum diese Grundlagen von Bedeutung sind: Die Naturwissenschaften erklären Ihnen, wie der Treibhauseffekt zustande kommt sowie die Ursache und den Umfang des CO_2-Anstiegs in der Atmosphäre. Daraus ergeben sich die Auswirkungen des Klimawandels auf unsere Umwelt. In einem letzten Schritt erfahren Sie, was wir tun können, um den Klimawandel zu stoppen oder zumindest abzubremsen, damit die Folgen für uns Menschen erträglicher werden.

IN DIESEM KAPITEL

Die Umwelt vor 4 Milliarden Jahren

Die Umwelt vor 2 Milliarden Jahren

Die sechs wichtigsten Massenaussterben

Klimawandel im Tertiär und Quartär

Kapitel 3
Die Umwelt in der Urgeschichte

Die Umwelt in der Prähistorie (auch Urgeschichte oder Vorgeschichte genannt) war mit der Umwelt, wie wir sie heute kennen, nicht im Geringsten vergleichbar. Die Umweltbedingungen waren zunächst nur für Mikroorganismen geeignet. In den ersten zwei Milliarden Jahren entwickelten sich zunächst einfachste Lebensformen in geschützten Umweltbereichen, die aber die Umwelt so weit umgestalteten, dass schließlich auch anspruchsvollere Lebensformen Nischen für ihre Entwicklung fanden. In den folgenden zwei Milliarden Jahren entwickelte sich das Leben auf der Erde zu Pflanzen- und Tierarten weiter, die als Vorläufer unserer heutigen Lebensformen gelten können.

Jedoch war das Leben durch mindestens fünf globale Ereignisse, die sich in den letzten 500 Millionen Jahren abspielten, in seiner Existenz bedroht. Dazu gehörten eine Mega-Eiszeit, mindestens ein Asteroideneinschlag und Megavulkanismus. Diese Ereignisse veränderten die globalen Umweltbedingungen so dramatisch, dass sich viele Arten den geänderten Umweltbedingungen nicht mehr anpassen konnten und ausstarben. Das Aussterben von Arten bietet aber immer auch die Chance für andere, anpassungsfähigere Arten, sich weiterzuentwickeln.

Die Entwicklung der Umwelt in den ersten zwei Milliarden Jahren

Als vor 4,5 Milliarden Jahren der Planet Erde entstand, ballten sich kieselsteingroße Objekte zu größeren Ansammlungen, den sogenannten Planetesimalen, zusammen. Planetesimale sind felsige Objekte mit einem Durchmesser von zehn bis hundert Kilometern. Bei diesen größeren Objekten ist die Schwerkraft so stark, dass durch Kollisionen zwischen einzelnen Planetesimalen noch größere Objekte entstehen und sich letztlich die durch die Schwerkraft gebundene Erde entwickelte. Die über Jahrmillionen Jahre andauernden Kollisionen haben den hauptsächlich aus Eisen und Nickel bestehenden Erdkern so weit erhitzt, dass er flüssig wurde. Darüber liegende Schichten aus Silikaten schmolzen auf und gelangten an vielen Stellen als Vulkane an die Oberfläche. Vor circa vier Milliarden Jahren waren die vulkanischen Aktivitäten auf der Erde ungleich stärker als heute. Der extreme Vulkanismus setzte erhebliche Mengen CO_2 und H_2S in die Atmosphäre frei. Die frühe Erdatmosphäre bestand im Wesentlichen aus den Stoffen, die durch Vulkanismus freigesetzt wurden; und zwar aus circa 80 Prozent Wasserdampf (H_2O), 10 Prozent Kohlenstoffdioxid (CO_2), 6 Prozent Schwefelwasserstoff (H_2S) sowie Spuren von Stickstoff (N_2), Wasserstoff (H_2), Kohlenmonoxid (CO), Helium (He), Methan (CH_4) und Ammoniak (NH_3).

Die Zusammensetzung der Uratmosphäre war für hochentwickelte Lebensformen, wie sie heutzutage auf der Erde zu finden sind, absolut lebensfeindlich. Der hohe Wasserdampf- und Kohlendioxidgehalt der Atmosphäre bedingte einen extremen Treibhauseffekt.

Nachdem die Erde so weit abgekühlt war, dass Wasserdampf aus der Atmosphäre auskondensieren konnte, kam es zu extrem langen Dauerregen-Perioden (circa 40 000 Jahre).

Es bildeten sich die Ozeane, und die übrigen Atmosphärengase reicherten sich relativ zum Wasserdampf an. Die hohe UV-Einstrahlung der Sonne führte zu einer photochemischen Zersetzung der Methan- und Ammoniakmoleküle in CO_2 beziehungsweise N_2, wodurch nun auch diese Gase angereichert wurden.

Frühe Stoffwechselvorgänge von ersten Lebensformen (Bakterien und Archaeen) erhöhten zusätzlich den Stickstoffgehalt in der Atmosphäre. Wasserstoff und Helium verflüchtigten sich in den Weltraum, Kohlenstoffdioxid und Schwefelwasserstoff lösten sich in großen Mengen in den neu entstandenen Ozeanen. Beim Lösen von CO_2 in den Ozeanen bildete sich Kohlensäure (H_2CO_3), die in Hydrogencarbonat (HCO_3^-) und Oxonium-Ionen (H_3O^+) dissoziierte. In einer zweiten Dissoziationsstufe bildete sich aus HCO_3^- zusätzlich auch Carbonat (CO_3^{2-}).

Der pH-Wert der Ozeane war durch Bildung der H_3O^+-Ionen sehr niedrig. Aber bedingt durch die Stoffwechselvorgänge von Cyanobakterien war vor circa drei Milliarden Jahren die CO_2-Konzentration im Wasser durch den Aufbau neuer Biomasse so weit zurückgegangen, dass der pH-Wert wieder deutlich anstieg und in Folge große Mengen der zuvor entstandenen Carbonat-Ionen, vor allem mit den Ca^{2+}-Ionen, schwerlösliches $CaCO_3$ bildete. Dies führte zu mächtigen Ablagerungen von Kalkstein am Ozeanboden.

Zu diesem Zeitpunkt war N_2 bereits der Hauptbestandteil der Atmosphäre. In geringen Mengen waren aber auch Wasserdampf, CO_2 und Argon (aus den radioaktiven Zerfallsreihen) vorhanden.

Die zunehmende Aktivität von Cyanobakterien produzierte immer mehr freien Sauerstoff (O_2), den es vorher auf der Erde nicht gab. Dieser Sauerstoff war zunächst nur in Ozeanen, Seen und Flüssen gelöst, da die Sauerstofflöslichkeit in Wasser mit circa neun mg/L relativ hoch ist. In der Atmosphäre war O_2 zunächst noch nicht vorhanden. In den Gewässern reagierte der gelöste Sauerstoff vor allem mit dem im Wasser sehr gut löslichen zweiwertigen Eisen und durch Oxidation entstand dreiwertiges Eisen (Fe^{3+}), das im Gegensatz zu zweiwertigem Eisen sehr schwer löslich ist.

In den Flachwasserbereichen der Ozeane entwickelten sich zunächst primitive Einzeller, später auch Mehrzeller. Die Sonneneinstrahlung war notwendig, damit in den Flachwasserbereichen chemische Reaktionen zur Bildung von Biopolymeren ablaufen konnten. Auf der Landoberfläche waren auch einfachste Lebensformen nicht möglich, da die hochenergetische UV-Strahlung der Sonne jede pflanzliche oder tierische Zelle zerstört hätte.

Die bisher geschilderten Abläufe sind zusammengefasst der Abbildung 3.1 zu entnehmen.

Die natürlichen Abläufe bis zu diesem Zeitpunkt lassen sich kurz zusammenfassen:

- ✔ CO_2 aus Vulkanismus wird von H_2O als H_2CO_3 gebunden.
- ✔ Ca^{2+} und Fe^{2+} gelangen durch Verwitterung ins Wasser.
- ✔ Aus Ca^{2+} und CO_3^{2-} bildet sich $CaCO_3$, das sich am Meeresboden absetzt.
- ✔ Cyanobakterien bilden O_2 im Wasser.
- ✔ O_2 oxidiert Fe^{2+} zu Fe^{3+}
- ✔ Cyanobakterien bilden Kohlenhydrate und »Zutaten« für erste Lebensformen.
- ✔ Erste einfache Lebensformen entwickeln sich in den Ozeanen.

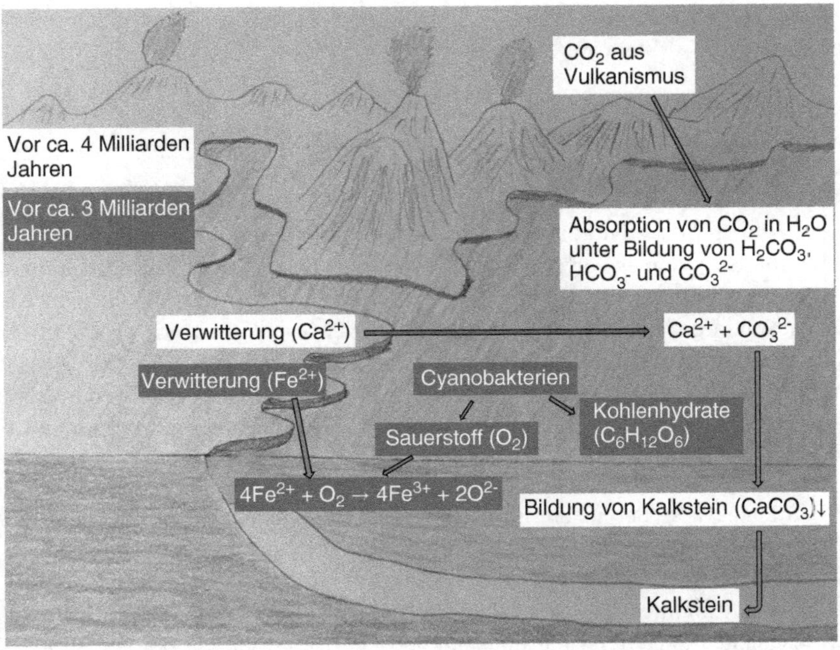

Abbildung 3.1: Prähistorische Abläufe bis zur Bildung von Sauerstoff im Wasser

Die Entwicklung der Umwelt in den darauffolgenden zwei Milliarden Jahren

Vor circa 2,3 Milliarden Jahren begann schließlich die Anreicherung von O_2 in der Atmosphäre und erreichte vor circa einer Milliarde Jahren die Drei-Prozent-Marke.

Gleichzeitig sank die Konzentration des CO_2 in der Atmosphäre infolge seiner Assimilation durch das beginnende Pflanzenwachstum sowie der weiteren Ausfällung von Carbonaten in den Meeren. Vor circa 1,5 Milliarden Jahren erschienen die ersten aeroben Organismen, die den Sauerstoff in einem oxidativen Energiestoffwechsel verbrauchten und dadurch mehr Energie gewannen als in einem anaeroben Energiestoffwechsel. Sauerstoffverbrauchende Atmung und sauerstoffbildende Photosynthese erreichten dadurch ein relativ stabiles Gleichgewicht.

Die Abbildung 3.2 zeigt die geschilderten Abläufe vor circa zwei Milliarden beziehungsweise 0,5 Milliarden Jahren in der Übersicht.

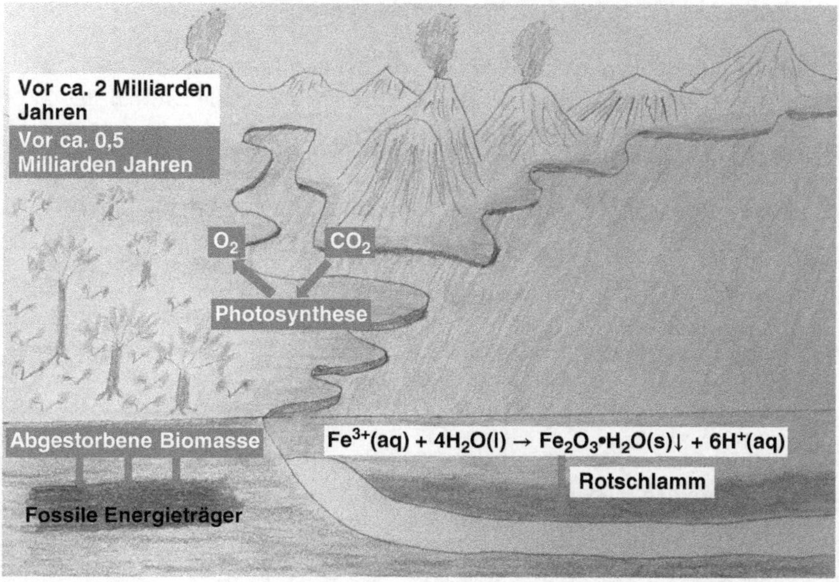

Abbildung 3.2: Prähistorische Abläufe bis zur Anreicherung von Sauerstoff in der Luft

Vor circa 500 Millionen Jahren war der Sauerstoffgehalt in der Atmosphäre bereits so hoch, dass sich aus O_2 im Zusammenhang mit der Strahlung der Sonne Ozon (O_3) bildete. Dieses Ozon reicherte sich dann in der Stratosphäre immer mehr an, während das Ozon in der Troposphäre im Laufe der Nacht wegen des fehlenden Sonnenlichts durch zum Beispiel Stickoxide und Staub aus dem Vulkanismus immer wieder in normalen Sauerstoff zurückgebildet wurde. Das Ozon in der Stratosphäre filterte nunmehr den hochenergetischen UV-Anteil der Sonnenstrahlung, sodass nur sehr wenig UV-Strahlung die Erdoberfläche erreichte. Dadurch erst wurde es möglich, dass zunächst Pflanzen und später dann auch Tiere den Weg aus dem Wasser auf die Landoberfläche fanden, denn hochenergetische UV-Strahlung kann Pflanzen- und Tierzellen zerstören.

Die Bildung von Ozon (O_3) aus Sauerstoff (O_2) und dessen Anreicherung in der Stratosphäre führte zum Aufbau eines sehr effektiven Schutzschirmes gegen die hochenergetische UV-Strahlung der Sonne, die die Entwicklung von Lebensformen außerhalb des Wassers verhindert hatte.

Die natürlichen Abläufe bis zu diesem Zeitpunkt kurz zusammengefasst:

- ✔ Fe^{2+} ist nunmehr weitgehend zu Fe^{3+} oxidiert und Rotschlamm ($Fe_2O_3 \cdot H_2O$) fällt aus und überdeckt den zuvor ausgefallenen Kalkstein.
- ✔ Ebenso wird farbloses FeO der Erdoberfläche in rotes Fe_2O_3 umgewandelt.
- ✔ Photosynthese der ersten Landpflanzen wandelt CO_2 um in Biomasse und O_2.
- ✔ O_2 reichert sich in der Atmosphäre an.
- ✔ Abgestorbene Biomasse reichert sich im Boden an.
- ✔ O_2 wandelt sich teilweise in O_3 um. O_3 reichert sich in der Stratosphäre an.
- ✔ O_3 in der Stratosphäre absorbiert gefährliche UV-Strahlung und erst dadurch kann dem Leben der Schritt aus dem Wasser auf die Landoberfläche gelingen.

Massenaussterben in der Erdgeschichte

Vor circa 700 Millionen Jahren begann die Bildung von Erdöl aus abgestorbener Biomasse der Wasserpflanzen. Und durch die zunehmende Sauerstoffkonzentration in der Atmosphäre kam es vor etwa 500 Millionen Jahren zur Bildung von Ozon (O_3) in der Stratosphäre und damit zu einer Abschirmung der Erdoberfläche vor den für Lebensformen zerstörerischen UV-Strahlen, was für die Entwicklung des Lebens auf den Kontinenten eine entscheidende Rolle spielte. Es folgte ein recht sprunghafter Anstieg der Luftsauerstoffkonzentration auf 12 Prozent (Abbildung 3.3).

Vor circa 500 Millionen Jahren entwickelten sich die Landpflanzen und vor circa 400 Millionen Jahren schafften es auch Tiere, die Landflächen zu besiedeln.

In dieser Periode eroberten zunächst die Wasserpflanzen die Landoberfläche. Diese produzierten durch Photosynthese so viel freien Sauerstoff in der Atmosphäre, dass auch Wassertiere den Lebensraum Landoberfläche in sonnengeschützten Bereichen besiedeln konnten. Mit dem Aufbau der Ozonschicht in der Stratosphäre entfiel die vormalige Beschränkung des Lebensraumes auf sonnengeschützte Bereiche und das pflanzliche und tierische Leben explodierte auf der Landoberfläche.

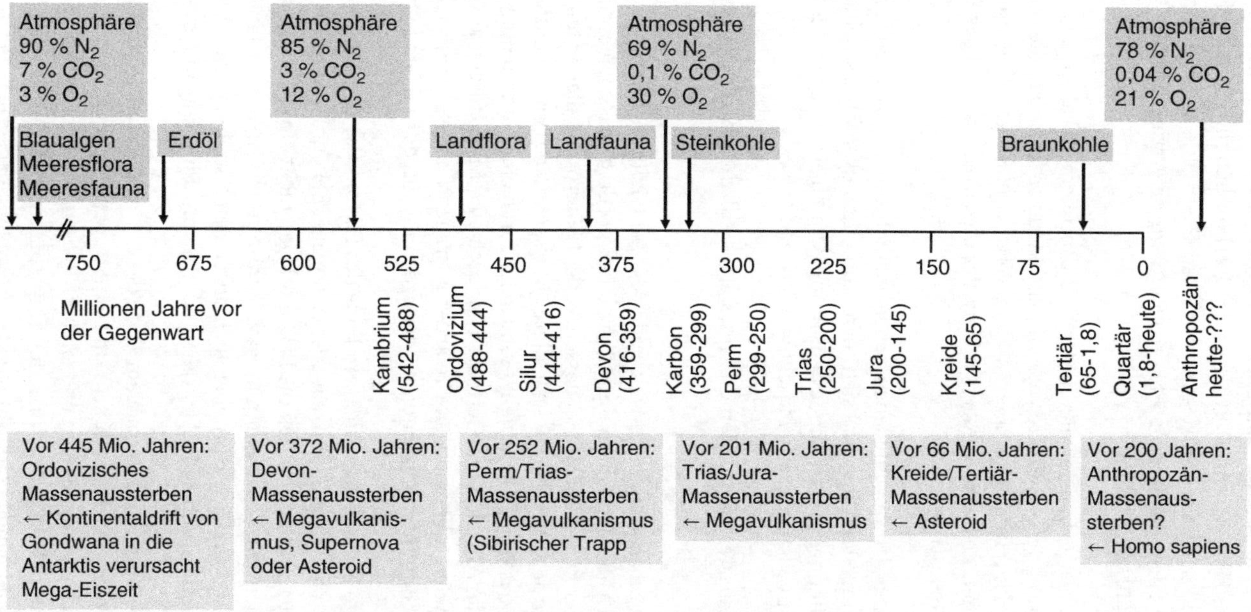

Abbildung 3.3: Prähistorische Entwicklung in der Erdgeschichte und Massenaussterben

Während des Karbons vor circa 350 Millionen Jahren explodierte regelrecht die Landflora und katapultierte den Sauerstoffgehalt der Atmosphäre in eine nie zuvor erreichte Höhe (circa 30 Prozent). Im Karbon hatten sich schließlich aus abgestorbenen Pflanzenresten riesige Areale aus Steinkohle gebildet. Braunkohle, die jüngere Form der fossilen Energieträger, wurde erst im Tertiär (vor circa 60 Millionen Jahren) gebildet.

Die verschiedenen Lebensformen in der Prähistorie entwickelten sich kontinuierlich von sehr einfachen Prokaryoten (kleine Mikroorganismen, die nur aus einer Zelle bestehen) hin zu komplexen Eukaryoten (vielzellige Lebewesen, deren Zellen über einen Zellkern verfügen, in dem der überwiegende Teil der Erbinformation enthalten ist).

Die Entwicklung der verschiedenen Lebensformen durch Mutation und Selektion bis hin zum Menschen ließ sich nicht aufhalten, obwohl das Leben in den letzten 500 Millionen Jahren mindestens fünfmal durch ein sogenanntes Massenaussterben fast vollständig ausgelöscht worden war.

Diese Massenaussterben wurden durch unterschiedliche globale Naturereignisse ausgelöst:

- ✔ Das erste Massenaussterben am Ende des Ordoviziums ereignete sich vor circa 450 Millionen Jahren und zählt zu den größten Massenaussterben im Verlauf der Erdgeschichte, in dessen Verlauf 85 Prozent aller Arten ausgelöscht wurden. Ausgelöst wurde dieses Massenaussterben vermutlich dadurch, dass der Urkontinent Gondwana durch eine Kontinentalverschiebung in die Antarktis wanderte und dadurch eine Mega-Eiszeit ausgelöst wurde, in deren Verlauf weite Teile der Kontinentalmasse vergletscherten. Die Durchschnittstemperatur auf der Erde sank um circa 5 Grad Celsius.
- ✔ Das zweite Massenaussterben am Ende des Devons vor circa 360 Millionen Jahren löschte circa 50 Prozent aller Arten aus. Bei der Ursache für dieses Massenaussterben sind sich die Paläontologen nicht einig. Es könnte ausgelöst worden sein durch einen Megavulkanismus in Ostsibirien, eine Supernova-Explosion oder aber auch durch den Einschlag eines Asteroiden (Woodleigh-Einschlag in Australien oder Alamo-Einschlag in Nevada).
- ✔ Das dritte Massenaussterben am Ende des Perms ereignete sich vor circa 250 Millionen Jahren. Es führte zum Aussterben von circa 70 Prozent der terrestrischen Organismen und circa 96 Prozent der Meerestiere. Dieses Ereignis wird häufig als Sibirischer Trapp bezeichnet. Bei diesem Sibirischen Trapp handelt es sich um einen Megavulkanausbruch, der sich in Sibirien ereignete. Eine Fläche von circa zwei Millionen km^2 (Größe der

USA) wurde von circa fünf Millionen km^3 Lava bedeckt. Die Eruptionen dauerten circa eine Million Jahre an. Die Mächtigkeit, der durch den Vulkanismus erzeugten Basaltschichten beträgt circa drei km.

Es wurden circa 170 Billionen Tonnen CO_2, 18 Billionen Tonnen Chlorwasserstoff (HCl) sowie große Mengen Schwefelwasserstoff (H_2S) und Methan (CH_4) in die Atmosphäre freigesetzt. Unterirdische Kohlenflöze wurden in Brand gesetzt und produzierten weitere große Mengen an CO_2. Das Ereignis führte letztlich zu einem Temperaturanstieg von circa 10 Grad Celsius, ausgelöst durch die hohen CO_2-Emissionen.

✔ Das vierte Massenaussterben ereignete sich am Ende der Trias vor circa 200 Millionen Jahren. Der Artenschwund betrug circa 70 bis 75 Prozent. Ausgelöst wurde dieses Massenaussterben vermutlich ebenfalls durch einen Megavulkanismus, der sich einstellte, weil der Superkontinent Pangaea auseinanderbrach und dadurch der Atlantische Ozean gebildet wurde.

✔ Das fünfte Massenaussterben ereignete sich vor circa 66 Millionen Jahren am Ende der Kreidezeit. 70 bis 75 Prozent der Tierarten starben aus, darunter alle Dinosaurier. Ursache des Massenaussterbens war der Einschlag (Impakt) eines im Durchschnitt 14 Kilometer großen Asteroiden mit einer Geschwindigkeit von circa 20 km/s nahe der Halbinsel Yucatán im heutigen Mexiko, wodurch der 180 Kilometer-durchmessende Chicxulub-Krater entstand.

Im Laufe von insgesamt fünf großen Massenaussterben (vor circa 450 Millionen Jahren bis vor circa 66 Millionen Jahren) wurden viele Tier- und Pflanzenarten unwiederbringlich ausgelöscht. Nach jedem dieser katastrophalen Dramen entwickelten sich durch Mutation und Selektion aus den überlebenden Lebensformen immer wieder neue Arten.

Ein weiteres sechstes Massenaussterben findet nunmehr in der Neuzeit statt. Dieses Artensterben begann vor etwa 8 000 Jahren mit der zunehmenden Besiedlung der Erde durch den Menschen. Es geht einher mit einer zunehmenden Verschlechterung der Lage vieler Arten wie zum Beispiel Nashörnern, Elefanten, Löwen, Walrössern, Eisbären und Menschenaffen, aber auch mit dem Aussterben von Insektenarten. Während sich im Laufe der Steinzeit die Population Mensch wegen ihres Gebrauchs von Werkzeugen und ihrer Organisationsfähigkeit enorm entwickelte, starben immer mehr Großtierarten aus. Mammuts, Riesenfaultiere, Riesenschildkröten und Riesenechsen verschwanden endgültig von der Erdoberfläche. Heutzutage haben nur wenige Großtierarten mit mehr als einer Tonne Gewicht überlebt: Elefanten, Nashörner, Flusspferde und Giraffen.

Die Artenvielfalt der Säugetiere, Vögel, Reptilien und Fische hat sich seit 1970 halbiert. Die derzeitige Aussterberate von drei bis 130 Arten pro Tag liegt um den Faktor 100 bis 1.000 über dem natürlichen Wert. Das vom Menschen verursachte Massenaussterben ist daher durchaus mit den prähistorischen Massenaussterben durch Kontinentalverschiebungen, Megavulkanismus oder Asteroideneinschlag vergleichbar.

Das sechste Massenaussterben, verursacht durch die Aktivitäten der Menschheit, verläuft in einer deutlich höheren Geschwindigkeit als alle vorherigen Massenaussterben, die auf natürliche Ursachen zurückgeführt werden konnten.

Klimawandel im Tertiär und im Quartär

Die zuvor beschriebenen Massenaussterben in der Prähistorie waren immer auch begleitet durch eine natürliche Klimavariabilität: Weltüberspannende Naturkatastrophen wie Kontinentalverschiebungen, Megavulkanismus, periodische Schwankungen der Orbitalparameter, die Veränderungen der Sonnenaktivität oder ein Asteroideneinschlag können zu sehr langfristigen Kälte- oder auch Hitzeperioden führen, im Zuge derer die Erde an den Polen stark vereist oder auch vollkommen eisfrei war. Liegen große Landmassen an oder in der Nähe der Pole, wie das heute der Fall ist, vereisen diese Landmassen, da die Sonne diese Landmassen sechs Monate lang kaum erwärmt. In einer solchen Umwelt ist der Stand des Meeresspiegels relativ gering, da große Eismassen auf den Kontinenten gebunden sind. Gab es an den Polen überhaupt keine große Landmasse, wie das vor circa 200 Millionen Jahren der Fall war, traten Vergletscherungen nur in den Hochgebirgen auf, der Stand des Meeresspiegels war relativ hoch.

Liegen große Landmassen in der Nähe der Pole, wie das heute im Falle von Grönland und der Antarktis der Fall ist, bilden sich dort große Eismassen und der weltweite Meeresspiegel ist dann relativ niedrig.

Gibt es in der Nähe der Pole überhaupt keine Landmassen, wie das vor circa 200 Millionen Jahren der Fall war, treten Vergletscherungen nur in Hochgebirgen auf und der weltweite Meeresspiegel ist dann relativ hoch.

Eine Kontinentalverschiebung kann kalte oder warme Meeresströmungen umleiten, was zu Verschiebungen von Klimazonen führen kann. Ein Megavulkanismus oder ein Asteroideneinschlag verursacht gigantische Staubwolken in der Atmosphäre, wodurch die Sonneneinstrahlung stark vermindert wird.

Ein Klimawandel wird aber nicht nur durch solche globalen Naturkatastrophen eingeleitet, sondern kann sich auch infolge regelmäßiger astronomischer Gegebenheiten wie Änderung der Form der elliptischen Umlaufbahn der Erde um die Sonne (Exzentrizität) ergeben. Diese Änderungen der Erdbahngeometrie werden durch wechselseitige Gravitationskräfte im System Erde, Jupiter und Saturn (siehe Kapitel 2) beeinflusst. Die Exzentrizität der Erdbahn ändert sich in einem Zyklus von circa 100 000 Jahren.

Das Paläozän/Eozän-Temperaturmaximum

Das Paläozän/Eozän-Temperaturmaximum (PETM) vor circa 56 Millionen Jahren, also 10 Millionen Jahre nach dem Aussterben der Dinosaurier, war eine nach geologischen Maßstäben sehr kurze, aber extreme Erwärmungsphase, die circa 180 000 Jahre andauerte. In dieser Zeit wurden circa 7 000 Gigatonnen Kohlenstoff in die Atmosphäre freigesetzt (einige Forschergruppen gehen von 10 000 bis 12 000 Gigatonnen Kohlenstoff aus), wodurch die globale Durchschnittstemperatur innerhalb sehr kurzer Zeit von circa 18 Grad Celsius auf mindestens 24 Grad Celsius anstieg. Diese Durchschnittstemperatur war deutlich höher, als die heutige Durchschnittstemperatur von circa 16 Grad Celsius.

In der Wissenschaft werden verschiedene Theorien diskutiert, die die Ursache für diesen extremen Klimawandel sein könnten:

- ✔ Plattentektonik bei der Öffnung des Nordatlantiks, die zu einem großflächigen Vulkanismus führte,
- ✔ großflächige Methan-Freisetzung durch Auflösung von Gashydraten an den Kontinentalsockeln,
- ✔ Meteoriteneinschläge,
- ✔ eine zentrale Rolle der Milankovic-Zyklen (langperiodische Veränderungen der globalen Verteilung der Sonneneinstrahlung).

Welche Ursache oder Ursachen diesen Klimawandel auslösten, ist bisher noch nicht geklärt.

Vielfach wird unter Klimawissenschaftlern eine Parallele zwischen dem Paläozän/Eozän-Temperaturmaximum und dem durch den Menschen verursachten Klimawandel in der heutigen Zeit gesehen. Auch Klimawandel-Leugner verweisen gerne auf das PETM, um darzustellen, dass es im Verlauf der Erdgeschichte immer wieder Temperaturmaxima und Temperaturminima gegeben hat, und dass daher das Stoppen der Treibhausgasemissionen nicht notwendig sei.

Das PETM ist tatsächlich die deutlichste und am schnellsten auftretende natürliche Erwärmungsphase der letzten 60 Millionen Jahre. Die tropischen Regionen breiteten sich bis zu den Polarkreisen aus, die Erde war komplett eisfrei, Flora und Fauna der gemäßigten Zonen mussten in die Polregionen ausweichen. Sofern ihnen das durch geologische Barrieren unmöglich war, starben sie aus. Die Erwärmungsphase in der Jetztzeit, ausgelöst durch den Verbrauch fossiler Rohstoffe, läuft aber in einer noch höheren Geschwindigkeit ab.

Während des PETM betrug die Geschwindigkeit der Erderwärmung circa 0,05 Grad Celsius pro Jahrhundert, heute beträgt die Geschwindigkeit aber circa ein Grad Celsius pro Jahrhundert, das ist 20-mal schneller. Eine Frage, die niemand seriös beantworten kann, ist die, ob die Ökosysteme sich in dieser hohen Geschwindigkeit an die veränderten Umweltbedingungen anpassen können.

Die Geschwindigkeit der natürlichen Erderwärmung während des PETM betrug circa 0,05 Grad Celsius pro Jahrhundert. Die Geschwindigkeit der durch den Menschen ausgelösten Erderwärmung im Anthropozän (Jetztzeit) beträgt circa 1 Grad Celsius pro Jahrhundert und ist damit 20-mal schneller. Das Argument »früher gab es das auch schon« ist nicht stichhaltig!

Zudem sind die Ökosysteme von damals und heute keineswegs miteinander zu vergleichen. Es gab zu dieser Zeit noch keine Menschen auf der Erde und nur sehr wenige Säugetierarten, die durchweg sehr kleinwüchsig waren. Die Entwicklung der vielen verschiedenen Säugetierarten, die wir heute kennen, setzte erst ein, als die Warmphase des PETM zu Ende ging.

Klimawandel im mittleren Quartär

Das Quartär ist die jüngste Epoche der Erdgeschichte. Es begann vor circa 2,6 Millionen Jahren und dauert bis in die Gegenwart an.

Die Abbildung 3.4 zeigt, wie sich in den letzten 720 000 Jahren Kalt- und Warmzeiten miteinander abwechselten. Gegenwärtig ist alle circa 100 000 Jahre mit einer Eiszeit zu rechnen. Die letzte Eiszeit begann vor etwa 100 000 Jahren und endete vor circa 10 000 Jahren. Eine Eiszeit bedeutet, dass die mittlere Temperatur auf der Erde sieben bis 11 Grad Celsius unterhalb der mittleren Temperatur während einer Warmzeit liegt (höhere Kurve, Skala links).

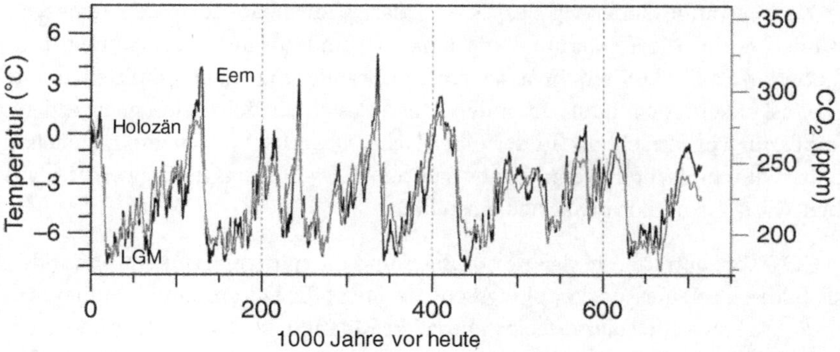

Abbildung 3.4: Temperatur und CO_2-Änderungen im mittleren Quartär, Quelle: Uemura, R., Motoyama, H., Masson-Delmotte, V. et al. (2018): Asynchrony between Antarctic temperature and CO_2 associated with obliquity over the past 720,000 years. Nat Commun 9, 961, `https://doi.org/10.1038/s41467-018-03328-3`; Lizenz: CC BY, verändert

Durch die niedrige Temperatur wachsen Gletscher in den Gebirgen im Winter schneller als sie im Sommer wieder abtauen. Es resultiert eine zunehmende Vergletscherung der Landoberfläche. Dadurch wird immer mehr Wasser in den Gletschern gebunden, wodurch der Meeresspiegel dramatisch fällt.

Parallel zur Temperaturabnahme während der Eiszeit verminderte sich auch die CO_2-Konzentration in der Atmosphäre. Mit der dann einsetzenden Warmzeit stieg auch die CO_2-Konzentration in der Atmosphäre. Auch in den davor liegenden Eiszeiten und Warmzeiten ist eine signifikante Korrelation zwischen Temperatur und CO_2-Konzentration in der Atmosphäre zu erkennen. Die Frage, ob die CO_2-Konzentration in der Atmosphäre Ursache oder Wirkung eines Klimawandels ist, ist bis heute nicht eindeutig geklärt. Aber die meisten Wissenschaftler gehen davon aus, dass es die Wirkung ist. Ursache des Klimawandels läge dann in der Astronomie (Änderung der Erdbahngeometrie), die Wirkung basiert auf der Wasserlöslichkeit von CO_2.

Wie in Kapitel 2 gezeigt, nimmt die Löslichkeit von CO_2 in Wasser deutlich ab, wenn die Temperatur des Wassers steigt. Die Löslichkeit von CO_2 in Wasser nimmt hingegen deutlich zu, wenn die Temperatur des Wassers abnimmt. Eine Warmzeit führt zu höheren Temperaturen im Meer, wodurch die Löslichkeit abnimmt und die CO_2-Konzentration in der Atmosphäre steigt. Eine Kaltzeit führt zu niedrigeren Temperaturen im Meer, wodurch die Löslichkeit steigt und die CO_2-Konzentration in der Atmosphäre nimmt ab.

Die Konzentrationsänderung des CO_2 in der Atmosphäre folgt der Temperaturänderung im Meer, allerdings mit einigen Hundert Jahren Verspätung. Das resultiert daraus, dass eine Wassertemperaturänderung nicht unmittelbar die CO_2-Löslichkeit beeinflusst, da in den Meerestiefen zunächst eine ganz andere Temperatur vorherrscht als an der Oberfläche. Das Meerwasser muss zunächst intensiv durchmischt werden, bevor sich ein CO_2-Lösungsgleichgewicht zwischen Wasser- und Luftphase neu einstellt.

Die CO_2-Konzentration in der Atmosphäre und die mittlere Temperatur auf der Erde bilden also eine Rückkopplungsschleife: Steigt die Durchschnittstemperatur auf der Erde (zum Beispiel ausgelöst durch die Milankovic-Zyklen), so erhöht sich der CO_2-Gehalt der Atmosphäre mit einer charakteristischen Verzögerung. Erhöht sich der CO_2-Gehalt der Atmosphäre (zum Beispiel durch das ungebremste Verbrennen fossiler Rohstoffe wie in den letzten 150 Jahren), so erhöht sich wenig später die Durchschnittstemperatur auf der Erde.

Die CO_2-Konzentration in der Atmosphäre und die mittlere Temperatur auf der Erde bilden eine Rückkopplungsschleife: Steigt die Durchschnittstemperatur auf der Erde an, werden auch die Meere wärmer und die Löslichkeit von CO_2 in Wasser nimmt ab. Damit gelangt mehr CO_2 in die Atmosphäre und der dadurch zunehmende Treibhauseffekt lässt die mittlere Temperatur auf der Erde noch weiter ansteigen.

Aktuell befinden wir uns in einem aufsteigenden Ast des Temperaturverlaufs, in der geologischen Epoche namens Holozän (siehe Abbildung 3.4, am linken Bildrand), das mit der letzten Eiszeit begann und dem in einigen Hundert oder Tausend Jahren die nächste Eiszeit folgen sollte.

Von besonderem Interesse ist natürlich die CO_2-Konzentration der Atmosphäre in der Prähistorie im Vergleich zur aktuellen CO_2.Konzentration. Im Verlauf der letzten 720.000 Jahre lag die Konzentration von CO_2 (siehe Abbildung 3.4, niedrigere Kurve mit Skala rechts) in der Atmosphäre selbst in der wärmsten Phase immer bei rund 280 ppm oder auch deutlich darunter. Gegenwärtig liegt aber die CO_2-Konzentration der Atmosphäre mit 420 ppm so hoch wie noch nie während der letzten 720.000 Jahre, mit weiter steigender Tendenz.

Das lässt in der Wissenschaft die Befürchtung aufkommen, dass die nächste »planmäßige« Eiszeit wegen der höheren Temperaturen auf der Erde ausfallen könnte, mit unabsehbaren Folgen für das langfristige Klima und die weitere Entwicklung des Lebens auf der Erde.

Informationsgewinnung prähistorischer Umweltbedingungen

Vielleicht fragen Sie sich, wie die Wissenschaftler Temperaturen sowie CO_2-Gehalte in der Atmosphäre messen können, wie sie vor Hunderttausenden von Jahren geherrscht haben. Das kann man sehr genau mit Eisbohrkernen aus Grönland oder der Antarktis ermitteln.

Dazu muss man zunächst das Alter eines Eisbohrkerns, der aus einer definierten Tiefe des Eispanzers erbohrt worden ist, ermitteln. Dies geschieht in einer gewissen Analogie zur Ermittlung des Alters eines Baumes über dessen Jahresringe, indem man die jährlichen Abscheidungen des gefallenen und in Folge vereisten Schnees untersucht. In einem Jahr mit wenig Schneefall lagert sich umso mehr atmosphärischer Staub auf dem Eisschild ab – der jeweilige Jahresring erscheint dunkler. In einem Jahr mit viel Schneefall lagert sich entsprechend weniger Staub auf dem Eisschild ab – der jeweilige Jahresring erscheint heller.

Die sich so bildenden Jahresringe können abgezählt werden und zeigen so das Alter des Eisbohrkerns. Im Grönlandeis können auf diese Weise Altersbestimmungen bis vor circa 120.000 Jahren durchgeführt werden. In der Antarktis hat man bereits einen Eisbohrkern aus 800.000 Jahren altem Eis gewonnen.

Hat man die Altersdatierung des Eisbohrkerns durchgeführt, kann man in einem eingeschlossenen Luftvolumen mit der sehr empfindlichen Messtechnik der Massenspektrometrie den Gehalt an CO_2, CH_4 und anderen Gasen in diesem Luftvolumen bestimmen. Jetzt kennt man die CO_2-Konzentration, die zu dieser Zeit in der Atmosphäre vorlag. In einem weiteren Schritt der Messtechnik ermittelt man den Sauerstoffgehalt der beiden stabilen Sauerstoffisotope O-16 und O-18 im eingeschlossenen Eisvolumen/Wasser – und hier insbesondere den Gehalt an dem Isotop O-18. Natürlicherweise tritt Sauerstoff in einer Wasserprobe in den beiden stabilen Isotopen O-16 und O-18 auf, wobei das leichtere Isotop O-16 im Mittel zu 99,8 Prozent und das schwerere Isotop O-18 im Mittel zu 0,2 Prozent auftritt.

Dieses Isotopenverhältnis wird zum Beispiel durch Phasenübergänge (Verdunstungen von der Wasseroberfläche und Kondensieren des Wasserdampfes in Wolken) beeinflusst, wobei die Konzentration an O-18 umso höher wird, je höher die mittlere Temperatur zur Zeit der Eisentstehung war. In der Paläontologie wird dieser natürliche Prozess der Anreicherung des Isotops O-18 durch physikalische, chemische oder biologische Prozesse als Fraktionierung bezeichnet. Auf diese Weise kann man aus prähistorischen Eisbohrkernen neben der CO_2-Konzentration in der damaligen Atmosphäre auch die zu dieser Zeit herrschende mittlere Lufttemperatur ermitteln.

Die prähistorischen Konzentrationen von CO_2 in der Luft und die zu dieser Zeit herrschenden Temperaturen können durch hochspezifische chemisch-analytische Messungen (hochauflösende Massenspektrometrie) in Eisbohrkernen ermittelt werden.

Neben Eisbohrkernen aus der Antarktis können auch Bohrkerne aus Tiefseesedimenten zur Informationsgewinnung prähistorischer Umweltbedingungen genutzt werden. Diese sind zwar etwas ungenauer, dafür aber viel weiter zurückreichend. Während Eisbohrkerne bis einige Hunderttausend Jahre zurück reichen können, geben Tiefseesedimente unter Umständen Auskunft über Zeiträume, die bis zu Hunderte von Millionen Jahren zurück liegen.

Aus den Messungen der Eisbohrkerne, die aus dem mittleren Quartär stammen, können einige wichtige Informationen gewonnen werden:

- Alle circa 100.000 Jahre ist mit einer Eiszeit zu rechnen.
- Zwischen jeder Eiszeit liegt eine Warmzeit, die circa 10.000 Jahre andauert.
- In den letzten 720.000 Jahren war die CO_2-Konzentration in der Atmosphäre niemals höher als 280 ppm.
- Gegenwärtig beträgt die CO_2-Konzentration in der Atmosphäre circa 420 ppm, mit deutlich steigender Tendenz.
- Die CO_2-Konzentration in der Atmosphäre und die mittlere Temperatur auf der Erde bilden eine Rückkopplungsschleife: Erhöht sich der CO_2-Gehalt der Atmosphäre, zum Beispiel durch das ungebremste Verbrennen fossiler Rohstoffe, so erhöht sich einige Hundert Jahre später die Durchschnittstemperatur auf der Erde.

IN DIESEM KAPITEL

Mensch und Umwelt in der Jetztzeit

Der Wasserkreislauf

Der Kohlenstoffkreislauf

Der Stickstoffkreislauf

Veränderungen in der Umwelt

Kapitel 4
Die Umwelt im Anthropozän

Der Ausdruck Anthropozän entstand als Vorschlag von Wissenschaftlern zur Benennung einer neuen geochronologischen Epoche. Es soll mit diesem Ausdruck kenntlich gemacht werden, dass der Mensch mit seinen industriellen Tätigkeiten zu einem der wichtigsten Einflussfaktoren auf die biologischen, geologischen und atmosphärischen Prozesse auf der Erde geworden ist. Wann der Beginn des Anthropozäns angesetzt werden sollte, ist nicht eindeutig festlegbar. Die Menschen haben bereits mit dem Ende der letzten Eiszeit, also vor circa 10.000 Jahren, damit begonnen, Landwirtschaft zu betreiben und sesshaft zu werden. Dadurch war eine eindeutige Abgrenzung vom Verhalten der Tiere gegeben. Aber allein dadurch haben die Menschen noch keinen erheblichen Einfluss auf den Zustand der Umwelt genommen. Man könnte den Beginn des Anthropozäns auch im 19. Jahrhundert verorten, weil damals die Industrialisierung begann – mit einem noch größeren Einfluss der Menschen auf die Umwelt.

Erst mit dem exponentiellen Anwachsen der Population Mensch und der gewonnenen Fähigkeit des Menschen, durch Wissenschaft und Technik natürliche Abläufe zu verändern, wurde die Umwelt Stück für Stück umgestaltet. Zunächst wurde mit der sich immer stärker ausbreitenden Industrialisierung im 19. Jahrhundert der Zustand der Luft durch massenhafte Emissionen von CO_2 verändert, dann erfolgte im 20. Jahrhundert auf der Suche nach neuen Ressourcen für die durch den medizinischen Fortschritt stark angestiegene Population eine dramatische Umgestaltung von Siedlungsflächen und Flusssystemen. Im 21. Jahrhundert hatte sich der Einfluss der Menschen auf tierische und pflanzliche Lebensformen auch bis in die letzten Winkel der Erde ausgedehnt, sodass für viele biologische Arten kein Raum mehr vorhanden war und ein Massenaussterben von zahlreichen Tier- und Pflanzenarten einsetzte.

Der Mensch hat, wie keine andere biologische Spezies, den natürlichen Zustand der Erde in den letzten 200 Jahren vollständig umgekrempelt.

Die Entwicklung der Population Mensch

Die Weltbevölkerung lag in den letzten 2.000 Jahren weit unter 0,5 Milliarden Menschen, im Jahr 1750 wuchs sie auf circa 0,8 Milliarden an und übersprang im Jahr 2023 die 8 Milliarden-Marke (siehe Abbildung 4.1).

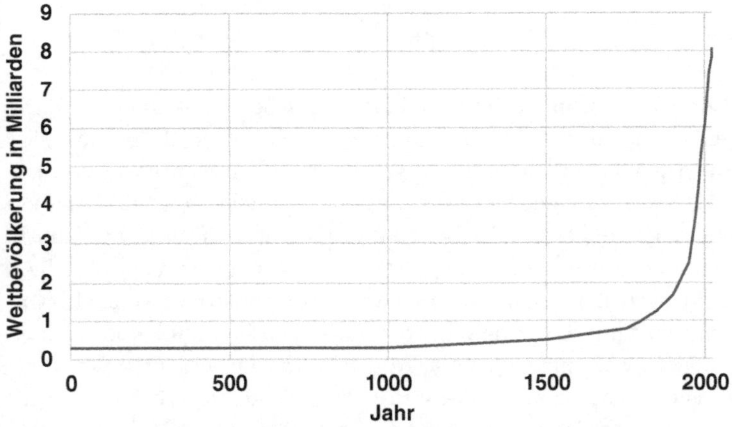

Abbildung 4.1: Entwicklung der Weltbevölkerung

So viele Menschen haben das zuvor herrschende stabile Gleichgewicht aus Sauerstoff- und Kohlendioxidaufnahme beziehungsweise -abgabe signifikant verschoben, weil:

- ✔ große Mengen an fossilen Energieträgern verbraucht wurden.
- ✔ die industrielle Produktion ausgeweitet wurde.

- ✔ sich die Landnutzung änderte (Trockenlegung von Mooren, Abholzung von Wäldern und Versiegelung von naturnahen Flächen).
- ✔ die Viehwirtschaft sich durch den zunehmenden Fleischkonsum ausweitete.

Die Menschen trugen zudem künstlich erzeugte Stoffe in die Atmosphäre ein, die es ursprünglich in der Natur nicht oder nur untergeordnet gab. Solche Stoffe sind überhaupt nicht oder nur sehr schlecht biologisch abbaubar. Hierzu gehören:

- ✔ FCKW (Fluorierte und chlorierte Kohlenwasserstoffe), die als Kältemittel in Kühlschränken und als Treibgase in Spraydosen eingesetzt wurden. Diese Stoffe sind in der Atmosphäre sehr langlebig und zerstören durch ihre Anwesenheit die Ozon-Schicht in der Stratosphäre. Die Produktion und der Vertrieb dieser Stoffe sind bereits seit vielen Jahren weltweit verboten.
- ✔ Polyfluorierte Alkylverbindungen (PFC), die in wasserabweisenden Stoffen (Funktionswäsche) oder in Feuerlöschschäumen vorkommen. Diese Stoffe werden in der Natur so gut wie gar nicht abgebaut (sind also persistent) und gelangen daher über Boden, Wasser und Luft in Lebewesen (Bioakkumulation).
- ✔ Schwefelhexafluorid (SF_6), welches in Schaltanlagen zur Isolation und Löschung eingesetzt wird. Es hat das höchste Treibhausgaspotenzial aller bekannter chemischer Verbindungen, kommt aber nur in sehr geringen Konzentrationen vor, weshalb das Treibhausgaspotenzial der Verbindung vernachlässigt werden kann.
- ✔ weitere bioakkumulierende Stoffe wie DDT (ein Insektizid), die chemischen Elemente Blei oder Cadmium sowie Radionuklide wie Sr-90, die bei der Kernspaltung freigesetzt werden.

Das Missverhältnis von vorhandenen Ressourcen und Verbrauch der Ressourcen durch den Menschen scheint in den folgenden Jahrzenten immer größer zu werden. Der Eintrag von umweltgefährdenden Stoffen wird voraussichtlich steigen und steigen, weil die Zahl der Menschen mit atemberaubendem Tempo immer weiter ansteigt.

Zu den momentan circa acht Milliarden Menschen kommen pro Jahr circa 82 Millionen Menschen hinzu. Nichtregierungsorganisationen (NGOs) kommen in ihren Schätzungen zu dem Schluss, dass die Erde bei einer wie heute üblichen Bewirtschaftung lediglich circa zwei Milliarden Menschen vertragen würde, sofern uns nicht in absehbarer Zeit die Ressourcen (fossile Energieträger, Rohmaterialien für die Kunststoffherstellung, Erze zur Herstellung von Metallen,

Nahrungsmittel, Sauerstoff zum Atmen) ausgehen sollen. Die Erde wird vermutlich auch mehr als acht Milliarden Menschen vertragen, aber nur, wenn wir unseren Lebenswandel von unbedacht auf nachhaltig umstellen.

Auf der Erde leben zurzeit circa acht Milliarden Menschen. Die vorhandenen Ressourcen reichen unter Berücksichtigung der aktuellen Konsumgewohnheiten nicht aus, diese große Anzahl zu ernähren und mit den Bedarfsgegenständen des täglichen Lebens zu versorgen. Die Ressourcen müssen nachhaltig entnommen werden. Nachhaltig bedeutet, dass maximal so viele Ressourcen entnommen werden, die die Natur auch wieder zur Verfügung stellen kann.

Stoffkreisläufe in der Umwelt

Circa zwei Drittel der Erdoberfläche sind mit Wasser bedeckt. Die Phasenübergänge vom festen zum flüssigen und zum gasförmigen Wasser vollziehen sich relativ leicht. Somit kann auf der Erde ein permanenter Wasserkreislauf beobachtet werden, der auf Verdunstung/Transpiration sowie Niederschlagsbildung zurückgeführt werden kann.

Einen vergleichbaren Stoffkreislauf kann man auch im Falle des Kohlenstoffs beobachten, der im Wesentlichen auf Verbrennung von Kohlenstoff beziehungsweise der Photosynthese von Pflanzen beruht. Viele andere Stoffe nehmen ebenfalls an spezifischen Kreisläufen teil, zum Beispiel Stickstoff.

Der Wasserkreislauf

Das Wasser auf der Erde befindet sich in einem permanenten Wasserkreislauf. Durch Wärmeeinstrahlung kann Wasser verdunsten, sich in Wolken ansammeln und je nach Temperatur in den Wolken als Regen, Hagel, Schnee oder Eis wieder zurück auf die Erdoberfläche fallen. Die Zirkulation des Wassers vollzieht sich in der Regel zwischen Meer und Festland. Im Wasserkreislauf geht kein Wasser verloren, es ändert nur seinen Zustand; zu fest, flüssig oder gasförmig. Die Abbildung 4.2 zeigt eine Bilanzierung des Wasserkreislaufes auf der Erde.

$536 \cdot 10^{12}$ m^3 Wasser sind ständig im Umlauf, $496 \cdot 10^{12}$ m^3 in Form von Niederschlägen über Land und über Meer sowie $40 \cdot 10^{12}$ m^3 durch Versickerung an Land und Rückfluss ins Meer. Der Kreis schließt sich durch $496 \cdot 10^{12}$ m^3 Wasser, die über Land und Meer verdunsten sowie $40 \cdot 10^{12}$ m^3 Wasserdampf-Transport durch die Atmosphäre. Im Allgemeinen wird der Kreislauf des Wassers als Voraussetzung für das Leben auf der Erde angesehen.

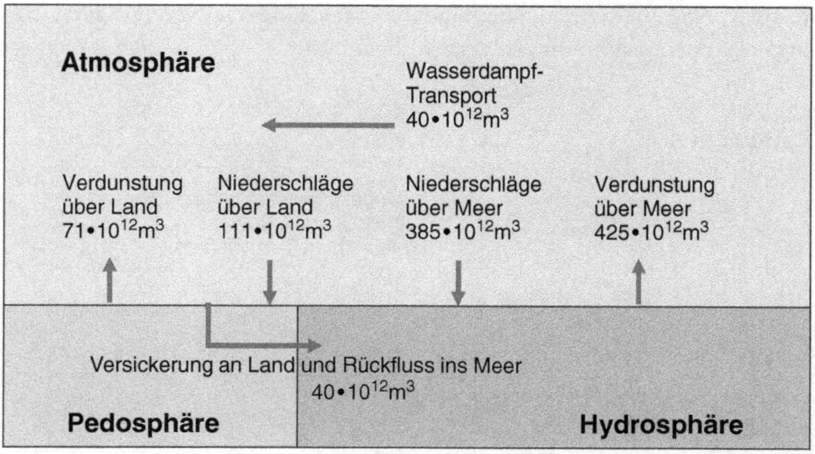

Abbildung 4.2: Bilanzierung des Wasserkreislaufes auf der Erde

Niederschlagswasser versucht, nach Erreichen des Erdbodens und Durchfeuchtung der Bodenoberfläche, in den Boden einzudringen, das nennt sich auch Infiltration. Dieser Prozess hängt im Wesentlichen von dem Wasseraufnahmevermögen und der Durchlässigkeit der Böden sowie der Vegetation ab. Wälder vermögen ein wesentlich größeres Niederschlagsvolumen zu speichern als Grasland oder versiegelte Flächen.

Ist die Niederschlagsintensität größer als die Infiltration, kommt es zum Oberflächenabfluss. Dieser Oberflächenabfluss kann zu Überschwemmungen führen. Nach der Infiltration in den Erdboden füllt das Niederschlagswasser zunächst die Bodenwasservorräte wieder auf. Überschüssiges Wasser wird in tiefere Bereiche abgeleitet, kann den Grundwasserspiegel erreichen und führt zur Grundwasserneubildung.

Der Kohlenstoffkreislauf

Der Kohlenstoffkreislauf auf der Erde ist über die Lebewesen (Biota) mit dem Sauerstoffkreislauf verwoben. Tiere und aerobe Bakterien verbrauchen O_2 und setzen CO_2 frei (Atmung), Pflanzen und Algen verbrauchen CO_2 und setzen O_2 frei (Photosynthese). Die grundlegende, vereinfachte Reaktionsgleichung der Atmung (Abbau von Glucose durch Sauerstoff) sowie der Photosynthese wurde bereits in Kapitel 2 beschrieben.

Der mit Abstand größte Teil des Kohlenstoffinventars der Erde (99,95 Prozent) ist in der Lithosphäre in Form von Carbonaten, zum Beispiel $CaCO_3$, gebunden und nimmt am Kohlenstoffkreislauf überhaupt nicht teil. Eine stark vereinfachte Darstellung des Kohlenstoffkreislaufes zeigt Abbildung 4.3.

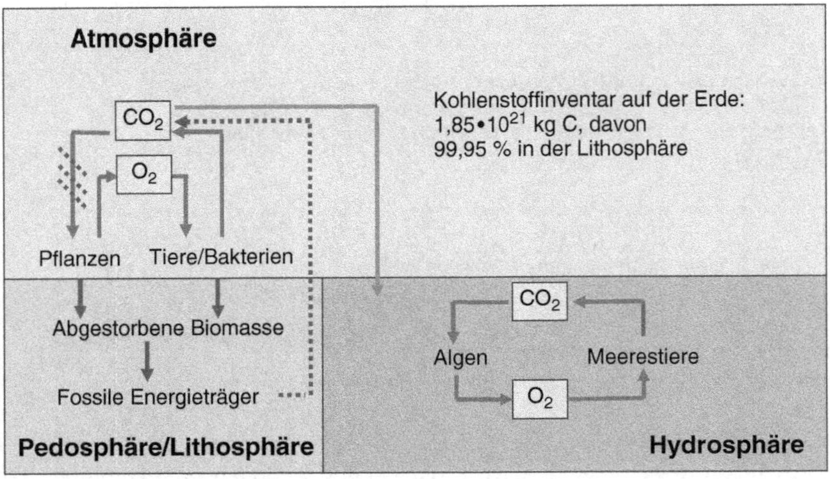

Abbildung 4.3: Vereinfachter Kohlenstoffkreislauf

Durch Photosynthese werden pro Jahr circa $123 \cdot 10^{12}$ kg Kohlenstoff der Atmosphäre entzogen, davon werden aber wieder circa $60 \cdot 10^{12}$ kg Kohlenstoff durch die pflanzliche Atmung und circa $60 \cdot 10^{12}$ kg Kohlenstoff durch mikrobielle Zersetzung der abgestorbenen Biomasse wieder frei. Es werden daher netto pro Jahr circa $3 \cdot 10^{12}$ kg Kohlenstoff in der Biosphäre gebunden.

Die Hydrosphäre entzieht der Atmosphäre pro Jahr circa $92 \cdot 10^{12}$ kg Kohlenstoff, indem sich CO_2 in Wasser zur Kohlensäure (H_2CO_3) auflöst. Gleichzeitig werden aber $90 \cdot 10^{12}$ kg Kohlenstoff wieder in Form von CO_2 freigesetzt (CO_2-Produktion durch Meerestiere und temperaturabhängige Freisetzung von CO_2 aus dem Wasser). Es werden daher netto pro Jahr circa $2 \cdot 10^{12}$ kg Kohlenstoff in der Hydrosphäre gebunden.

Biosphäre und Hydrosphäre entziehen also gemeinsam circa $5 \cdot 10^{12}$ kg Kohlenstoff pro Jahr der Atmosphäre.

Jedoch beträgt der jährliche Kohlenstoffeintrag in die Atmosphäre durch die Verbrennung fossiler Energieträger durch den Menschen circa $6{,}4 \cdot 10^{12}$ kg, der Kohlenstoffeintrag durch Änderung der Landnutzung (Versiegelung und Waldrodung) circa $1{,}6 \cdot 10^{12}$ kg und der Kohlenstoffeintrag durch die Zementherstellung (zur Zementherstellung werden Carbonate aus der Lithosphäre entnommen, die bei der Produktion CO_2 freisetzen) circa $1 \cdot 10^{12}$ kg. In Summe werden also circa $9 \cdot 10^{12}$ kg Kohlenstoff pro Jahr in die Atmosphäre freigesetzt.

Netto verbleiben durch menschliche Aktivitäten Jahr für Jahr also circa $4 \cdot 10^{12}$ kg Kohlenstoff zusätzlich in der Atmosphäre. Dieser Wert könnte dramatisch steigen, wenn die Verbrennung fossiler Energieträger (gepunkteter Pfeil in Abbildung 4.3) fortgesetzt wird beziehungsweise die Zerstörung des Urwaldes oder das Trockenlegen von Mooren weiter voranschreitet (gepunktete Querstriche im linken Pfeil der Abbildung 4.3).

Durch menschliche Aktivitäten werden der Atmosphäre pro Jahr circa $4 \cdot 10^{12}$ kg Kohlenstoff zusätzlich zugeführt.

Es gibt noch viele weitere Kohlenstoffquellen und -senken, so zum Beispiel der Vulkanismus (Kohlenstoffquelle) und die sogenannte Gesteinsmetamorphose (Kohlenstoffsenke), deren Kohlenstoffflüsse aber gegenüber der zuvor beschriebenen Bilanzierung vernachlässigt werden können. Bei der Gesteinsmetamorphose werden im Zuge der durch die Kontinentalverschiebung ausgelöste Subduktion von Sedimenten des Meeresbodens Calciumcarbonat und Quarz bei den in der Subduktionszone herrschenden Temperatur- und Druckverhältnissen in Calciumsilikat und Kohlendioxid gemäß der nachfolgenden Gleichung umgewandelt:

$$CaCO_3 + SiO_2 \rightarrow CaSiO_3 + CO_2$$

Das gebildete CO_2 löst sich im Magma und wird bei Vulkanausbrüchen wieder frei (pro Jahr weniger als $1 \cdot 10^{12}$ kg Kohlenstoff).

Der größte Teil des durch menschliche Aktivitäten zusätzlich in die Atmosphäre eingebrachten Kohlenstoffs wird durch die Ozeane aufgenommen. Zurzeit ist die Aufnahmekapazität der Ozeane noch nicht erschöpft, da die Hydrosphäre ein gewaltiges Puffersystem darstellt, in dem neu hinzukommendes CO_2 unter pH-Wert-Absenkung über Hydrogencarbonat (HCO_3^-) in Carbonat-Ionen (CO_3^{2-}) umgebildet wird.

Durch eine globale Erwärmung der Ozeane könnte einerseits die thermohaline Zirkulation an den Polen (Verfrachtung des gelösten CO_2 in die Tiefsee) zusammenbrechen oder andererseits die Versauerung der Ozeane ein so großes Ausmaß annehmen, dass marine Organismen nur noch wenig Kohlenstoff einlagern können. Beides würde zu massiven CO_2-Freisetzungen aus den Ozeanen in die Atmosphäre führen und damit der Treibhauseffekt noch weiter angeheizt werden – sogenannte Kippelemente im Erdklimasystem könnten erreicht oder sogar überschritten werden.

Die überwiegende Menge des in die Atmosphäre freigesetzten Kohlenstoffs wird im Meer gelöst, wodurch der pH-Wert des Meeres sukzessive abnimmt. Diese Übersäuerung des Meeres führt zu einem vermehrten Korallensterben und könnte damit die Biodiversität in den Ozeanen stark vermindern.

Ein ähnliches Kippelement findet sich auch in der Pedosphäre. Durch eine globale Erwärmung der Erde könnte der Permafrost in Sibirien und Kanada auf Dauer verschwinden und dadurch große Mengen an organischem Kohlenstoff, der bisher im Permafrost festgelegt ist, durch mikrobiologischen Abbau in CH_4 und CO_2 umgewandelt und in die Atmosphäre freigesetzt werden. Ebenso führt das Trockenlegen von Mooren zum mikrobiellen Abbau organischer Verbindungen, die seit Jahrhunderten oder Jahrtausenden in der Pedosphäre fixiert waren. Weitere CO_2-Freisetzungen sind die Folge dieser von Menschenhand betriebenen Umwandlung von Naturlandschaft in Kulturlandschaft.

Das Auftauen des Permafrostes in Sibirien und Kanada setzt erhebliche Mengen an klimawirksamem Methan in die Atmosphäre frei, wodurch ein Kipppunkt im Klimasystem der Erde überschritten werden könnte, was zu einer Beschleunigung des Treibhauseffektes führen würde.

Der Stickstoffkreislauf

Das gasförmige Element Stickstoff (N_2) ist eine sehr reaktionsträge Verbindung. In der Industrie werden aus N_2 unter Anwendung von hohem Druck und hohen Temperaturen viele verschiedene Verbindungen hergestellt, zumeist unter Zuhilfenahme eines Katalysators. In der Natur tritt Stickstoff in zahlreichen Oxidationsstufen von -III (Ammonium-Ionen) über ±0 (N_2) bis +V (Nitrat-Ionen) auf. Auch für die in der Natur auftretenden Redoxprozesse, in denen Stickstoff die Oxidationsstufe wechselt, wird in der Regel ein Katalysator benötigt. Dies sind aerobe oder anaerobe Mikroorganismen, die diese Änderungen in der Oxidationsstufe bewirken. Der globale Stickstoffkreislauf ist nur deswegen möglich, weil viele Redoxprozesse durch Mikroorganismen katalysiert werden. Die in Symbiose mit Pflanzen lebenden Knöllchenbakterien sind in der Lage, Stickstoff aus der Luft von seiner elementaren Form N_2 in die reduzierte Verbindung Ammonium-Ionen (NH_4^+) umzuwandeln (siehe Abbildung 4.4).

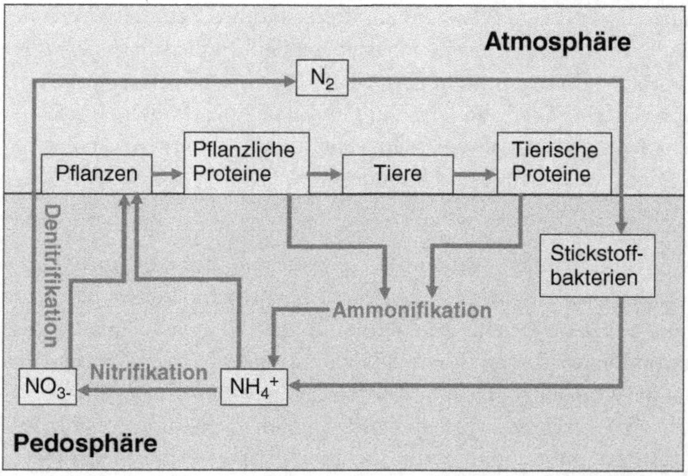

Abbildung 4.4: Vereinfachte Darstellung des Stickstoffkreislaufes

Die Ammonium-Ionen sind wichtige Nährstoffe für Pflanzen. Aus diesen werden in der Pflanze Aminosäuren und Amide synthetisiert. Da bei dieser Reaktion Mikroorganismen beteiligt sind, nennt man den Vorgang biologische Fixierung des Stickstoffs.

Aus Ammonium-Ionen können andere Bakterien, die man aerobe Nitrifizierer nennt, zunächst Nitrit (NO_2^-) und dann Nitrat (NO_3^-) herstellen, das ebenfalls für die Pflanzenernährung essenziell ist. Diesen Vorgang nennt man Nitrifikation.

Wieder andere anaerobe Bakterien, denen Sauerstoff zum Wachsen und zur Energiegewinnung fehlt, verwenden Nitrat als Sauerstoffquelle und gewinnen so die notwendige Energie. Dabei wird NO_3^- zu elementarem N_2 reduziert, der anschließend wieder in die Atmosphäre freigesetzt wird. Mit diesem Vorgang, den man Denitrifikation nennt, schließt sich der Stickstoffkreislauf. Bei der Denitrifikation wird neben N_2 aber auch Lachgas (N_2O) gebildet.

Die hier für die Pedosphäre beschriebenen Prozesse laufen in ähnlicher Form auch in der Hydrosphäre ab und sind die Grundlage für die Reinigung von Abwasser in Kläranlagen.

Eine weitere wichtige Reaktion, die pflanzliche und tierische Proteine wieder zurück in den Stickstoffkreislauf bringt, ist die Ammonifikation. In diesem Prozess wird Stickstoff aus komplexen, nicht pflanzenverfügbaren, organischen Verbindungen durch Bakterien und Pilze herausgelöst und in pflanzenverfügbare Ammonium-Ionen überführt.

Da Ammoniumsalze und Nitrate Pflanzennährstoffe sind, werden diese Verbindungen auch in der Landwirtschaft gezielt in Form von Gülle (Wirtschaftsdünger) oder käuflich erworbenen Düngemitteln eingesetzt, um die landwirtschaftlichen Erträge zu steigern. Hierbei wird die Überdüngung von Ackerböden zum Umweltproblem. Wird mehr gedüngt als die Pflanzen aufnehmen können, versickern die überzähligen Pflanzennährstoffe und können so ins Grundwasser oder in Gewässer gelangen.

Viele Grundwässer sind bereits mit Nitrat belastet und müssen durch hohen technischen und damit finanziellen Aufwand davon befreit werden, bevor die Einspeisung ins Trinkwassernetz erfolgen kann, da Trinkwasser häufig aus Grundwasser gewonnen wird. Der übermäßige Eintrag von Düngemitteln in Oberflächengewässer wird Eutrophierung genannt. Durch eine zu starke Überdüngung kommt es im Gewässer zu einem starken Algenwachstum. Vermehrtes Algenwachstum führt zu einem geringeren Lichteinfall, insbesondere in tiefere Wasserschichten – und die Photosyntheseleistung wird reduziert.

Letztlich sterben Gewässerpflanzen ab und die abgestorbene Biomasse zehrt im Zuge der mikrobiellen Abbauprozesse mehr Sauerstoff, was zu einem Sauerstoffmangel im Gewässer führen kann. Fische und weitere Wasserpflanzen können sterben, wodurch das Gewässer im Extremfall »umkippen« kann.

Eine Überdüngung in der Landwirtschaft führt zur Versickerung von überzähligen Nährstoffen in die Gewässer oder ins Grundwasser. Ein Überschuss an Nährstoffen in Gewässern führt zur Eutrophierung und damit zu einem Algenwachstum. Er kann zudem zur Nitratbelastung im Trinkwasser führen, wodurch die Trinkwasser-Versorger einen erheblichen Aufwand betreiben müssen, um diese Fremdstoffe aus dem Trinkwasser zu entfernen.

Neben der biologischen Fixierung von N_2 gibt es auch chemische und technische Stickstofffixierungen.

Die hohe Energie von Blitzen erzeugen kurzfristig Temperaturen von bis zu 30.000 Grad Celsius. Unter diesen Bedingungen reagieren Stickstoff und Sauerstoff miteinander und es werden Stickstoffmonoxid (NO) und Stickstoffdioxid (NO_2) gebildet. Stickstoffdioxid in der Atmosphäre kann durch ebenfalls in der Atmosphäre vorkommende OH-Radikale und Staubkörner, die als Katalysatoren wirken, in Salpetersäure (HNO_3) umgewandelt werden.

$$NO_2 + OH \rightarrow HNO_3$$

Durch Niederschlagsereignisse wird die Salpetersäure, die neben Schwefelsäure (H_2SO_4) Bestandteil des sauren Regens ist, aus der Atmosphäre ausgewaschen und gelangt auf diesem Weg in die Hydrosphäre und in die Pedosphäre, wo diese dann zur Düngewirkung mit beiträgt.

Bei technischen Verbrennungsprozessen, zum Beispiel in Kraftwerken, die mit fossilen Energieträgern betrieben werden oder in Müllheizkraftwerken, aber auch in Kraftfahrzeugen mit Verbrennungsmotor, entstehen NO und NO_2 häufig gemeinsam. Daher werden die gasförmigen Schadstoffe NO und NO_2 in Kurzform als NO_x beschrieben.

Eine weitere Form der Stickstofffixierung ist die technische Stickstofffixierung im sogenannten »Haber-Bosch-Verfahren«, bei dem aus Stickstoff und Wasserstoff Ammoniak gebildet wird.

$$N_2 + 3H_2 \rightarrow 2NH_3$$

Aus Ammoniak werden anschließend stickstoffhaltige Düngemittel hergestellt, zum Beispiel Ammoniumnitrat (NH_4NO_3).

Auswirkungen des Menschen auf die Umwelt

Die zuvor in Kapitel 3 beschriebenen massiven Veränderungen in den Umweltkompartimenten der Prähistorie traten auf, noch bevor sich das Kompartiment Biota (Lebewesen) im Erdzeitalter Karbon stark ausbreitete.

Bis zum Anthropozän haben sich die vier Umweltkompartimente (siehe Kapitel 2) bedingt durch ein Gleichgewicht von Pflanzen, die CO_2 aufnehmen und O_2 abgeben, und Tieren, die O_2 aufnehmen und CO_2 abgeben, in einer relativ hohen Stabilität entwickelt. Die folgenden Informationen und Schaubilder machen deutlich, wie sich die Umwelt durch die menschlichen Aktivitäten in den letzten Jahren entwickelt hat.

Im vorindustriellen Zeitraum (circa bis 1750) betrug die CO_2-Konzentration in der Atmosphäre circa 280 ppm. Sie stieg dann bis heute (2024) um circa 50 Prozent auf 420 ppm. Die Konzentration von N_2O stieg im gleichen Zeitraum um circa 20 Prozent (von 270 ppb auf heute 323 ppb) und von CH_4 sogar um circa 147 Prozent (von 730 ppb auf heute 1.800 ppb). Vor 1750 waren die Gehalte dieser Gase in der Atmosphäre über Tausende von Jahren nahezu unverändert. Ursachen für diese erheblichen Emissionssteigerungen sind die industrialisierte

Landwirtschaft, die notwendig ist, um die wachsende Weltbevölkerung zu ernähren sowie die Verbrennung von Biomasse und fossilen Energieträgern zu Heizzwecken und in geringerem Umfang auch zur Stromerzeugung.

Im Zeitraum von 1750 bis heute ist die CO_2-Konzentration um circa 50 Prozent, die N_2O-Konzentration (Lachgas) um circa 20 Prozent und die CH_4-Konzentration (Methan) um circa 147 Prozent angestiegen. Ursache dieser Emissionssteigerungen sind die industrialisierte Landwirtschaft sowie die Verbrennung von Biomasse und fossilen Energieträgern.

Die Konzentrationen der klimarelevanten Gase in der Atmosphäre haben sich seit dem Beginn der industriellen Revolution, also seit die Dampfmaschine Einzug in die Wirtschaft hielt, dramatisch verändert. Die Abbildung 4.5 zeigt den signifikanten Anstieg der Konzentrationen von CO_2, CH_4 und N_2O. Beispielhaft ist eine zudem von vielen Verbindungen der Stoffgruppe der FCKW herausgegriffen; und zwar Trichlorfluormethan (CCl_3F). Diese Verbindung ist von Menschenhand in den siebziger Jahren des letzten Jahrhunderts hergestellt worden, in der Natur gibt es diese Verbindung nicht. Daher wird dieser Stoff erst mit dem Beginn der achtziger Jahre regelmäßig gemessen.

Einem starken Anstieg der Konzentration von CCl_3F bis zum Jahr 1995 folgte eine Abnahme, die die Wirksamkeit des Montreal-Protokolls aus dem Jahr 1987 zeigt, in dem diese Stoffgruppe verboten worden war. Das konsequente Verbot dieser Stoffgruppe wurde notwendig, nachdem man erkannte, dass FCKW die Ozonschicht in der Stratosphäre zerstören. Die vollständige Zerstörung der Ozonschicht hätte zur Folge gehabt, dass tagsüber der Aufenthalt von Menschen und Tieren im Freien nicht mehr ohne massiven Schutz vor der hochenergetischen UV-Strahlung der Sonne möglich gewesen wäre. Vermutlich wären die diagnostizierten Fälle von Hautkrebs weltweit sprunghaft angestiegen. An diesem Beispiel hat die Weltgemeinschaft gezeigt, dass sie gegenüber einer lebensbedrohlichen Änderung der Umweltbedingungen durchaus gemeinsam und konsequent reagieren kann. Ein solch gemeinsames Handeln wäre auch im Klimaschutz zwingend notwendig.

Untersucht man die Geschwindigkeit des CO_2-Anstiegs in der Atmosphäre zu verschiedenen Zeiten etwas genauer, stellt man fest, dass innerhalb der 16-jährigen Periode von 1959 bis 1975 der CO_2-Anstieg 0,94 ppm pro Jahr betrug. Innerhalb der 16-jährigen Periode von 2007 bis 2023 betrug der Anstieg bereits 2,1 ppm pro Jahr. Die Geschwindigkeit des CO_2-Anstiegs hat sich also bereits verdoppelt.

Noch aufschlussreicher wird ein Vergleich der atmosphärischen CO_2-Konzentrationen im mittleren Quartär mit der heutigen CO_2-Konzentration. Im Jahr 1911 überschritt die CO_2-Konzentration mit 300 ppm erstmals den Maximalwert der

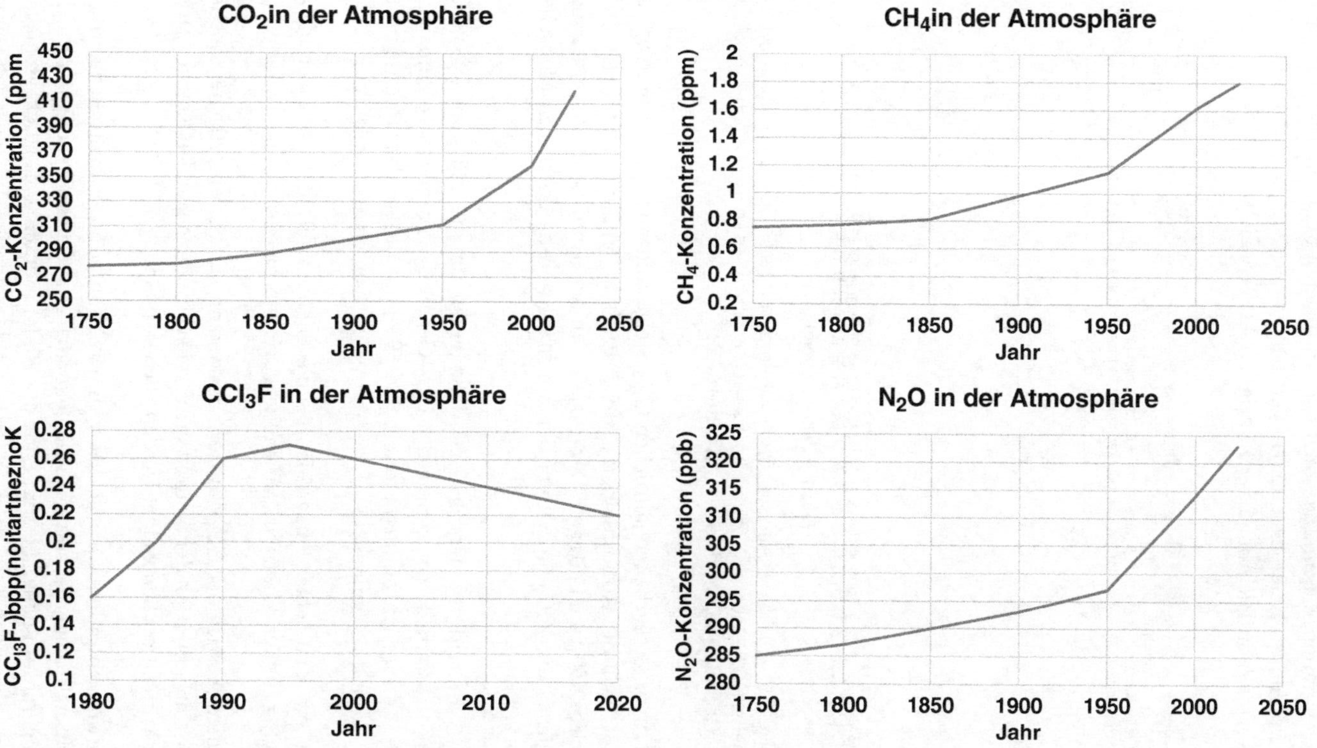

Abbildung 4.5: Zeitliche Entwicklung der Gase CO_2, CH_4, FCKW und N_2O

CO_2-Konzentration, der im Zuge einer der Warmzeiten der letzten 800 000 Jahre erreicht worden ist. Heute liegt dieser Wert bereits bei 420 ppm mit immer noch steigender Tendenz. Die Abbildung 4.6 zeigt diesen Vergleich.

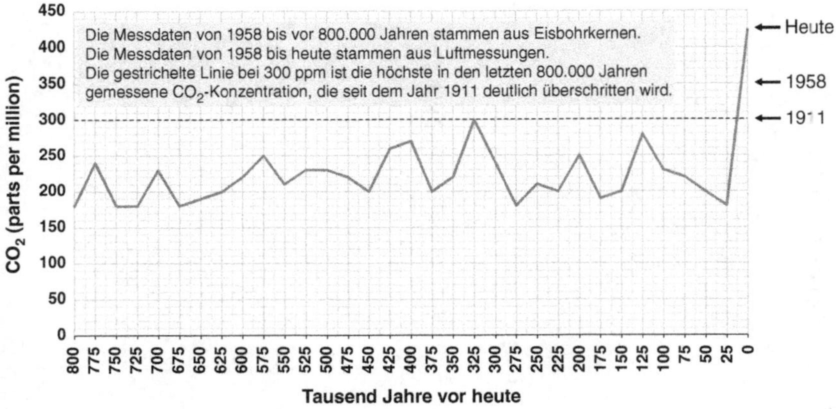

Abbildung 4.6: CO_2 in der Atmosphäre – Vergleich mittleres Quartär und Neuzeit; Datenquelle: NOAA, `https://climate.nasa.gov/vital-signs/carbon-dioxide/` (National Oceanic and Atmospheric Administration)

Mit der zuvor angegebenen jährlichen CO_2-Steigerungsrate von 2,1 ppm würde der CO_2-Gehalt der Atmosphäre im Jahr 2040 circa 454 ppm und im Jahr 2100 bereits circa 590 ppm betragen. Der CO_2-Gehalt der Atmosphäre hätte sich also im Vergleich zum CO_2-Gehalt vor der Industrialisierung durch den Menschen mehr als verdoppelt.

Ergreift der Mensch keine Maßnahmen, um die Emissionen von CO_2 zu reduzieren, könnte der CO_2-Gehalt der Atmosphäre zum Ende dieses Jahrhunderts bereits bei 590 ppm liegen, das wäre mehr als eine Verdoppelung seit der letzten circa einen Million Jahren.

Dies ist ein deutlicher Fingerzeig für die Menschheit, der massiven CO_2-Freisetzung endlich einen wirksamen Riegel vorzuschieben.

Neben dem Anstieg der CO_2-Konzentration kann auch ein drastischer Anstieg der CH_4-Konzentration der Neuzeit im Vergleich mit den stabilen Konzentrationen des Mittelalters beobachtet werden (siehe Abbildung 4.7).

Dass die Konzentrationsanstiege dieser klimarelevanten Stoffe menschengemacht und nicht natürlichen Ursprungs sind, legt auch eine Datenerhebung der mittleren Temperaturen nahe, die zum Ende des 20. Jahrhunderts als Hockeyschläger-Abbildung bezeichnet worden ist und seitdem in der Wissenschaft einige Aufregung verursachte (siehe Abbildung 4.8).

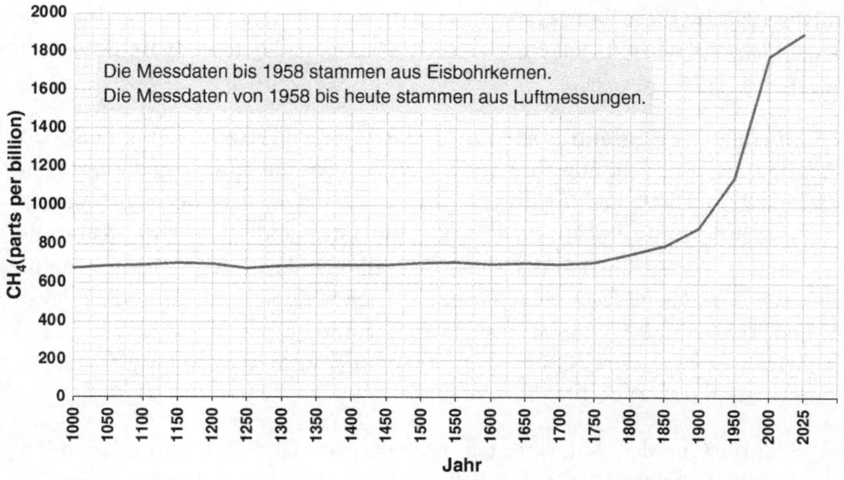

Abbildung 4.7: CH_4 in der Atmosphäre - Vergleich zwischen Mittelalter und Neuzeit; Datenquelle: `https://climate.nasa.gov/vital-signs/methane/` Oceanic and Atmospheric Administration NOAA (National Oceanic and Atmospheric Administration)

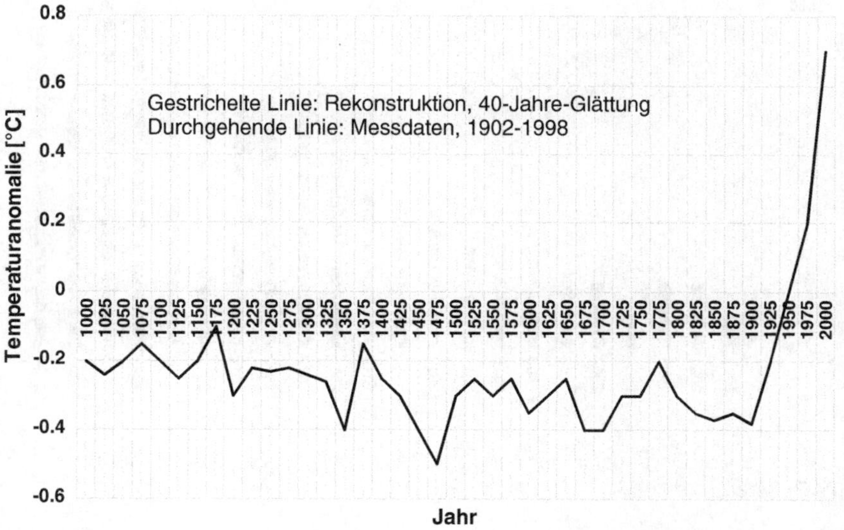

Abbildung 4.8: Temperaturentwicklung auf der Nordhemisphäre vom Mittelalter bis 1998; Datenquelle: Michael E. Mann, Raymond S. Bradley und Malcolm K. Hughes, Geophysical Research Letters, Vol. 26, No. 6 1999, S. 759–762

Im Jahr 1998 lag diese Temperaturanomalie noch bei circa 0,8 Grad Celsius. Sie stieg im Jahr 2020 bereits auf circa 1,2 Grad Celsius und beträgt zwischenzeitlich (2024) circa 1,5 Grad Celsius.

Die Erhöhung der Konzentrationen an klimarelevanten Gasen in der Atmosphäre führt einerseits zur Erhöhung mittleren Oberflächentemperatur auf der Erde und andererseits zu einem beschleunigten Abschmelzen von Gletschern, insbesondere von mächtigen Eisschilden in der Arktis und Grönland sowie in der Antarktis. Der antarktische Eisschild enthält circa 30 Millionen km^3 Eis, das ist etwa zehnmal so viel wie das Eisvolumen in Grönland. Am Südpol beträgt die Mächtigkeit des Eisschildes circa 3 Kilometer, am Nordpol sind es nur circa 4,5 Meter. Etwa zwei Drittel des gesamten Süßwasserbestandes der Erde ist im antarktischen Eisschild gebunden.

Der Eisverlust in der Antarktis beträgt seit dem Jahr 2000 circa 2,5 Billionen Tonnen, bei einer jährlichen Verlustrate von 142 Milliarden Tonnen (siehe Abbildung 4.9).

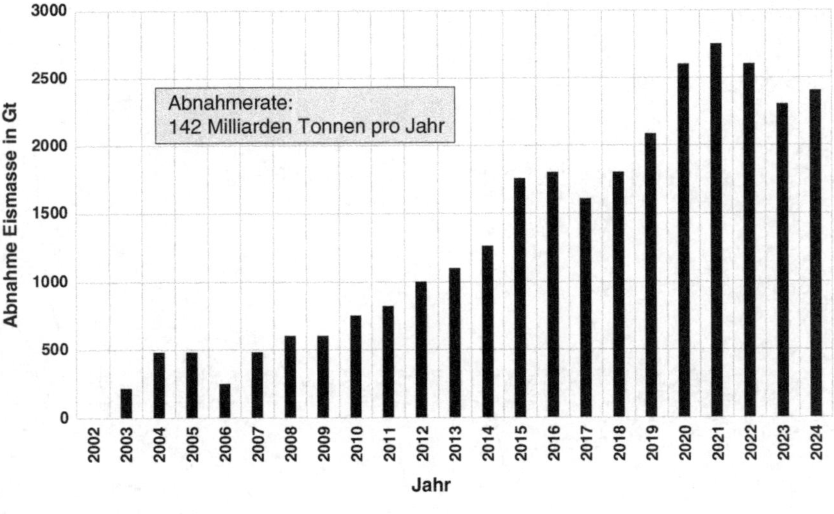

Abbildung 4.9: Eisverlust in der Antarktis, Datenquelle: NASA, Datenherkunft: GRACE-Satellit der NASA

Der Eisverlust in Grönland beträgt seit dem Jahr 2000 sogar mehr als fünf Billionen Tonnen, bei einer jährlichen Verlustrate von 269 Milliarden Tonnen (siehe Abbildung 4.10).

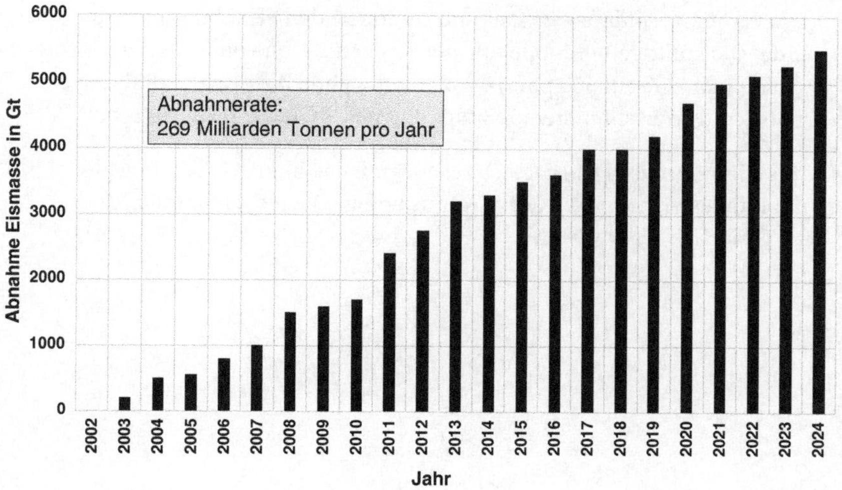

Abbildung 4.10: Eisverlust in Grönland; Quelle: NASA, `https://climate.nasa.gov/vital-signs/ice-sheets/`; Datenherkunft: GRACE-Satellit der NASA

Der Eisverlust in Grönland schreitet mit einer fast doppelt so hohen Geschwindigkeit voran wie der Eisverlust in der Antarktis.

Somit vermindert sich der Salzgehalt der Ozeane nach und nach immer weiter, weil das ursprünglich salzhaltige Meerwasser durch immer größere Mengen Süßwasser verdünnt wird.

Zum Abschluss dieses Kapitels, das unsere Umwelt im Anthropozän beschreibt, seien einige gesicherte Fakten zusammengestellt, die zwischenzeitlich von keinem ernstzunehmenden Wissenschaftler mehr bezweifelt werden:

- ✔ Die Konzentration von CO_2 in der Atmosphäre ist seit Beginn der Industrialisierung von einem für eine Warmzeit typischen Wert von 280 ppm auf derzeit 420 ppm angestiegen.
- ✔ Dieser Anstieg ist vom Menschen verursacht, einerseits durch das Verbrennen fossiler Energieträger, andererseits durch die Abholzung von Wäldern und das Trockenlegen von Mooren.

- ✔ Das Gas CO_2 ist klimawirksam und verändert den Strahlungshaushalt der Erde. Die künftige Verdoppelung der Konzentration von CO_2 in der Atmosphäre (von 280 auf 560 ppm) wird voraussichtlich zu einer Erhöhung der globalen Durchschnittstemperatur von circa 3 Grad Celsius führen.
- ✔ Das Klima auf der Erde hat sich seit Beginn der Industrialisierung global um mindestens circa 1,1 Grad Celsius und in Deutschland um circa 1,8 Grad Celsius erwärmt.

Teil II

CO_2-Anstieg und Klimawandel

IN DIESEM TEIL ...

- .... werden das Ausmaß des Treibhauseffektes, das Global Warming Potential (GWP), der CO_2-Fußabdruck sowie die ökonomischen Kosten des Klimawandels beschrieben.
- Ist der Vulkanismus, sind die Ozeane oder ist der Mensch Ursache des CO_2-Anstieges?
- Wie hoch sind die Treibhausgas-Emissionen weltweit und in Deutschland?
- Klimawandelskeptiker und Klimaschutzverfechter kommen zu Wort.
- Die Auswirkungen des Klimawandels finden Gehör.

IN DIESEM KAPITEL

Messdaten, die den Treibhauseffekt nahelegen

Die Stärke von klimarelevanten Gasen

Der »Carbon Footprint«

Was kostet uns der Klimawandel?

Kapitel 5
Treibhauseffekt, CO_2-Fußabdruck und ökonomische Kosten des Klimawandels

Der CO_2-Gehalt in der Atmosphäre ist heute mit 420 ppm ungefähr doppelt so hoch wie er im Mittel im Verlauf der letzten eine Million Jahre war. Dieser massive Anstieg führt zu einem Treibhauseffekt mit deutlich höheren Temperaturen auf der Erde. Dieses Kapitel beschäftigt sich mit dem Ausmaß des sich bisher eingestellten Treibhauseffektes sowie einer Charakterisierung und dem Vergleich der verschiedenen klimarelevanten Gase miteinander. Zudem werden der in der Öffentlichkeit häufig gebrauchte Begriff des CO_2-Fußabdruckes sowie die ökonomischen Kosten des Klimawandels erläutert.

Ausmaß des Treibhauseffektes

Die Medien berichten in zunehmender Häufigkeit von neuen Temperaturrekorden, sowohl weltweit als auch in Deutschland und Europa. Dies zeigt uns, dass der Klimawandel unseren Alltag erreicht hat und die Temperaturextreme keine Einzelereignisse sind, sondern in einer gewissen Regelmäßigkeit auftreten.

- ✔ Am 20. März 2022 wurde im Osten der Antarktis eine Temperatur von −10,5 Grad Celsius gemessen. Das ist circa 30 Grad wärmer als normalerweise in diesem Monat.

- Seit Beginn der Wetteraufzeichnungen war das Jahr 2023 weltweit das wärmste Jahr. Am 09. Juli 2023 wurde der bis dato weltweit wärmste Tag seit Beginn der Wetteraufzeichnungen gemessen. Die global gemittelte Temperatur betrug 17,2 Grad Celsius.
- Im Juli 2023 wurde im Nordwesten Chinas eine Temperatur von 52,2 Grad Celsius gemessen – ein Hitzerekord, den es bisher noch nie in China gab.
- Am 01. August 2023 wurde in der argentinischen Hauptstadt Buenos Aires (im August ist auf der Südhalbkugel Winter) eine Temperatur von 30 Grad Celsius gemessen. Typischerweise liegt die durchschnittliche August-Temperatur in Buenos Aires zwischen neun und 18 Grad Celsius.
- Der März 2024 war im globalen Mittel mit 14,1 Grad Celsius der wärmste März seit Beginn der Wetteraufzeichnungen.
- Der Sommer des Jahres 2024 war laut EU-Klimawandeldienst Copernicus der weltweit heißeste seit Beginn der Wetteraufzeichnungen.

Ein Bild sagt mehr als 1.000 Worte – und so sei auf die Abbildung 5.1 verwiesen, die die Abweichungen der globalen Lufttemperaturen im Durchschnitt der Jahre 1850 bis 1900 (gestrichelte Linie) zeigt. In den 1920er Jahren begann ein gemäßigter Anstieg, der im 21. Jahrhundert immens Fahrt aufgenommen hat.

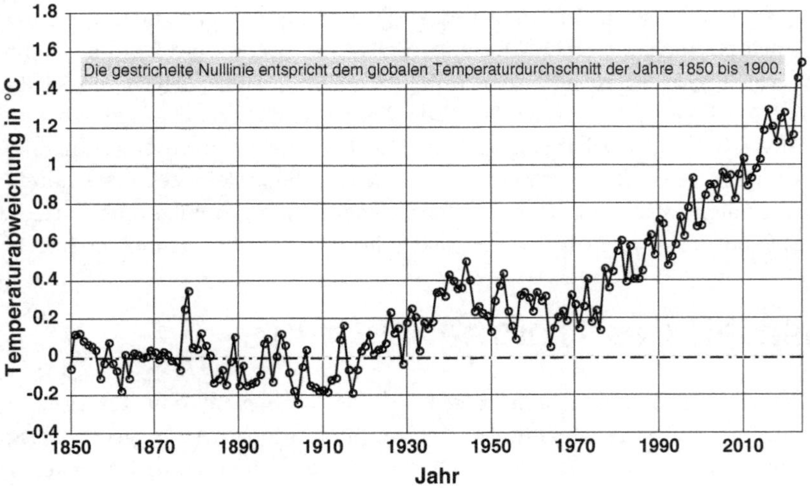

Abbildung 5.1: Abweichung der globalen Lufttemperatur vom Durchschnitt der Jahre 1850 bis 1900, Datenquelle: Met Office Hadley Centre, Climate Research Unit; Modell HadCrut.5.0.2.0 (Aufruf: 05/2025)

Selbst in Deutschland konnten einige Temperaturextreme beobachtet werden.

- ✔ In der Nacht vom 27. auf den 28. Oktober 2022 sank in Werl in Nordrhein-Westfalen die Temperatur nicht unter 18,5 Grad Celsius und lag somit nur 1,5 Grad Celsius unterhalb der Temperatur einer typischen Tropennacht. Es war wohl Sommer im Herbst!

- ✔ Im Dezember 2022 registrierte der Deutsche Wetterdienst (DWD) den wärmsten Silvestertag seit Beginn der Wetteraufzeichnungen: An vier Messstationen in Deutschland stieg die Temperatur auf mehr als 20 Grad Celsius.

- ✔ Der Dezember 2023 stellte mit 13,5 Grad Celsius im Monatsmittel einen neuen Temperaturrekord dar. Dieser Dezember war um 0,85 Grad Celsius wärmer als der Dezemberdurchschnitt für die Jahre 1850 bis 1900.

- ✔ Das Jahr 2024 war das Jahr mit der höchsten Jahresmitteltemperatur in Deutschland seit Beginn der Aufzeichnungen. Dieser Jahresmittelwert lag bei 10,9 Grad Celsius.

Der Treibhauseffekt führt somit auch in Deutschland zu einer permanenten Erhöhung der mittleren Tagesmitteltemperaturen seit Beginn der Aufzeichnungen durch den Deutschen Wetterdienst (siehe Abbildung 5.2).

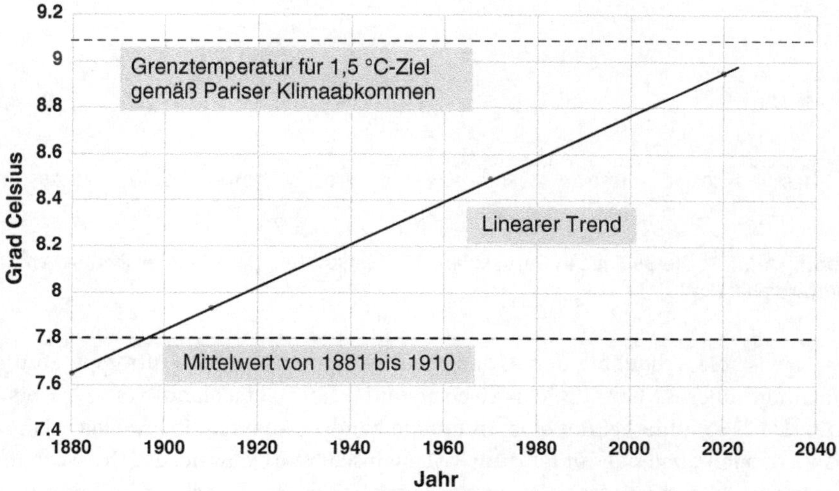

Abbildung 5.2: Jährliche mittlere Tagesmitteltemperatur in Deutschland von 1881 bis 2023, Datenquelle: Deutscher Wetterdienst (DWD), Mitteilung vom 08.03.2023

Während der lineare Trend dieser Temperatur im Jahr 1881 circa 7,7 Grad Celsius betrug, erreichte der Wert im Jahr 2023 bereits circa neun Grad Celsius, eine Steigerung um circa 1,3 Grad Celsius. Damit war 2023 das wärmste Jahr seit 1881 und das dreizehnte Jahr in Folge, das wärmer als der vieljährige Mittelwert von 1961 bis 1990 war.

Die Jahre werden jedoch nicht nur insgesamt wärmer, sondern der jahreszeitliche Entwicklungsgang von Pflanzen und Tieren verschiebt sich. Durch das veränderte Temperaturniveau verlagern sich Eintrittszeit und die Dauer der einzelnen Jahreszeiten. So blühen zum Beispiel Schneeglöckchen und Apfelbäume früher und Waldbäume treiben zeitiger aus. Solche Beobachtungen hat vermutlich jeder bereits im eigenen Umfeld gemacht. An der Fläche Deutschlands lässt sich eindrucksvoll beispielhaft visualisieren, wie sich die Temperaturen im 20. und 21. Jahrhundert deutlich erhöht haben (siehe Abbildung 5.3).

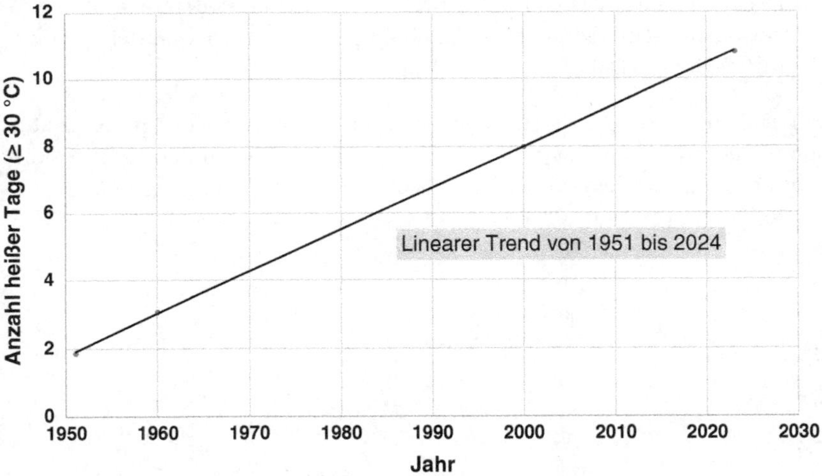

Abbildung 5.3: Heiße Tage in Deutschland (Gebietsmittel), Datenquelle: Deutscher Wetterdienst (DWD)

Gezeigt ist die Trendlinie der Anzahl heißer Tage mit einem Lufttemperatur-Maximum über 30 Grad Celcius (Gebietsmittel für Deutschland) von 1951 bis 2024. Da es sich hierbei um eine Trendlinie handelt, können die jeweiligen Jahreswerte nach oben oder unten zum Teil auch sehr stark abweichen. Der Vorteil dieser Darstellung ist, dass die Zunahme der heißen Tage über einen Zeitraum von mehr als 70 Jahren deutlich erkennbar wird.

Während im Jahr 1960 an etwa 3 Tagen des Jahres die 30 Grad-Celsius-Grenze überschritten wurde, geschah dies im Jahr 2000 bereits an 8 Tagen und im Jahr 2024 an 11 Tagen.

Der Deutsche Wetterdienst (DWD) geht davon aus, dass im Jahr 2050 die Temperaturen in Deutschland im Durchschnitt 1,9 bis 2,3 Grad Celsius höher sein werden als im Jahr 1881. Dies würde einen deutlichen Anstieg der heißen Tage über 30 Grad Celsius zur Folge haben.

In Berlin sollte im Jahr 2050 an bis zu 20 Tagen die 30-Grad-Marke überschritten werden, wobei dies im Zeitraum von 1971 bis 2000 im Durchschnitt nur an 7 bis 10 Tagen pro Jahr vorkam. In Stuttgart könnte es dann sogar bis zu 70 heiße Tage über 30 Grad Celsius geben. Tage mit Temperaturen um die 40 Grad werden im Jahr 2050 regelmäßig auftreten, und nicht nur eine Seltenheit darstellen.

Bei anhaltenden Hochtemperaturphasen über 30 Grad Celsius ist mit einer deutlich höheren Mortalitätsrate zu rechnen als bei niedrigeren Temperaturen. Nach Erhebungen des Statistischen Bundesamtes sind im Juli 2023 in Deutschland, wohl auch aufgrund der Hitzewelle, in der ersten Julihälfte zwölf Prozent mehr Menschen gestorben als im Mittel der Jahre 2018 bis 2021 für diesen Monat. Es ist ein bekannter Effekt, dass im Zuge von Hitzewellen die Sterbefallzahlen ansteigen. Es gibt offensichtlich einen direkten Zusammenhang zwischen Hitzewellen und den zusätzlich auftretenden Todesfällen. Bei diesen zusätzlichen Todesfällen sind vor allem ältere Menschen und Personen mit Vorerkrankungen betroffen.

In einer aktuellen Studie des Imperial College London und der London School of Hygiene & Tropical Medicine kommen die Forscherinnen und Forscher zu dem Ergebnis, dass die Hitzewelle Ende Juni bis Anfang Juli 2025 in Europa, bei der in vielen südlichen Regionen und Ländern Temperaturen von über 40 Grad Celsius herrschten, dreimal mehr Hitzetote durch den Klimawandel verursachte.

Eine Studie aus dem Jahr 2021 geht davon aus, dass weltweit pro Jahr mit circa fünf Millionen Todesfällen bedingt durch Hitzestress und andere gefährliche Wetterextreme zu rechnen ist. Hinzurechnen kann man weltweit weitere 4 Millionen Todesfälle pro Jahr, die aus der Luftverschmutzung durch die Verbrennung fossiler Energieträger (Feinstaub, Schwermetalle und Polyaromatische Kohlenwasserstoffe) resultieren.

Wie eine von der Zeitung The Economist veröffentlichte Studie zeigt, ist die Gesamtzahl der Todesfälle pro Jahr aufgrund von Wetterextremen und Luftverschmutzung mit neun Millionen sogar höher als die weltweit registrierten acht Millionen Todesfälle durch die Covid-19-Pandemie.

Die beschleunigte Erwärmung der Arktis führt außerdem zu einem verringerten Temperaturgegensatz zwischen Arktis und den Subtropen, wodurch sich der Jetstream verlangsamt und sich dadurch einmal gebildete Hochdruckgebiete auf der Nordhalbkugel festsetzen und einen viel längeren Zeitraum bestehen bleiben, als es bei einem stärkeren Jetstream der Fall wäre. Dies führt zu sehr lang andauernden Hitzewellen, die die Zahl von Todesfällen erhöhen können.

Die höheren Temperaturen in Deutschland haben nicht nur gesundheitliche Folgen für die Bevölkerung, sondern sind auch mit wirtschaftlichen Konsequenzen im Mittel- und Hochgebirge verbunden. Die höheren Temperaturen in den Gebirgsregionen führen zu immer weniger Zeiten mit ausreichend Schnee zum Betreiben von Wintersport. Daraus erwachsen Auslastungsprobleme für den Tourismus beziehungsweise es entstehen hohe Energiekosten, wenn Beschneiungsanlagen eingesetzt werden. Solche Anlagen belasten wiederum die Umwelt. Nicht zuletzt führen höhere Durchschnittstemperaturen auch immer dazu, dass Dürreperioden auftreten, die zu Ernterückgängen in der Landwirtschaft führen können. Eine höhere Temperatur lässt mehr Wasser verdunsten, da die wärmere Atmosphäre mehr Wasserdampf aufnehmen kann. Eine Atmosphäre mit mehr Wasserdampf kann an anderer Stelle zu Starkregenereignissen mit anschließenden Überflutungen führen.

Der Deutsche Wetterdienst (DWD) rechnet in der Zukunft mit mehr Stürmen, extremen Regenfällen und Hitzewellen aufgrund der Klimaerwärmung – also mit mehr sogenannten Extremwetterlagen.

Es ist allerdings sehr schwierig, einen Zusammenhang zwischen einzelnen Wetterereignissen und dem Klima zuverlässig herzustellen. Jedoch kann bereits die beobachtete Häufigkeit von Extremwetterereignissen als Indiz dafür gewertet werden, dass Extremwetterereignisse mit den steigenden Temperaturen korrelieren.

Global Warming Potential (GWP)

Die Stärke von klimarelevanten Gasen kann über das GWP (= Global Warming Potential) beschrieben werden. Das GWP ist eine Maßzahl für den relativen Beitrag zum Treibhauseffekt, also die mittlere Erwärmungswirkung der Erdatmosphäre über einen bestimmten Zeitraum (in der Regel 100 Jahre).

Das GWP der wichtigsten anthropogenen Treibhausgase zeigt Tabelle 5.1. Alle GWP-Werte werden auf CO_2 bezogen, da dieses Gas in der Atmosphäre die mit Abstand höchste Konzentration besitzt und daher der Einfluss von CO_2 auf den

Treibhauseffekt am höchsten ist. Der GWP-Wert von zum Beispiel Schwefelhexafluorid (SF_6) ist zwar 23.500-mal höher als der GWP-Wert von CO_2, die Konzentration in der Atmosphäre ist aber 84.000-mal niedriger als die Konzentration von CO_2 (420 ppm/0,005 ppm = 84.000).

Treibhausgas	GWP	Konzentration (ppm)	Quellen des Treibhausgases
CO_2	1	420	Verbrennung von Kohle, Erdgas, Biomasse
CH_4	28	1,8	Reisanbau, Viehzucht, Kläranlagen, Mülldeponien, Zerfall von Methanhydrat im Meer, Auftauen des Permafrosts
N_2O	265	0,323	Stickstoffdünger, Verbrennung von Biomasse
FCKW	13 900	0,0015	Treibgase in Sprühdosen, Kältemittel in Kühlanlagen, Narkosemittel, Füllgase in Schaumstoffen
NF_3	16 100	0,000001	Halbleiter, Solarzellen, Flüssigkristall-Bildschirme
SF_6	23 500	0,005	Schutzgas bei der technischen Erzeugung von Magnesium, Hochspannungsschaltanlagen

Tabelle 5.1: GWP von klimarelevanten Gasen in der Atmosphäre

Daher überwiegt der Einfluss von CO_2.

Der GWP von CO_2 ist im Vergleich zu allen anderen klimarelevanten Gasen am niedrigsten, dennoch ist der Einfluss dieses Gases auf das Klima am stärksten, weil die Konzentration dieses Gases in der Atmosphäre ungleich viel höher ist als alle anderen klimarelevanten Gase.

Die Verbrennung von fossilen Energieträgern und Biomasse setzt große Mengen an klimarelevantem CO_2 frei. Je mehr Menschen die Erde bevölkern, desto mehr CH_4 wird in der Atmosphäre freigesetzt. Reisanbau, Viehzucht, Kläranlagen und Mülldeponien tragen hierzu in großem Umfang bei. Die Tiefsee enthält riesige Vorkommen an Methanhydrat, die bei abnehmendem Wasserdruck durch die auflastende Wassersäule in die Atmosphäre freigesetzt werden könnten.

Die Verbindung Methanhydrat ist das Ergebnis der Zersetzungsprozesse von abgestorbener Biomasse in den Ozeanen, die bereits seit über einer Milliarde Jahre permanent ablaufen. In großen Meerestiefen herrscht aber glücklicherweise so hoher Druck, dass das Methanhydrat keine Chance hat, die Atmosphäre zu erreichen. Neben CO_2 als Zersetzungsprodukt von abgestorbener Biomasse entsteht auf den Landmassen ebenfalls CH_4. In den wärmeren Regionen der Erde gelangt dieses CH_4 in die Atmosphäre; nicht aber in den Permafrost-Regionen von Süd- und Nordpol sowie in den dauerhaft gefroren Regionen von Sibirien oder Nordkanada.

Werden durch Erhöhung der mittleren Temperatur auf der Erde diese Regionen auf Dauer eisfrei, gelangen dadurch gigantische Mengen an CH_4 in die Atmosphäre. Der Klimawandel würde sich enorm beschleunigen, wenn auch dieser Kipppunkt überschritten werden würde.

Distickstoffmonoxid, auch Lachgas genannt (N_2O), wird überwiegend durch Stickstoffdüngung in der Landwirtschaft in die Gasphase freigesetzt. Die sogenannten FCKW (Fluorierte und chlorierte Kohlenwasserstoffe) waren viele Jahrzehnte lang als Treibgase in Spraydosen im Einsatz. Nachdem die Wissenschaft beweisen konnte, dass diese Stoffklasse die Ozonschicht der Erdatmosphäre zerstört, wurde diese Stoffklasse 1987 im sogenannten Montreal-Protokoll der Vereinten Nationen verboten. Insbesondere für Entwicklungsländer gibt es allerdings jahrzehntelange Ausstiegsfristen, so dass diese Stoffgruppe immer noch nicht aus der Anwendung verschwunden ist. Die Stoffgruppe der FCKW wurde und wird allerdings durch die Stoffgruppe FKW (Fluorierte Kohlenwasserstoffe) ersetzt, die zwar nicht mehr die Ozonschicht zerstört, dafür aber genauso klimarelevant ist wie die Stoffgruppe FCKW – und zudem in der Natur kaum abgebaut wird.

Die Stoffe Stickstofftrifluorid (NF_3) und Schwefelhexafluorid (SF_6) sind in der modernen Technik unverzichtbar, da es keine Ersatzstoffe gibt. Sie werden aber nur in sehr geringen Mengen eingesetzt, so dass diese Stoffe im Klimaschutz so gut wie keine Rolle spielen.

Abschließend kann man den Beitrag der langlebigen Treibhausgase CO_2, CH_4, N_2O und FCKW auf den Treibhauseffekt abschätzen (siehe Abbildung 5.4)

Es wird ersichtlich, dass CO_2 mit circa 66 Prozent den mit Abstand größten Beitrag zum Treibhauseffekt liefert, gefolgt von CH_4 (circa 16 Prozent), FCKW (circa 11 Prozent) und N_2O (circa 7 Prozent). Weitere klimarelevante Gase können im Hinblick auf den Treibhauseffekt vernachlässigt werden.

Die von Menschen in die Atmosphäre eingebrachten klimarelevanten Gase CO_2, CH_4, FCKW und N_2O bestimmen – in dieser Reihenfolge – den Treibhauseffekt auf der Erde, weitere Gase spielen praktisch keine Rolle.

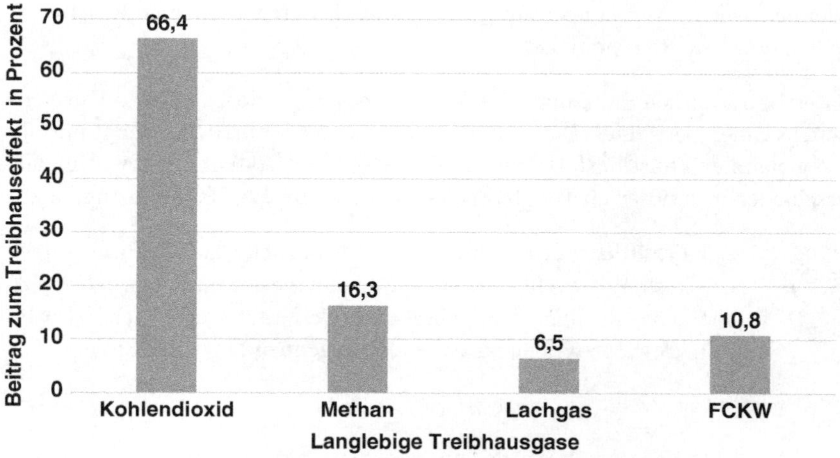

Abbildung 5.4: Beitrag langlebiger Treibhausgase am Treibhauseffekt

Der CO_2-Fußabdruck

Der CO_2-Fußabdruck (englisch: Carbon Footprint) ist das Ergebnis einer Emissionsberechnung, die man auch Emissionsbilanz nennt. Der CO_2-Fußabdruck gibt an, welche Mengen von Treibhausgasen durch eine Aktivität oder einen Prozess freigesetzt wird. Er lässt sich für Geschäfts- oder Produktionsprozesse, aber auch für das Verhalten einer einzelnen Person, berechnen, indem man das Umfeld der Organisation oder der Einzelperson analysiert.

Der CO_2-Fußabdruck ist damit ein wichtiges Instrument zur Bewertung der Klimawirkung einer Organisation oder einer einzelnen Person.

Der CO_2-Fußabdruck einer Person

Der CO_2-Fußabdruck einer Person wird ermittelt, indem man verschiedene Bereiche des täglichen Lebens – von der Art des Heizens, dem Strombezug, der Ernährung bis hin zum sonstigen Konsum – betrachtet. Daraus wird der persönliche CO_2-Ausstoß berechnet, der sich aus dem zugrunde gelegten Lebensstil ergibt. Neben Kohlendioxid werden auch die Emissionen der Treibhausgase Methan und Lachgas berücksichtigt, die mit der entsprechenden Klimawirkung in CO_2-Äquivalente umgerechnet werden. Zur Einordnung des eigenen CO_2-Ausstoßes ist ein Vergleich mit dem deutschen Durchschnitt möglich, dieser beträgt 10,35 Tonnen CO_2-Äquivalente pro Jahr. Zudem kann man aus der Analyse erkennen, welche Änderungen am CO_2-Ausstoß eintreten, wenn man seinen persönlichen Lebensstil modifiziert.

In der Regel werden die Emissionen nicht gemessen, sondern anhand von Verbrauchszahlen berechnet. Die Umrechnung erfasster Verbräuche erfolgt mithilfe sogenannter Emissionsfaktoren: Je Brennstoff oder Aktivität werden für die verschiedenen emittierten Treibhausgase pauschal Emissionsfaktoren angesetzt.

Zur Ermittlung des eigenen CO_2-Fußabdrucks kann man im Internet kostenlos verfügbare CO_2-Rechner verwenden. Zum Beispiel den CO_2-Rechner des Umweltbundesamtes oder den WWF-Klimarechner, welche Sie unter den folgenden Links finden:

`https://uba.co2-rechner.de/de_DE/`

`https://www.wwf.de/themen-projekte/klimaschutz/wwf-klimarechner`

Bei einem solchen CO_2-Rechner werden die nachfolgenden Kategorien abgefragt: Art des Wohnens, Heizung, Strombezug, Fahrzeuge mit Erfassung der Fahrkilometer, Anzahl der Flugreisen, Anzahl der Schiffsreisen, Ernährung sowie sonstiges Konsumverhalten.

Der CO_2-Fußabdruck eines Unternehmens

Für die CO_2-Bilanz eines Unternehmens, den sogenannten Corporate Carbon Footprint (CCF) werden alle Emissionsquellen des Unternehmens erfasst, die jeweiligen Emissionen in CO_2-Äquivalente umgerechnet und alle CO_2-Äquivalente aufaddiert.

Der Corporate Carbon Footprint zeigt auf, wo und in welcher Höhe Emissionen entstehen, und bildet die Basis für gezielte Reduktionsmaßnahmen. Die Berechnung des Corporate Carbon Footprint bildet die Grundlage für eine Klimaschutzstrategie des Unternehmens oder der Kommune.

Die Berechnung erfolgt gemäß DIN EN ISO 14064-1 und dem Greenhouse Gas Protocol (GHG) Corporate Accounting Standard. In der Regel erfolgt die Berechnung des Fußabdruckes mit einer Software. Es gibt sehr viele verschiedene Anbieter von Softwarelösungen.

Das Greenhouse Gas Protocol (GHG) ist eine private, transnationale Standardreihe zur Bilanzierung von Treibhausgasemissionen und zum dazugehörigen Berichtswesen für Unternehmen; und zunehmend für den öffentlichen Bereich. Die Entwicklung des GHG Protocol wird vom World Resources Institute (WRI) und dem World Business Council for Sustainable Development (WBCSD) koordiniert. Das GHG Protocol gilt als der verbreitetste Standard zur Erstellung von Treibhausgasbilanzen. Zahlreiche weitere Standards bauen auf ihm auf, darunter ISO 14064 und viele staatliche Unternehmensstandards.

Das GHG Protocol orientiert sich, ähnlich den Prinzipien ordnungsmäßiger Bilanzierung im Rechnungswesen, an Grundprinzipien der Relevanz, Vollständigkeit, Konsistenz, Transparenz und Genauigkeit. Es erfasst die im Rahmen des Kyoto-Protokolls regulierten Treibhausgase: CO_2, CH_4, N_2O, Fluorkohlenwasserstoffe (FKW), perfluorierte Kohlenwasserstoffe (PFC), Schwefelhexafluorid (SF_6) und Stickstofftrifluorid (NF_3).

Das GHG Protocol unterscheidet drei verschiedene Bereiche (Scopes), denen Emissionen zugeordnet werden können. Damit sind dann die Bilanzierungsgrenzen aufgezeigt.

- ✔ **Scope 1:** Alle direkten, das heißt aus Quellen innerhalb des Unternehmens stammenden, Emissionen; auch Dienstreisen mit Firmenfahrzeugen gehören hierhin.
- ✔ **Scope 2:** Die indirekten Emissionen von außerhalb erzeugtem, aber eingekauftem Strom, Dampf, Wärme und Kälte.
- ✔ **Scope 3:** Alle sonstigen indirekten Emissionen, darunter die aus der Herstellung oder dem Transport eingekaufter Güter, der Verteilung und Nutzung der eigenen Produkte, der Entsorgung von Abfällen; auch Emissionen aufgrund von Geschäftsreisen, die nicht mit einem Firmenfahrzeug getätigt werden, gehören hierzu.

Während das GHG Protocol seine Anwender zur Erfassung der Scope-1 und -2-Emissionen verpflichtet, ist Unternehmen die Erfassung der Scope-3-Emissionen freigestellt.

Wie beim persönlichen CO_2-Fußabdruck werden in der Regel die Emissionen nicht gemessen, sondern aus Verbrauchszahlen berechnet. Auch hier erfolgt die Umrechnung der erfassten Verbräuche mithilfe sogenannter Emissionsfaktoren. Die Berechnungswerkzeuge des GHG Protocol schlagen dazu die Werte des IPCC für nationale Treibhausgasinventare vor. Damit erhält man die Menge der emittierten Treibhausgase. Die Klimawirkung der emittierten Treibhausgase (GHG) wird dann einheitlich als Global Warming Potential (GWP) der äquivalenten Masse Kohlenstoffdioxid angegeben, die über 100 Jahre in etwa gleich viel zur globalen Erwärmung beitragen würde. Einheit ist meist Tonnen CO_2-Äquivalent (t CO_2-eq). Aktivitäten, die der Atmosphäre Treibhausgase entziehen, etwa das Anpflanzen zusätzlicher Wälder, können ein negatives Treibhauspotenzial haben.

Vorgehensweise beim Erfassen des Corporate Carbon Footprint: Für ein Unternehmen oder eine Organisation gibt es zwei verschiedene Herangehensweisen, wie man den Corporate Carbon Footprint bestimmen kann, entweder intern oder extern.

✔ Bei der internen Variante erarbeitet das Unternehmen die CO_2-Bilanz mit eigenem Personal, das in ausreichendem Umfang hierfür zur Verfügung stehen muss. Für den Scope 1 müssen die Verbrauchszahlen für alle verbrauchten Brennstoff im Unternehmen aufaddiert und mit den Emissionsfaktoren für die jeweiligen Brennstoffe multipliziert werden. Die hierfür notwendigen Emissionsfaktoren für fossile Brennstoffe können einer Publikation des Umweltbundesamtes (Emissionsfaktoren für Brennstoffe) entnommen werden. Zudem müssen alle Laufleistungen von Dienstfahrzeugen, die mit fossilen Brennstoffen betrieben werden, aufsummiert und ebenfalls mit den zugehörigen Emissionsfaktoren korrigiert werden.

Für den Scope 2 müssen alle Stromverbräuche, die aus der Umwandlung von fossilen Energieträgern stammen, aufsummiert und mit den zugehörigen Emissionsfaktoren korrigiert werden. Gleiches muss auch für von anderen Dienstleistern eingekauften Dampf, Wärme oder Kälte geschehen.

Die Berechnungen des Scope 3 sind in der Regel am kompliziertesten, da zumeist auf Daten von Zulieferern und Daten über Verteilung und Nutzen der selbst hergestellten Produkte zurückgegriffen werden muss. Zu diesem Scope gehören auch Geschäftsreisen, die nicht mit Firmenwagen durchgeführt werden und auch die Anfahrwege der eigenen Beschäftigten zur Arbeitsstelle. Die Daten zu den Geschäftsreisen können über die Personalstelle und die Zahlen über die Anfahrwege der Beschäftigten mithilfe einer Mitarbeiterbefragung gewonnen werden.

✔ Bei einer externen Variante nutzt man, ähnlich wie bei der Erhebung des persönlichen CO_2-Fußabdrucks, ein Computerprogramm, in dem bereits Emissionsfaktoren und viele weitere Einzelpunkte vorgegeben sind. Die Beschaffung der Grunddaten muss wie bei Variante 1 erfolgen. Am Markt sind viele verschiedene Softwareprogramme erhältlich. Idealerweise verwendet man eine branchenspezifische Softwarelösung. Zur Erstellung des Corporate Carbon Footprint kann man zudem Hilfe durch eine externe Beratungsfirma einkaufen.

Ökonomische Kosten des Klimawandels

Extremwetterereignisse wie Sturmfluten, Starkregenereignisse, Murenabgänge oder der Anstieg des Meeresspiegels verursachen Schäden an den Infrastrukturen wie Straßen, Eisenbahnlinien, Stromnetzen, Wohn- oder Industriebebauungen beziehungsweise ganze Stadtteile von küstennahen Städten müssen durch den Anstieg des Meeresspiegels aufgegeben werden.

Zu Beginn des 21. Jahrhunderts haben Ökonomen hochgerechnet, dass bei einer Temperaturänderung um global ein Grad Celsius bis zum Jahr 2050 in Summe volkswirtschaftliche Schäden in Höhe von bis zu zwei Billionen US-Dollar möglich sein könnten. Allein für Deutschland könnten Schäden durch Naturkatastrophen in Höhe von 137 Milliarden Euro auftreten. Die aktuellen Naturkatastrophen der letzten 20 Jahre haben gezeigt, dass diese Hochrechnungen viel zu konservativ waren. Im Zeitraum 2000 bis 2021 sind in Deutschland bereits Schäden von 147 Milliarden Euro durch Naturkatastrophen wie zum Beispiel die Überflutungen im Ahrtal eingetreten. Die zu Beginn des 21. Jahrhunderts bis 2050 geschätzte Schadenssumme war bereits im Jahr 2021 überschritten.

An dieser Stelle sollen beispielhaft die folgenschwersten Überflutungen in Deutschland und in Spanien herausgegriffen werden:

- ✔ Bei der Hochwasser-Katastrophe im Ahrtal und in Nordrhein-Westfalen im Juli 2021 starben 180 Menschen, der Gesamtschaden betrug circa 40 Milliarden Euro.
- ✔ Bei der Hochwasser-Katastrophe in Spanien im Oktober 2024 starben 230 Menschen, der Gesamtschaden betrug circa 10 Milliarden Euro.

Zurzeit gehen die Ökonomen davon aus, dass die zukünftigen Kosten bis zum Jahr 2050 allein für Deutschland zwischen 280 und 910 Milliarden Euro liegen werden. Hierbei liegt die Kostenschätzung der Bundesregierung bei 280 Milliarden Euro, falls der Klimawandel bis 2050 nur schwach ausgeprägt sein sollte, und bei circa 530 Milliarden Euro, falls der Klimawandel nur eine mittlere Ausprägung erreicht, und bei 910 Milliarden Euro, falls wir uns auf einen starken Klimawandel einstellen müssen.

In diese Kosten sind gesundheitliche Beeinträchtigungen der Bevölkerung und Todesfälle durch Hitze und Überflutungen, die Belastung von Ökosystemen, der Verlust von Artenvielfalt und eine schlechtere Lebensqualität der Gesamtbevölkerung nicht eingerechnet.

Laut der Kreditanstalt für Wiederaufbau (KfW) beträgt der jährliche Investitionsbedarf durch Bund, Länder und Kommunen zum Erreichen der Klimaneutralität circa 20 Milliarden Euro pro Jahr, also circa 420 Milliarden Euro von 2024 bis zum Jahr 2045.

Aus diesen Zahlen wird deutlich, dass Investitionen der öffentlichen Hand in den Klimaschutz gut investierte Finanzmittel sind. Die Ausgaben zum Erreichen der Klimaneutralität liegen in der gleichen Größenordnung wie die Kosten, die der Gemeinschaft voraussichtlich durch Zerstörungen der Infrastruktur entstehen werden, falls der Staat keinerlei Maßnahmen ergreift, um den zu erwartenden Naturkatastrophen entgegenzuwirken.

Der Unterschied zwischen den Handlungsoptionen *Investitionen in die Klimaneutralität* und *Investitionen in einen Wiederaufbau* liegt darin, dass Investitionen in die Klimaneutralität unsere Gesellschaft resilienter gegenüber Naturkatastrophen machen, der Wiederaufbau zerstörter Infrastruktur aber nur den Status quo wieder herstellt, ohne dass ein Gewinn in der Infrastruktur erreicht wird.

Die Finanzmittel für den Umbau der deutschen Gesellschaft hin zur Klimaneutralität sind gut investiertes Geld.

Diese notwendigen Investitionen kann man einerseits der Mitigation des Klimawandels (Milderung der Folgen durch den Klimawandel) zuordnen, wie zum Beispiel der langfristige Ersatz von Öl- und Gasheizungen, oder der Adaptation (Anpassung an den Klimawandel), wie zum Beispiel der Schaffung von Poldern, die der gesteuerten Hochwasserrückhaltung dienen.

Ein häufig gehörtes Argument gegen den Umbau der Energiesysteme von fossilen zu nicht fossilen Energieträgern lautet, dieser Umbau würde das Wirtschaftswachstum bis zum Ende des 21. Jahrhunderts erheblich drosseln. Dies ist sicherlich der Fall, aber die jährliche Abschwächung des Wirtschaftswachstums liegt in der Größenordnung von 0,1 Prozent, also verschwindend gering im Vergleich zum jährlichen globalen Wirtschaftswachstum von 1,9 bis 3,8 Prozent.

Einige Highlights dieses Kapitels kurz zusammengefasst:

- ✔ Die Abweichung der globalen Lufttemperaturen vom Durchschnitt der Jahre 1850 bis 1900 beträgt zurzeit circa +1,5 Grad Celsius.
- ✔ Die Abweichung der Lufttemperaturen in Deutschland vom Durchschnitt der Jahre 1880 bis 1900 beträgt zurzeit circa +1,3 Grad Celsius.

- ✔ Die Anzahl heißer Tage (Temperatur ≥ 30 Grad Celsius) in Deutschland hat sich signifikant erhöht.
- ✔ Mithilfe der Messgröße Global Warming Potential (GWP) wird die Klimawirksamkeit von atmosphärischen Gasen miteinander verglichen. Der GWP-Wert von CO_2 ist mit dem Zahlenwert von 1 am niedrigsten von allen klimarelevanten Gasen, der real gemessene Temperaturanstieg ist für CO_2 aber am höchsten, da die Konzentration von CO_2 in der Atmosphäre ungleich höher ist als die aller anderen klimarelevanten Gase.
- ✔ Der CO_2-Fußabdruck gibt an, welche Mengen von Treibhausgasen durch eine Aktivität oder einen Prozess freigesetzt wird.
- ✔ Im Zeitraum 2000 bis 2021 sind in Deutschland bereits Schäden von 147 Milliarden Euro durch Naturkatastrophen, wie zum Beispiel die Überflutungen im Ahrtal, eingetreten.
- ✔ Ökonomen gehen davon aus, dass die zukünftigen Kosten zum Wiederaufbau von zerstörter Infrastruktur bis zum Jahr 2050 allein für Deutschland zwischen 280 und 910 Milliarden Euro liegen werden.
- ✔ Laut der Kreditanstalt für Wiederaufbau (KfW) beträgt der jährliche Investitionsbedarf durch Bund, Länder und Kommunen zum Erreichen der Klimaneutralität circa 20 Milliarden Euro pro Jahr, also in Summe circa 420 Milliarden Euro für die nächsten 21 Jahre.

IN DIESEM KAPITEL

Quelle des CO_2-Anstiegs

Die größten CO_2-Emittenten der Erde

Deutschlands Treibhausgas-Emissionen

Kapitel 6

Ursachen und Umfang des CO_2-Anstiegs

Der CO_2-Anstieg in der Atmosphäre kann geogen, also durch natürliche Ursachen, oder anthropogen, also vom Menschen, verursacht sein.

Mögliche Quellen des CO_2-Anstiegs

Natürliche Ursachen, die den starken CO_2-Anstieg der letzten 150 Jahre erklären könnten, wären potenziell der Vulkanismus oder aber die Freisetzung von CO_2 aus den Meeren, da sowohl in der Pedosphäre/Lithosphäre als auch in der Hydrosphäre gigantische Mengen an Kohlenstoff gespeichert sind. Andere natürliche CO_2-Quellen in größerem Umfang sind nicht ersichtlich.

Vulkanismus

Vulkane emittieren bei einem Ausbruch unterschiedliche Gase. Die Zusammensetzung der vulkanischen Gase hängt sehr stark von der chemisch-mineralogischen Zusammensetzung des Magmas ab und diese kann bei den vielen verschiedenen Vulkanen auf der Erde sehr stark schwanken. In der Regel ist Wasserdampf (H_2O) das mengenmäßig häufigste Gas in einer Vulkanemission (circa 37 bis 90 Prozent), gefolgt von Kohlendioxid (CO_2), das je nach Vulkantyp zwischen circa sechs und 49 Prozent liegen kann. Schwefeldioxid (SO_2) tritt im Allgemeinen zwischen circa 1,5 und 25 Prozent auf. Salzsäure (HCl), Wasserstoff (H_2), Kohlenmonoxid (CO) und Schwefelwasserstoff (H_2S) liegen zumeist in Konzentrationen von unter einem Prozent vor. Auch wenn Schwefelwasserstoff in nur untergeordneten Dimensionen emittiert wird, macht sich dieses Gas doch wesentlich stärker bemerkbar. Im unmittelbaren Umfeld eines Vulkanausbruches kann man Schwefelwasserstoff riechen (das Gas riecht intensiv nach faulen Eiern) und man kann es auch in den umliegenden Felsen und Böden als gelben Schwefelniederschlag wahrnehmen (das Gas reagiert mit Schwefeldioxid zu elementarem Schwefel). Zudem sind Schwefelwasserstoff und Schwefeldioxid, aber auch Kohlenmonoxid, giftige Substanzen.

Wieviel CO_2 insgesamt durch Vulkanismus pro Jahr in die Atmosphäre freigesetzt wird, kann man in einem einfachen Worst-Case-Szenario mit dem europäischen Vulkan Ätna abschätzen. Dieser Vulkan emittiert pro Tag circa 9.000 bis 15.000 Tonnen CO_2 in die Atmosphäre – und dies auch, wenn kein Magma-Ausbruch zu verzeichnen ist. Während eines Ausbruchs steigt die CO_2-Emission rapide auf 50.000 bis 100.000 Tonnen an. Rechnet man nun mit einer Dauer des Vulkanausbruches von 30 Tagen und mit den zuvor jeweils höchsten Emissionsraten (15.000 Tonnen pro Tag in der Ruhephase und 100.000 Tonnen während eines Ausbruchs), emittiert der Ätna pro Jahr circa acht Millionen Tonnen CO_2. Auf der Erde findet man circa 1.500 Vulkane. In dieser Zahl sind alle Vulkane berücksichtigt, die in den letzten 10.000 Jahren mindestens einmal ausgebrochen sind.

Pro Jahr werden auf der Erde circa 50 bis 60 Vulkanausbrüche registriert. Multipliziert man nun die Emission des Ätna (acht Millionen Tonnen CO_2) mit der Zahl der jährlichen Vulkanausbrüche, erhält man 480 Millionen Tonnen CO_2. So viel Kohlendioxid dürfte, grob gerechnet, jedes Jahr in die Atmosphäre freigesetzt werden. 480 Millionen Tonnen CO_2 sind umgerechnet 0,48 Milliarden Tonnen CO_2.

In der Literatur findet man eine Spannweite für die durchschnittliche Menge an Kohlendioxid, die jährlich durch Vulkanismus in die Atmosphäre abgegeben wird. Es sind dies 0,3 bis 0,6 Milliarden Tonnen CO_2. Diese Zahl schwankt naturgemäß sehr stark, weil viele Vulkane nicht permanent aktiv sind. Zeiten hoher Aktivität wechseln sich mit Zeiten geringer Aktivität ab. Zudem gibt es Vulkanausbrüche mit hoher CO_2-Freisetzung und solche mit geringerer CO_2-Freisetzung. Die zuvor als Worst-Case-Szenario hochgerechnete Emissionsmenge von 0,48 Milliarden Tonnen CO_2 pro Jahr passt sehr gut in diese Spannweite.

Die CO_2-Emissionen des Menschen durch Nutzung fossiler Energieträger, Waldrodungen, Brennholznutzung, Zementproduktion und so weiter sind im Laufe des Industriezeitalters auf mehr als 41 Milliarden Tonnen CO_2 pro Jahr angestiegen (Stand 2018). Das ist das Hundertfache der CO_2-Emissionen von Vulkanen.

Die jährliche CO_2-Freisetzung durch Vulkanismus beträgt gerade einmal circa ein Prozent der jährlichen CO_2-Freisetzung durch den Menschen.

In öffentlich geführten Debatten über die Ursachen des Klimawandels hört man sehr oft, die jährliche Freisetzung von CO_2 durch Vulkane sei größer als die Freisetzung durch die Menschen. Das sind bewiesenermaßen Fake-News (siehe Kapitel 7).

Werden im Zuge eines Vulkanausbruchs große Mengen Kohlendioxid in die Atmosphäre emittiert, kann dies zwar durchaus zu messbaren Erhöhungen der Durchschnittstemperaturen auf der Erde führen, allerdings bewirken die Emissionen von Schwefeldioxid den umgekehrten Effekt, insbesondere wenn diese Emissionen in die Stratosphäre gelangen und dort über Jahre verweilen. Dann können die Durchschnittstemperaturen auf der Erde abnehmen. Bei großen Vulkanausbrüchen wie zum Beispiel dem des Tamboras in Indonesien im April 1815, der als der mächtigste Vulkanausbruch der Neuzeit gilt, wurden große Mengen Schwefeldioxid bis in die Stratosphäre emittiert. Während der ersten Wochen nach dem Ausbruch umkreiste die SO_2-Wolke die Erde und wurde dabei zu Schwefeltrioxid (SO_3) oxidiert, das sich anschließend in Wasser zu Schwefelsäure (H_2SO_4) löste. Die sich bildende Sulfat-Aerosolwolke in der Stratosphäre führte zur Streuung der kurzwelligen UV-Strahlung und minderte damit die Sonneneinstrahlung auf den Erdboden, was zu einer deutlichen Abkühlung in den zwei Jahren nach dem Ausbruch beitrug. Das Jahr 1816 ist global betrachtet unter den kältesten der letzten vierhundert Jahre einzureihen. In Teilen Asiens verringerte sich der Monsunniederschlag, in Mittel- und Westeuropa regnete es wochenlang, die iberische Halbinsel wurde von Dürre geplagt, sodass es in Europa vielerorts zu Missernten, gefolgt von Hunger und steigenden Preisen, kam. An der amerikanischen Ostküste tobte im Juni ein Schneesturm.

Vulkane können also in einem geringen Umfang zum CO_2-Anstieg in der Atmosphäre beitragen, ein Treibhauseffekt ist damit aber nicht verbunden. Vielmehr kann ein Vulkanausbruch, der neben Kohlendioxid auch Schwefeldioxid in großem Umfang emittiert, zu einer Abkühlung auf der Erde führen, weil die UV-Strahlung der Sonne stärker gestreut wird und damit in geringerem Umfang auf die Erdoberfläche trifft.

Ozeane

Die Ozeane stellen ein gigantisches Reservoir für CO_2-Vorkommen dar. Zur Entscheidungsfindung, ob die Ozeane als Quelle oder als Senke für CO_2 wirken, muss man das physikalische und chemische Verhalten von Kohlendioxid im Meerwasser betrachten. Das Gas löst sich zunächst physikalisch in Wasser und bildet dann in einer chemischen Reaktion die schwache Säure Kohlensäure (H_2CO_3) gemäß der nachfolgenden Reaktionsgleichung:

$$CO_2 + H_2O \rightarrow H_2CO_3$$

Somit ist das Meer eine effektive Senke für CO_2. Das Meer mit seinen Inhaltsstoffen fungiert aber auch als ein sehr effektives Puffersystem. Säuren oder Basen, die in die Ozeane eingebracht werden, würden ohne ein vorhandenes Puffersystem sehr schnell den pH-Wert der Ozeane zu saurem oder basischem Milieu ändern. Ein Puffersystem jedoch hält den pH-Wert des Wassers eine sehr lange Zeit stabil, unabhängig von der eingebrachten Menge an Säure oder Base. Puffersysteme werden von allen schwachen Säuren und einem Salz dieser schwachen Säure oder aber auch von allen schwachen Basen und einem Salz dieser schwachen Base gebildet. Ein solches Puffersystem ist die schwache Säure Kohlensäure (H_2CO_3) im Gemisch mit dem Anion der Kohlensäure Hydrogencarbonat (HCO_3^-). Neben vielen weiteren Puffersystemen, die im Meerwasser vorkommen, ist dieses Puffersystem das effektivste. Bringt man ins Meerwasser eine Säure ein, zum Beispiel in Form von H^+-Ionen, reagieren diese mit einem Bestandteil des Puffers (HCO_3^-) und bilden H_2CO_3; die Säure H^+ ist auf diesem Weg eliminiert worden. Bringt man dagegen ins Meerwasser eine Base ein, zum Beispiel in Form von OH^--Ionen, reagieren diese mit dem anderen Bestandteil des Puffers (H_2CO_3) und bilden HCO_3^- sowie H_2O, die Base OH^- ist auf diesem Weg eliminiert worden.

Der pH-Wert, bei dem diese Pufferung am besten funktioniert, liegt bei pH = 6,4. Der pH-Wert von Meerwasser beträgt circa 8,1. Sauberes Meerwasser ist daher leicht basisch und kann daher noch sehr viel CO_2 aus der Atmosphäre in das Puffersystem aufnehmen.

Das bedeutet, Meerwasser ist aktuell eine ausgesprochen gute Senke für Kohlendioxid aus der Atmosphäre und wird es auch noch in den nächsten Jahrhunderten bleiben. Seit Beginn der industriellen Revolution haben die Ozeane circa die Hälfte des Kohlendioxids aufgenommen, welches die Menschheit bisher in die Atmosphäre freigesetzt hat.

Jährlich entziehen die Ozeane der Luft mehr als 25 Prozent des Kohlendioxids, welches von uns emittiert wird – eine wahrlich leistungsfähige CO_2-Senke!

Allerdings ist dieser guten auch eine schlechte Nachricht zugeordnet: Mit jeder zusätzlichen Aufnahme von Kohlendioxid im Meerwasser vermindert sich der pH-Wert der Ozeane. In den letzten 200 Jahren haben die Meere mehr als die Hälfte des vom Menschen verursachten CO_2 aus der Atmosphäre aufgenommen. Dabei hat sich der durchschnittliche pH-Wert von circa 8,2 auf circa 8,1 erniedrigt. Das klingt nach nicht sehr viel, man muss aber berücksichtigen, dass der pH-Wert eine logarithmische Größe ist.

BEISPIEL

Die Abnahme um 0,1 pH-Einheiten bedeutet, dass sich der pH-Wert um circa 30 Prozent erniedrigt hat. Bis zum Jahr 2100 wird der pH-Wert der Meere vermutlich um weitere 0,3 bis 0,4 pH-Einheiten sinken. Das würde einer weiteren Abnahme um circa 100 bis 150 Prozent entsprechen.

Ein weiterer physikalischer Effekt muss noch berücksichtigt werden. Kohlendioxid löst sich in kaltem Wasser besser als im warmen Wasser. Deshalb wird die pH-Wert-Abnahme in den Gewässern um den Nord- und Südpol ausgeprägter sein als in Äquatornähe, und bereits Mitte dieses Jahrhunderts könnte der Baustoff Aragonit, eine Form von Calciumcarbonat ($CaCO_3$), für den Aufbau von Kalkschalen der Meeresbewohner fehlen. Calciumcarbonat wird bei niedrigen pH-Werten aufgelöst und steht damit den Korallenriffen und kalkbildenden Phytoplanktonarten nicht mehr zur Verfügung.

Diese Veränderungen in den Umweltbedingungen werden zwar erhebliche Auswirkungen auf die Flora und Fauna der Ozeane haben, aber die beschriebenen Prozesse führen nicht zu einem CO_2-Anstieg in der Atmosphäre, ganz im Gegenteil.

Solange der Kohlensäure/Hydrogencarbonat-Puffer in den Ozeanen noch intakt ist und die mittlere Durchschnittstemperatur auf der Erde nicht um sehr viele Grade zunimmt, werden die Meere immer noch Kohlendioxid aus der Atmosphäre herauslösen, statt es an die Atmosphäre abzugeben.

Allerdings dürfen wir die Natur an dieser Stelle nicht durch weiterhin ungebremste CO_2-Freisetzung überfordern.

Die zuvor beschriebene Pufferwirkung in den Ozeanen funktioniert natürlich nur so lange, wie beide Pufferkomponenten des Systems (schwache Säure und eines ihrer Salze oder schwache Base und eines ihrer Salze) im Wasser noch in nennenswerten Mengen vorhanden sind. Ist eine der beiden Komponenten durch fortwährende Zugabe von H^+- oder OH^--Ionen aufgebracht, ist die Pufferkapazität erschöpft, weitere Zugaben von Säuren oder Basen verändern nun den pH-Wert des Wassers ausgesprochen stark.

Die fortgesetzte Zufuhr an Kohlendioxid in die Ozeane wirkt genauso wie die Zugabe an H^+-Ionen, weil sich Kohlendioxid in Wasser zu Kohlensäure löst und dadurch H^+-Ionen erzeugt werden.

Die Ozeane verändern sich durch die ständige Auflösung von Kohlendioxid aus der Atmosphäre in ihrem pH-Wert und wirken als CO_2-Senken. Damit scheiden Sie zurzeit als Quelle für den Anstieg von Kohlendioxid in der Atmosphäre aus.

Menschen

In den Industriestaaten existiert eine zuverlässige Datenbasis im Hinblick auf den jährlichen Verbrauch an fossilen Energieträgern. Zudem kann man zuordnen, zu welchen Zwecken (Mechanische Energie, Stromgewinnung, Wärmeerzeugung, Mobilität) die Energieträger verbraucht wurden. Damit kann man über Verbrennungsberechnungen die Menge an Kohlendioxid ermitteln, die weltweit emittiert worden sind. Zu diesen Emissionen muss man noch die Emissionen addieren, die in der Zementproduktion anfallen, da bei der Zementproduktion Calciumcarbonat ($CaCO_3$) in Calciumoxid (CaO) und Kohlendioxid (CO_2) umgewandelt wird. Waldrodungen und Brennholznutzung führen weiterhin zu einer verminderten Umsetzungsrate der Photosynthese, wodurch der Atmosphäre weniger CO_2 durch Pflanzen entzogen wird. Die so ermittelten jährlichen globalen CO_2-Emissionen zeigt die Abbildung 6.1.

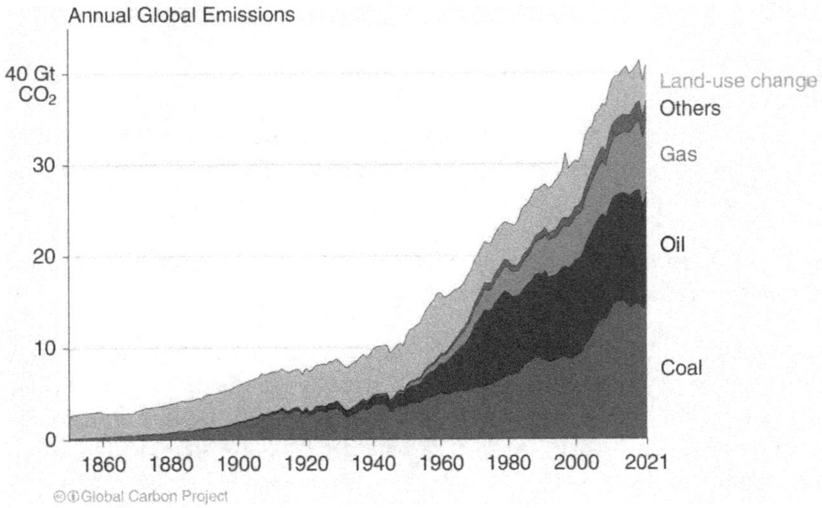

Abbildung 6.1: Jährliche globale CO_2-Emissionen durch den Menschen, Quelle: Andrew, R. (2022): Figures from the Global Carbon Budget 2022, `https://robbieandrew.github.io/GCB2022/index.html`, Creative Commons Attribution 4.0 International license

Die CO_2-Emissionen des Menschen durch Nutzung fossiler Energieträger, Waldrodungen, Brennholznutzung, Zementproduktion und vergleichbaren Prozesse im Laufe des Industriezeitalters sind zurzeit auf mehr als 41 Milliarden Tonnen CO_2 pro Jahr angestiegen.

Vergleichen wir diese Zahlen mit den bereits besprochenen Informationen zu Vulkanismus und der Rolle der Ozeane, zeigt sich schnell, dass der Faktor Mensch entscheidend ist.

Es existiert auch ein messtechnischer Beweis, dass der Großteil der CO_2-Emissionen anthropogen und nicht geogen bedingt ist. Dieser findet sich, wenn man den Anteil an radioaktivem C-14 in der heutigen Atmosphäre mit Messwerten aus der Vergangenheit vergleicht.

Das radioaktive Isotop C-14 entsteht ständig durch Einwirkung der kosmischen Strahlung in der oberen Atmosphäre auf die Stickstoffisotope N-14. Auf etwa eine Billion stabiler Kohlenstoffisotope C-12 kommt ein radioaktives C-14-Isotop. Dieses Verhältnis der Kohlenstoffisotope ist in allen biologischen Materialien, die am natürlichen Kohlenstoffkreislauf beteiligt sind, vorhanden und ändert sich nicht wesentlich, solange diese Materialien leben, also Photosynthese oder Atmung betreiben.

Stellt ein biologisches Material nach dem Tod den Stoffaustausch mit der Atmosphäre ein, kommt kein neues C-14 in das System hinein. Das bereits im biologischen System vorhandene C-14 zerfällt jetzt mit einer Halbwertszeit von 5.730 Jahren über den sogenannten β^--Zerfall wieder zurück in N-14. Nach etwa 7 Halbwertszeiten ($7 \cdot 5.730$ Jahre = circa 40.000 Jahre) hat der C-14-Gehalt so weit abgenommen, dass C-14 im biologischen Material nicht mehr nachweisbar ist. Daher kann man mit der Gehaltsbestimmung von C-14 in biologischen Materialen bestimmen, wann der Tod eingetreten ist (Radiokarbonmethode).

Das in der Atmosphäre gebildete C-14 zerfällt mit der gleichen Halbwertszeit in N-14, das C-14 wird aber in der Atmosphäre ständig durch die kosmische Strahlung nachgebildet. Die Bildungsrate von C-14 und dessen Zerfall in N-14 sind ungefähr gleich groß, sodass die Konzentration des C-14 in der Atmosphäre nahezu konstant bleibt.

Misst man aber den tatsächlichen Gehalt von C-14 in der Atmosphäre in der zeitlichen Entwicklung, stellt man fest, dass der C-14-Gehalt in der Atmosphäre seit Jahrzehnten immer weiter abnimmt. Grund hierfür ist das Verbrennen von fossilen Energieträgern durch den Menschen. Die fossilen Rohstoffe Kohle, Erdgas und Erdöl sind über Jahrmillionen aus abgestorbener Biomasse gebildet worden und enthalten daher überhaupt keine C-14-Isotope. Das im Verbrennungsprozess gebildete CO_2 ist daher C14-frei und der mittlere C-14-Gehalt in der Atmosphäre wird daher mit jedem Jahr weiter und weiter verdünnt.

Die Aufzeichnung von Zeitreihen des C-14-Gehaltes in der Atmosphäre lässt eine sukzessive Abnahme des C-14-Gehaltes in der Atmosphäre erkennen. Das ist ein messtechnischer Beweis dafür, dass der aktuelle CO_2-Anstieg in der Atmosphäre durch den Menschen und nicht durch natürliche Vorgänge verursacht wird.

Der aktuelle Klimawandel ist somit durch den Menschen verursacht. Es gab in der Prähistorie durchaus Klimaveränderungen, die einem Anstieg der CO_2-Konzentraztionen in der Atmosphäre geschuldet waren, allerdings traten seit 800.000 Jahren noch nie so hohe CO_2-Konzentrationen in der Atmosphäre auf wie heute.

CO_2-Emissionen nach Staaten

Weltweit wurden im Jahr 2022 circa 37 Milliarden Tonnen CO_2 in die Atmosphäre freigesetzt. Den prozentualen CO_2-Ausstoß der acht größten Emittenten nach Staaten aufgeschlüsselt zeigt die Abbildung 6.2.

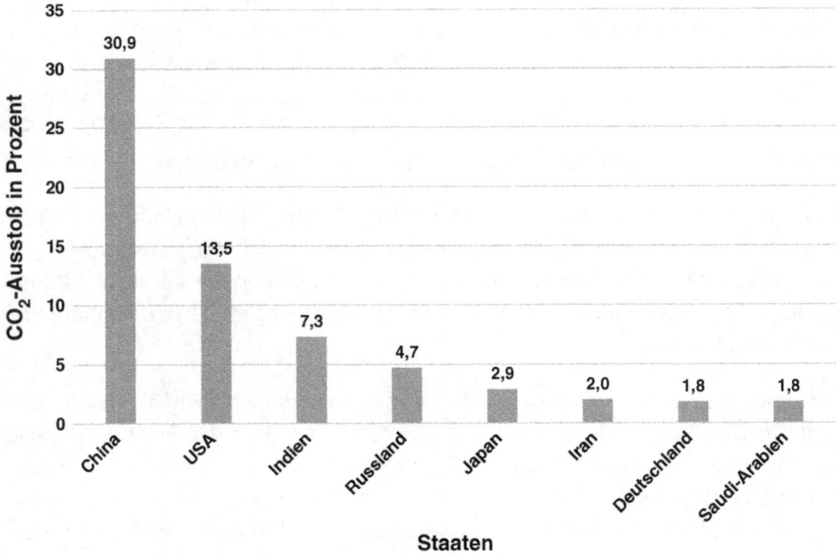

Abbildung 6.2: Prozentualer CO_2-Ausstoß nach Staaten

Mit weitem Abstand der größte CO_2-Emittent auf der Welt ist China, gefolgt von den USA. Die weiteren Staaten von Indien über Russland, Japan, Iran, Deutschland bis nach Saudi-Arabien zeigen bereits einstellige prozentuale CO_2-Emissionen.

Da das Ausmaß von CO_2-Emissionen aber immer auch von der Größe der Bevölkerung abhängt (mehr Menschen produzieren auch mehr Kohlendioxid), sollte man die absoluten Emissionen immer auch auf die Bevölkerung des jeweiligen Staates beziehen. Die Tabelle 6.1 zeigt die absoluten CO_2-Emissionen, die Gesamtbevölkerung sowie die aus diesen Zahlen ermittelte CO_2-Emission pro Kopf und Jahr.

Land	CO_2-Ausstoß [Milliarden Tonnen]	Bevölkerung [Milliarden]	CO_2-Emission pro Kopf [Tonnen]
China	11,4	1,41	8,1
USA	5,0	0,332	15,1
Indien	2,7	1,41	1,9
Russland	1,7	0,143	11,9
Japan	1,1	0,126	8,7
Iran	0,74	0,088	8,4
Deutschland	0,67	0,083	8,1
Saudi-Arabien	0,67	0,036	18,6

Tabelle 6.1: CO_2-Ausstoß pro Kopf und Jahr der größten CO_2-Emittenten

Die Staaten mit dem höchsten CO_2-Ausstoß pro Kopf sind mit großem Abstand Saudi-Arabien (18,6 Tonnen), die USA (15,1 Tonnen) und Russland (11,9 Tonnen). Vier weitere Länder dieser Zusammenstellung haben deutlich geringere, aber ähnliche Prokopf-Emissionen: Japan (8,7 Tonnen), Iran (8,4 Tonnen), China (8,1 Tonnen) und Deutschland (8,1 Tonnen). Indien hat mit 1,9 Tonnen CO_2 pro Kopf den geringsten CO_2-Ausstoß dieser acht Spitzenemittenten.

Aus dieser Zusammenstellung wird deutlich, wie verschwenderisch Staaten wie Saudi-Arabien, die USA und Russland mit ihren fossilen Energieträgern umgehen. Energie ist in diesen Staaten viel zu billig, sodass es keinen großen Anreiz gibt, sparsam mit den Ressourcen umzugehen. Diese Länder erzielen am Weltmarkt mit dem Verkauf fossiler Energieträger große Umsätze, sodass auch in Zukunft kaum mit Verbesserungen zu rechnen ist.

Zudem ist absehbar, dass die Pro-Kopf-Emissionen in China in Zukunft noch viel deutlicher ansteigen werden, da China auf dem Weg ist, die stärkste Wirtschaftsnation der Welt zu werden und über nahezu unerschöpfliche Kohleressourcen verfügt, die das Land auch einsetzen wird.

Im Gegensatz dazu wird aus der sehr niedrigen Pro-Kopf-Emission von Indien deutlich, dass das Land ein Schwellenland ist. Der größte Teil der Bevölkerung ist arm und kann sich die Verwendung von fossilen Energieträgern kaum leisten. Es steht aber zu befürchten, dass mit der weiteren positiven wirtschaftlichen Entwicklung des Landes die Ansprüche der Bevölkerung steigen werden und dadurch auch die absoluten CO_2-Emissionen sowie Pro-Kopf-Emissionen.

Das Erreichen der weltweiten Klimaneutralität bis Mitte des 21. Jahrhunderts ist notwendig, um die globale Erwärmung auf 1,5 Grad Celsius zu begrenzen. Dieser Schwellenwert von 1,5 Grad Celsius wurde vom Weltklimarat als sicher eingestuft. Dieses Ziel ist im Übereinkommen von Paris festgelegt, das von 195 Ländern, einschließlich Deutschland, unterzeichnet wurde.

Im Artikel 4 des Übereinkommens von Paris findet sich folgende Formulierung: »Zum Erreichen des [...] langfristigen Temperaturziels sind die Vertragsparteien bestrebt, so bald wie möglich den weltweiten Scheitelpunkt der Emissionen von Treibhausgasen zu erreichen, [...] und danach rasche Reduktionen im Einklang mit den besten verfügbaren wissenschaftlichen Erkenntnissen herbeizuführen, um in der zweiten Hälfte dieses Jahrhunderts ein Gleichgewicht zwischen den anthropogenen Emissionen von Treibhausgasen aus Quellen und dem Abbau solcher Gase durch Senken [...] herzustellen.«

Klimaneutralität bedeutet also nicht, die Treibhausgase auf Null zu reduzieren, sondern so weit abzusenken, dass sie nicht höher sind als der Betrag von Treibhausgas-Emissionen, die durch CO_2-Senken wieder aus der Atmosphäre entfernt werden.

Klimaneutralität bedeutet also vielmehr, ein Gleichgewicht zwischen Kohlenstoffemissionen und der Aufnahme von Kohlenstoff aus der Atmosphäre in Kohlenstoffsenken herzustellen. Um Netto-Null-Emissionen zu erreichen, müssen alle Treibhausgasemissionen weltweit durch Kohlenstoffbindung ausgeglichen werden.

Die wichtigsten natürlichen Kohlenstoffsenken sind Böden, Moore, Wälder und Ozeane.

Laut Schätzungen entfernen alle natürlichen Senken zwischen 9,5 und 11 Milliarden Tonnen CO_2 pro Jahr aus der Atmosphäre. Im Jahr 2022 betrugen die jährlichen globalen CO_2-Emissionen circa 37 Milliarden Tonnen. Das bedeutet, dass die jährlichen weltweiten CO_2-Emissionen um mindestens 26 Milliarden Tonnen reduziert werden müssten, wenn weltweite Klimaneutralität erreicht werden soll.

Das gilt natürlich nur unter der Voraussetzung, dass wir die natürlichen CO_2-Senken nicht noch weiter über Gebühr reduzieren. Die sukzessive Abholzung der Urwälder sowie die zunehmende Trockenlegung von Mooren vermindert jedoch die Aufnahmefähigkeit der natürlichen CO_2-Senken.

Eine jährliche weltweite Abnahme von CO_2-Emissionen im Umfang von circa 26 Milliarden Tonnen ist ziemlich unrealistisch, wenn man bedenkt, dass allein die zuvor genannten acht größten CO_2-Emittenten der Welt, von China bis Saudi-Arabien, in Summe bereits jährlich circa 23 Milliarden Tonnen CO_2 ausstoßen.

Es wird umso aussichtsloser, wenn man im Blick hat, dass die chinesischen Behörden seit 2023 den Bau neuer Kohlekraftwerke mit einer Gesamtkapazität von 106 Gigawatt genehmigt haben, das entspricht in etwa zwei großen Kraftwerksblöcken pro Woche. China genehmigt und baut damit mehr Kohlekraftwerke als der Rest der Welt zusammengenommen.

Treibhausgas-Emissionen in Deutschland

Die im Jahr 2022 in Deutschland emittierten Treibhausgase im Umfang von 746 Millionen Tonnen CO_2-Äquivalente werden vom Umweltbundesamt auf definierte Herkunftsbereiche aufgeteilt.

Der Sektor mit der höchsten Emission ist die Energiewirtschaft mit 255,9 Millionen Tonnen CO_2-Äquivalente (34,3 Prozent), gefolgt von der Industrie mit 164,2 Millionen Tonnen CO_2-Äquivalente (22 Prozent). An dritter Stelle liegt der Sektor Verkehr mit 147,9 Millionen Tonnen CO_2-Äquivalente (19,8 Prozent). Im Gebäudebereich werden 111,7 Millionen Tonnen CO_2-Äquivalente (15 Prozent) und in der Landwirtschaft 61,7 Millionen Tonnen CO_2-Äquivalente (8,3 Prozent) freigesetzt. Der Sektor Abfallwirtschaft und Andere kommt auf 4,3 Millionen Tonnen CO_2-Äquivalente (0,6 Prozent).

Diese Treibhausgas-Emissionen werden bereits seit vielen Jahren Jahr für Jahr immer weiter reduziert und sollen laut Klimaschutzgesetz der Bundesregierung bis zum Jahr 2045 so stark gesunken sein, dass Deutschland ab diesem Zeitpunkt klimaneutral wäre und nach 2050 sollen sogar negative Treibhausgas-Emissionen erzielt werden.

Die Abbildung 6.3 zeigt die Treibhausgasemissionen seit 1990 insgesamt sowie in den verschiedenen Handlungsfeldern.

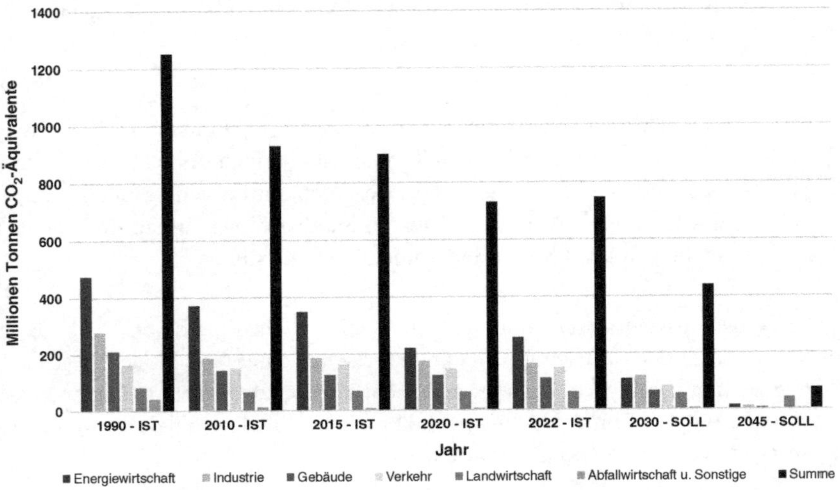

Abbildung 6.3: Treibhausgas-Emissionen nach Handlungsfeldern, Datenquelle: Bundesregierung

Bis einschließlich 2022 sind die jeweiligen IST-Zahlen angegeben. Die SOLL-Zahlen für die Jahre 2030 und 2045 ergeben sich aus der Prognose des Klimaschutzgesetzes. Aus den Zahlen wird deutlich, dass seit 1990 kontinuierlich Reduktionen in den Treibhausgasemissionen zu beobachten waren.

Im Jahr 2022 fand jedoch ein geringfügiger Anstieg statt, der vermutlich den Auswirkungen des Ukraine-Kriegs und/oder dem Wiederhochfahren der Wirtschaft nach den Lockdowns, bedingt durch die Corona-Pandemie, geschuldet ist. Unter diesen Voraussetzungen sind die angestrebten Reduktionen in den Treibhausgasemissionen nach 2022 nur dann erreichbar, wenn in den nächsten circa 20 Jahren erhebliche Anstrengungen weit über das bisher geleistete Maß hinaus unternommen werden, um die ausgerufene Klimaneutralität bis 2045 zu erreichen.

Abschließend eine kurze Zusammenfassung dieses Kapitels:

- ✔ Der Vulkanismus trägt mit circa einem Prozent der menschlichen Aktivitäten nur sehr untergeordnet zum CO_2-Anstieg in der Atmosphäre bei.
- ✔ Die Ozeane können je nach herrschender Temperatur CO_2 aufnehmen oder CO_2 abgeben. In Summe fungieren die Ozeane aktuell als Kohlendioxid-Senken.

- ✔ Der Mensch ist, durch das Verbrennen von fossilen Energieträgern, eindeutig die Quelle des CO_2-Anstiegs.
- ✔ Die Staaten China, USA und Indien sind für mehr als die Hälfte der weltweiten CO_2-Emissionen verantwortlich.
- ✔ Bei den Pro-Kopf-Emissionen führen die Staaten Saudi-Arabien, USA und Russland die Negativliste an.
- ✔ In Deutschland sind die drei Sektoren mit den höchsten CO_2-Emissionen die Energiewirtschaft, die Industrie und der Verkehr.

IN DIESEM KAPITEL

Argumente und Übertreibungen von Klimaschutzverfechtern

Argumente und Übertreibungen von Klimawandelskeptikern

Der Versuch, Licht ins Dunkel zu bringen

Kapitel 7
Kontroverse Klimawandel – Pro und Contra

Der Klimawandel wird in unserer Gesellschaft bereits seit vielen Jahren kontrovers diskutiert. Klimaschutzverfechter und Klimawandelskeptiker stehen sich teilweise unversöhnlich gegenüber.

Klimaschutzverfechter

Im Jahr 2007 verlieh die Nobelstiftung den Friedensnobelpreis zu gleichen Teilen an das IPCC (Intergovernmental Panel on Climate Change), eine Einrichtung der Vereinten Nationen, die die wissenschaftlichen Studien zum Klimawandel sichtet und deren Evidenz beurteilt, und den ehemaligen Vizepräsidenten der Vereinigten Staaten Al Gore.

Al Gore erregte mit seinem Dokumentarfilm »An Inconvenient Truth« (deutsche Übersetzung: »Eine unbequeme Wahrheit«), der 2006 erstmals auf einem Filmfestival gezeigt wurde, sehr viel Aufsehen.

Der Film zeigt den damaligen Stand der Klimaforschung aus der Sicht von Al Gore. Allerdings wurden einige wissenschaftliche Ergebnisse falsch und einige Folgerungen übertrieben dargestellt.

So wertvoll es auch sein kann, wenn Persönlichkeiten aus dem öffentlichen Leben auf die möglichen Gefahren durch den Klimawandel hinweisen: Es kann sich durchaus um einen Bärendienst handeln, wenn Klimawandelskeptiker die Übertreibungen aufgreifen und damit beweisen wollen, dass die Auswirkungen des Klimawandels deutlich überschätzt werden.

Al Gore zeigte in seiner Dokumentation eine Grafik, in der angeblich zu sehen war, dass die Kosten für die Behebung von Hurrikan-Schäden in den USA im Zeitraum von 1900 bis 2004 exponenziell gestiegen seien.

Dabei waren die gezeigten Kosten weder inflationsbereinigt, noch wurden notwendige Korrekturen durchgeführt, die die höhere Bevölkerungsdichte sowie die höhere Wohlstandsentwicklung am Ende des 20. Jahrhunderts im Vergleich zum Beginn des 20. Jahrhunderts berücksichtigten. Korrigiert man die Kosten entsprechend, kann man keine signifikante Erhöhung der Kosten für die Behebung von durch Hurrikanes verursachte Schäden feststellen.

Übertrieben wurden auch einige andere Behauptungen, wie zum Beispiel, dass die Zahl von Tropenstürmen in den USA in den letzten 100 Jahren zugenommen habe. Tatsächlich konnte man zu Beginn des 20. Jahrhunderts nur Tropenstürme wahrnehmen, die auch tatsächlich auf Land getroffen waren oder die zumindest von Seeleuten auf dem offenen Meer registriert wurden. Gegen Ende des 20. Jahrhunderts gab es genügend Wettersatelliten in der Erdumlaufbahn, die jeden einzelnen Tropensturm registrierten, auch wenn dieser sich nur auf dem Meer austobte und das Festland überhaupt nicht erreichte.

Somit erhält man eine verzerrte Darstellung, wenn man die Anzahl der Tropenstürme der letzten 100 Jahre miteinander vergleicht, ohne notwendige Korrekturen durchzuführen.

Tatsächlich hat sich die Zahl der Tropenstürme in den USA von 1979 bis 2017 nicht signifikant verändert. Wohl aber hat sich der Anteil an tropischen Wirbelstürmen der stärksten Kategorien 3, 4 und 5 an der Gesamtzahl der Stürme in diesem Zeitraum von 32 auf 40 Prozent erhöht.

Was man ebenfalls feststellen kann, ist, dass sich tropische Wirbelstürme in den meisten Regionen ständig polwärts und damit in Gebiete verlagern, die bisher wenig von ihnen betroffen waren.

Häufig hört man auch eine Feststellung von Klimaschutzverfechtern:

»Unter dem Einfluss des Klimawandels werden Wetterextreme wie Starkniederschläge und daraus folgend Überflutungen, Hitzewellen und Dürren und daraus folgend Waldbrände immer häufiger.«

Eine solch generalisierende Behauptung kann weder bewiesen noch widerlegt werden!

Extremwetterereignisse hat es schon immer gegeben. In allen Weltregionen gibt es von Zeit zu Zeit Abweichungen von solchen Wettersituationen, die man als normal bezeichnet.

Will man verlässliche Ergebnisse darüber haben, wie sehr der Klimawandel Wetterextreme hervorruft, darf man keine kurzfristigen Beobachtungen durchführen. Vielmehr muss man lange Zeitreihen im Auge haben, denn Wetterextreme kommen ja nur sehr selten vor. Hinzu kommt ein durchaus verständliches menschliches Empfinden, das einem Extremwetterereignis sehr leicht das Prädikat »bisher nie da gewesen« verleiht. Die Medien verstärken solche Fehleinschätzungen dadurch, dass Extremwetterereignisse heutzutage ganz gezielt stärker in den Vordergrund gerückt werden als noch vor einigen Jahrzehnten.

Die eindeutigsten Forschungsergebnisse im Bereich der Zunahme von Extremwetterereignissen liegen bei den Hitzeextremen. In den Wetterdaten kann man bereits seit vielen Jahren die Zunahme von Hitzerekorden bei gleichzeitiger Abnahme von besonders niedrigen Temperaturen feststellen, wobei die Weltregionen Nordamerika, Mittel- und Südeuropa, West- und Zentralasien sowie Südafrika am stärksten betroffen sind.

Die Beweislage bei Extremniederschlägen ist nicht so eindeutig wie bei Hitzeextremen, obwohl es naheliegend ist, dass höhere Niederschlagsmengen auftreten, wenn durch eine gestiegene Temperatur mehr Wasser in die Atmosphäre verdampft. Es werden längere Datenreihen benötigt, um höhere, durch den Klimawandel verursachte Niederschläge sicher nachweisen zu können.

Gelegentlich führen heftige Niederschläge zu verheerenden Fluten, wenn innerhalb sehr kurzer Zeit so viel Niederschlag fällt, dass dieser kaum in den Boden einsickern kann und dann oberirdisch in großen Mengen über Bäche und Flüsse abfließt.

Das Intergovernmental Panel on Climate Change weist in seinem Report zu Klimawandel und Landnutzung daraufhin, dass es mit großer Sicherheit einen Zusammenhang von steigenden Globaltemperaturen und zunehmenden Flutrisiken in der Zukunft gibt.

Bei Dürren und damit zusammenhängenden Waldbränden ist es noch schwieriger, einen gesicherten Zusammenhang mit dem Klimawandel herzustellen, weil dieser mit großen Unsicherheiten behaftet wäre. In einigen Weltregionen werden jedoch Trends deutlich, zum Beispiel in Kalifornien und im Mittelmeerraum.

Die Helmholtz Klima-Initiative fasst den aktuellen Forschungsstand wie folgt zusammen:

»Auch wenn die Belege für verschiedene Typen von Extremwettern sehr unterschiedlich sind und wir noch keinen vollständigen Überblick über die Auswirkungen des Klimawandels haben, zeigen die obigen Beispiele deutlich, wie sehr der Klimawandel bereits heute unser Wetter und auch Extremereignisse beeinflusst.«

Wissenschaftler sind generell sehr vorsichtig in ihrer Ausdrucksweise, wenn es um Belege für den Klimawandel geht.

Klimawandelskeptiker

Genauso wie es Klimaschutzverfechter gibt, finden sich überall auch Menschen, die Beweise für die Nichtexistenz des Klimawandel zitieren, die gar nicht existieren oder die die möglichen Folgen des Klimawandels sehr stark verharmlosen. Es ist also generell Vorsicht geboten. Eine kritische Reflexion zu allem, was man zum Thema Klimawandel sieht und hört, ist also durchaus angebracht.

Der Klimawandel ist vor einigen Jahrzehnten von Wissenschaftlern aufgespürt worden und dessen Implikationen sind seit dieser Zeit immer weiter ausgearbeitet und verfeinert worden. Die Wissenschaft hat letztlich dazu beigetragen, dass die Existenz des Klimawandels heutzutage von seriösen Wissenschaftlern nicht mehr angezweifelt wird.

Wissenschaft zeichnet sich dadurch aus, dass viele Menschen neue Ideen generieren und diese Ideen publizieren, damit sie von Fachkollegen kritisch geprüft, in der Community ausführlich diskutiert und abschließend beurteilt werden können. Nur die Ideen haben am Ende des Tages Bestand, die sich durch Tatsachen, nicht nur durch Wünsche und Hoffnungen belegen lassen. Messergebnisse, die den Ideen zugrunde liegen, müssen von anderen unabhängigen Wissenschaftlern bestätigt werden.

Das führt dann auch gelegentlich dazu, dass die zuvor formulierten Ideen wieder verworfen werden müssen, weil andere Fachkollegen die aufgeführten

Messergebnisse nicht verifizieren können. Die Wissenschaftler, die eine Theorie eines Fachkollegen überprüfen, achten dabei auf die verwendete Methodik:

- ✔ Wie groß sind die Streuung und die Reproduzierbarkeit der Messdaten?
- ✔ Gibt es offensichtliche Fehler in den Berechnungen?
- ✔ Gibt es andere Einflussfaktoren auf die Messwerte, die nicht ausreichend berücksichtigt worden sind und die bei kritischer Würdigung zu ganz anderen Ergebnissen führen könnten?

Klimawandelskeptiker gehen komplett anders vor:

- ✔ Sie picken sich aus einer Vielzahl von Untersuchungen diejenigen heraus, die die eigenen Ideen untermauern.
- ✔ Sie ignorieren andere Untersuchungen, auch wenn diese zu methodisch robusteren Ergebnissen führen.
- ✔ Sie messen mit zweierlei Maß, unabhängig vom Wahrheitsgehalt.

Ein Klimawandelskeptiker stellt schon auch mal Behauptungen auf, die überhaupt nicht belegt werden können. Effektive Beweise spielen dabei keine Rolle, nur die eigene Zielrichtung zählt im Bestreben, andere Menschen vom eigenen Denken zu überzeugen. Unter diesen Klimawandelskeptikern gibt es auch wissenschaftlich gebildete Personen. Man könnte diesen Personen durchaus zugutehalten, dass sie ihr Auditorium nicht bewusst täuschen, sondern dass sie lediglich ein falsches Verständnis von Wissenschaft haben.

Leider gibt es unter den Klimawandelskeptikern aber auch sehr einflussreiche Politiker und erfolgreiche Wirtschaftsbosse. Diese tun alles in ihrer Macht Stehende, um vertrauenswürdige Wissenschaftler zu diskreditieren, weil sie eigene politische oder wirtschaftliche Interessen vertreten, die allein auf der fossilen Energiewirtschaft fußen. Man sollte eigentlich meinen, je widersinniger die verbreiteten Fake-News dieser Klimawandelskeptiker sind, desto leichter sollten diese von der Bevölkerung durchschaut werden. Aber das Gegenteil scheint der Fall zu sein: Solche Fake-News, die bereits seit vielen Jahren in den Vereinigten Staaten von Amerika immer häufiger in der Öffentlichkeit diskutiert werden, haben es dort seit der Präsidentenwahl Ende 2024 auch in die aktive Politik geschafft: Die MAGA-Bewegung (»Make Amerika Great Again«) gründet sich auf »Alternative Fakten«, deren antidemokratische Zielrichtung es ist,

- ✔ andersdenkende und andersartige Menschen zu verunglimpfen,
- ✔ allgemeine Zensur und Bücherverbote einzuführen,

- ✔ Rassentrennung und Rassismus wieder aufleben zu lassen und
- ✔ die unvoreingenommene wissenschaftliche Forschung zu beenden.

Solche Denkweisen haben nunmehr auch verstärkt Europa und speziell Deutschland erreicht und fanden zunehmend Einzug in den Wahlkampf zur Bundestagswahl im Jahr 2025.

Eine beliebte Falschaussage von Klimawandelskeptikern ist:

»Die heutigen hohen CO_2-Gehalte in der Atmosphäre sind nicht durch menschliche Aktivitäten verursacht, sondern durch Ozean-Ausgasungen oder durch Vulkanismus entstanden.«

Tatsächlich kann sich Kohlendioxid im Ozean lösen und von dort auch wieder freigesetzt werden. In welcher Richtung dieser Prozess abläuft, hängt von der Wassertemperatur ab. Bei niedrigen Temperaturen löst sich mehr CO_2 im Ozean als bei höheren Temperaturen (siehe Kapitel 6). Die Klimawandelskeptiker behaupten also, das Kohlendioxid in der Atmosphäre sei die Folge des Klimawandels. Tatsächlich ist aber das Kohlendioxid in der Atmosphäre die Ursache des Klimawandels. Dies kann man leicht durch eine grobe Abschätzung beweisen. Die vom Menschen geförderten und anschließend verbrannten Mengen an Erdöl, Erdgas und Kohle seit Beginn der Industrialisierung im 19. Jahrhundert sind bekannt; und daher weiß man auch, wieviel Kohlendioxid seit dieser Zeit in die Atmosphäre freigesetzt worden ist. Man kennt auch den Konzentrationsanstieg des CO_2 in der Atmosphäre von 280 ppm zu Beginn der Industrialisierung auf den heutigen Wert von 420 ppm.

Das Problem ist aber, dass die tatsächlich emittierten Mengen an Kohlendioxid nahezu doppelt so groß sind wie der beobachtete Konzentrationsanstieg.

Ein Klimawandelskeptiker müsste also erklären, wie und wohin das überzählige Kohlendioxid verschwunden ist und warum gerade so viel Kohlendioxid aus den Ozeanen ausgaste, dass der heutige einzigartige Spitzenwert erreicht worden ist, den die Erde seit Jahrmillionen nicht mehr erreicht hatte. Eine solche Erklärung gibt es nicht.

Vielmehr kann man durch Isotopenmessungen des Verhältnisses von C-12 und C-14 belegen, dass der fossile, anthropogen erzeugte Kohlenstoff, der durch die lange Lagerung in der Erde keine radioaktiven C-14-Isotope mehr enthält (Radiokarbonmethode), sukzessive von der Biosphäre durch Photosynthese und den Ozeanen durch physikalisches Lösen der Atmosphäre entzogen wird.

Im Hinblick auf die CO_2-Freisetzung durch Vulkanismus hat ein Politiker während des Bundestagswahlkampfes im Februar 2025 im Verlauf einer

Diskussion mit den Bürgern in einer laufenden Fernsehsendung unwidersprochen behauptet, die CO_2-Freisetzung durch Vulkanismus sei 10-mal höher als die CO_2-Freisetzung durch menschliche Aktivitäten.

Tatsächlich aber beträgt die CO_2-Freisetzung durch den Vulkanismus gerade einmal circa ein Prozent dessen, was an Kohlendioxid durch menschliche Aktivitäten pro Jahr in die Atmosphäre freigesetzt wird (siehe Kapitel 6).

Eine weitere beliebte Falschaussage der Klimawandelskeptiker ist folgende:

»Die starke CO_2-Zunahme in der Atmosphäre ist eine ausgezeichnete Form von Düngung von Pflanzen und somit schadet die CO_2-Zunahme in der Atmosphäre nicht der Natur.«

Dass Kohlendioxid in der Atmosphäre einen gewissen Düngeeffekt verursacht, und damit Pflanzen schneller wachsen lässt, ist unbestritten und tatsächlich für die Entwicklung der Landvegetation von Vorteil.

Allerdings bewirkt mehr Kohlendioxid in der Atmosphäre auch mehr negative Folgen für die Ökologie der Meere. Mit steigendem CO_2-Gehalt in der Atmosphäre wird auch mehr Kohlendioxid im Meer gelöst. CO_2 ist ein sogenanntes Säureanhydrid und löst sich in Wasser unter Bildung von Kohlensäure (H_2CO_3).

Annähernd die Hälfte der anthropogenen CO_2-Emissionen werden im Meer gelöst und tragen damit zur Versauerung der Meere bei. In den letzten Jahrzehnten hat sich der pH-Wert der Meere bereits um circa 0,1 pH-Einheiten erniedrigt. Diese zusätzlichen Mengen an Kohlendioxid schädigen das Phytoplankton und die Korallenriffe, weil sich Carbonat-haltige Strukturen in diesem Milieu auflösen. Korallenriffe zählen aber zu den Arealen im Meer, die mit Abstand über die größte Biodiversität verfügen.

Was vielleicht ein Segen für die Landpflanzen ist, hat verheerende Folgen für die Lebensformen in den Ozeanen.

Eine weitere Falschaussage von Klimawandelskeptikern ist:

»Es zeigt sich, dass in der Erdgeschichte der CO_2-Anstieg zeitlich immer erst nach den Klimaerwärmungen am Ende einer Eiszeit stattfand. Also ist der CO_2-Anstieg nicht die Ursache, sondern die Folge der Klimaerwärmung.«

Tatsächlich sind die Ursachen von Eiszeit oder Warmzeit in den Milankovic-Zyklen zu sehen, da sich eine Umverteilung der Strahlungsleistung der Sonne zunächst auf die Temperatur der Erdoberfläche auswirkt. Während einer Eiszeit sind die Temperaturen der Meere niedrig und es löst sich mehr Kohlendioxid in den Ozeanen. Vollzieht sich der Wechsel von einer Eiszeit in eine Warmzeit, werden die Oberflächenbereiche der Meere zwar schnell wärmer, nicht aber die tieferen Regionen.

Also dauert es schon einige Zeit, nämlich mehrere Hundert Jahre, bis sich die Ozeane in Summe so weit erwärmt haben, dass große Mengen Kohlendioxid aus den Meeren in die Atmosphäre diffundieren.

Daher erfolgt am Ende einer Eiszeit die CO_2-Freisetzung in die Atmosphäre immer zeitverzögert. Erst dann setzt eine zusätzliche Erwärmung durch den höheren Gehalt an Kohlendioxid in der Atmosphäre ein. Dies nennt man eine positive Rückkopplung, die die Erderwärmung verstärkt und dadurch immer mehr Kohlendioxid aus den Meeren diffundieren lässt. Aus dieser Zeitverzögerung zu schließen, dass Kohlendioxid keine Wirkung auf die Temperatur hat, ist ein fataler Trugschluss. Was bei diesem typischen Henne-Ei-Problem zuerst auftritt, hängt allein davon ab, was sich zuerst verändert.

Steigt die Temperatur nach einer Eiszeit, folgt das Kohlendioxid der Temperatur. Wird die Atmosphäre durch große Mengen Kohlendioxid beladen, folgt die Temperatur dem Kohlendioxid.

Eine weitere Behauptung von Klimawandelskeptikern lautet:

»Mit Satelliten gemessene Temperaturen zeigen nur einen minimalen Anstiegstrend von 0,038 Grad Celsius pro Jahrzehnt seit 1979.«

Das Jahr 1979 ist der Zeitpunkt, in dem der stärkste CO_2-Anstieg in der Atmosphäre registriert wurde. Die sich hieraus ergebende Aussage des Klimawandelskeptikers lautet also: Ein sehr hoher Anstieg der CO_2-Konzentration in der Atmosphäre führt nur zu einem geringfügigen, kaum messbaren Anstiegstrend der Temperatur.

Diese Aussage ist irreführend, da der genannte Anstiegstrend von 0,038 Grad Celsius pro Jahrzehnt aus unkorrigierten Rohdaten des Satelliten stammt. Tatsächlich müssen zum Beispiel Korrekturen für die Atmosphärenabsorption und -emission, den Rückstrahleffekt der Erdoberfläche, den Einfluss der Satellitenorbit-Höhe und die Eigenerwärmung des Sensors berücksichtigt werden.

Berücksichtigt man diese notwendigen Korrekturen, damit man nicht Äpfel mit Birnen vergleicht, beträgt der Anstiegstrend jedoch 0,18 Grad Celsius pro Jahrzehnt und ist nahezu deckungsgleich mit dem Anstiegstrend von 0,17 Grad Celsius pro Jahrzehnt, der aus Bodenmessungen errechnet wurde.

Die nächste Falschaussage der Klimawandelskeptiker lautet:

»Es gibt keinen generellen Anstieg des Meeresspiegels, sondern lediglich Schwankungen, da der lokale Meeresspiegeltrend auch von tektonischen Bewegungen der Kontinente und von Variationen in der Ozeanzirkulation abhängt.«

Wissenschaftlich nachgewiesen ist aber, dass der durch menschliche Aktivitäten beeinflusste Meeresspiegelanstieg sehr langsam vonstattengeht, da bedingt durch die Trägheit der Ozeane auf Temperaturänderungen anfangs nur die Oberflächenschichten betroffen sind. Deshalb steht der größte Teil des Meeresspiegelanstiegs in einigen Jahrhunderten noch bevor.

Dieser Anstieg ist unausweichlich, da durch die thermische Ausdehnung wärmeres Wasser ein größeres Volumen einnimmt als kälteres Wasser. Selbst wenn es uns sofort gelingen sollte, die globale Erwärmung zu stoppen, würde der Meeresspiegel noch Jahrhunderte weiter ansteigen. Seit 1992 gibt es exakte Messungen des Meeresspiegels durch sogenannte Satelliten-Altimeter.

Im 20. Jahrhundert betrug der Anstieg des Meeresspiegels circa 1,5 mm pro Jahr, inzwischen (2023) liegt der Anstieg bei circa 3,7 mm pro Jahr.

Die vorgenannten Ausführungen lassen sich wie folgt zusammenfassen:

- ✔ Die Klimaschutzverfechter können auf einen breiten wissenschaftlichen Konsens verweisen.
- ✔ Die Ideen der Klimaschutzverfechter wurden bereits mit dem Friedensnobelpreis ausgezeichnet.
- ✔ Klimaschutzverfechter müssen aufpassen, korrekte Aussagen ohne Übertreibungen zu machen, um den Klimawandelskeptikern keine Angriffsfläche zu bieten.

- ✔ Klimawandelskeptiker gibt es in allen gesellschaftlichen Schichten, auch bei politischen und wirtschaftlichen Eliten.
- ✔ Die Klimawandelskeptiker verdrehen häufig Aussagen zum Klimawandel, damit ihre eigene Meinung bestmöglich unterstützt wird.

IN DIESEM KAPITEL

- Eisverlust und Anstieg des Meeresspiegels
- Wetterextreme und Klimazonen
- Bewässerung und Bodenerosion
- Versauerung der Meere und Flüchtlingsströme
- Rückkopplungseffekte und Kipppunkte

Kapitel 8
Auswirkungen des Klimawandels

Die Auswirkungen des Klimawandels auf die Umwelt – und insbesondere auf den Menschen – lassen sich wie folgt strukturieren:

- ✔ Abschmelzen von Gletschern in Hochgebirgen und in den Polargebieten
- ✔ Anstieg des Meeresspiegels
- ✔ zunehmende Wetterextreme (Starkregen und Dürren)
- ✔ Wanderung von Klimazonen
- ✔ vermehrte künstliche Bewässerungen
- ✔ vermehrte Flüchtlingsströme
- ✔ vermehrte Bodenerosionen
- ✔ Versauerung der Meere mit weiterer CO_2-Freisetzung
- ✔ Rückkopplungseffekte
- ✔ Kipppunkte im Klimasystem

Abschmelzen von Gletschern

Das Abschmelzen von Gletschern in Hochgebirgen führt zu komplexen Veränderungen in der Natur. Schmelzendes Gletscherwasser fließt über Gebirgsbäche und Flüsse letztlich ins Meer und kann bei ungünstigen Wetterkonstellationen zu vermehrten Überschwemmungen führen. Wenn die Gletscher nicht mehr vorhanden sind, gibt es einen deutlich geringeren Abfluss über Bäche und Flüsse, das könnte zu Absenkungen der Wasserspiegel bis hin zur Austrocknung der Flussläufe führen. Wasser zur Bewässerung könnte im Landesinneren knapp werden, die Grundwasserneubildung könnte zurück gehen und damit könnten auch Probleme in der Trinkwasserversorgung auftreten.

In den Alpen gibt es acht flächenmäßig sehr große, aber auch etwa 5.000 kleinere Gletscher. Seit Beginn der Industrialisierung haben die Alpengletscher mehr als die Hälfte ihrer Fläche und ein Drittel ihres Eisvolumens verloren.

Bis zum Ende des 21. Jahrhunderts könnten alle Gletscher in den Alpen verschwunden sein.

Der Gletscher am Kilimandscharo in Tansania könnte schon im Jahr 2040 nicht mehr existent sein.

Das Abtauen dieses Gletschers gefährdet die Biodiversität in der Region. Pflanzen, Tiere und Menschen, die unterhalb des Berges leben, sind auf das in ihm gespeicherte Wasser als Süßwasserquelle angewiesen.

Die Gletscher im Himalaya und in Kanada entwässern häufig in Gletscherseen. Bei zunehmenden Abtaueffekten steigen die Wasserspiegel dieser Seen an und laufen irgendwann über. Die Folge sind Überschwemmungen, Hangrutsche und Schlammlawinen.

Die Polarregionen sind Lebensräume für Tiere, die in anderen Klimazonen nicht überleben können. Eisbären in der Nordpolregion oder Pinguine am Südpol verlieren ihren Lebensraum, wenn zusammenhängende Eisflächen nicht mehr vorhanden sind.

Wenn weltweit die Gletscher auf dem Rückzug sind, vermindert sich damit auch die Rückstreufähigkeit (Albedo) der Landoberfläche gegenüber der Sonneneinstrahlung. Das verstärkt den Treibhauseffekt und die Erde wird noch wärmer. Dieser Rückkopplungseffekt beschleunigt den Temperaturanstieg.

Das Abschmelzen der Gletscher stellt ein sogenanntes Kippelement dar. Kippelemente sind Bestandteile des Klimasystems, die eine rasche Änderung des Klimas zur Folge haben, wobei sie ihre Wirkung verstärken, sodass die Wirkung nicht mehr aufgehalten werden kann, sobald das Kippelement einen kritischen Wert, den Kipppunkt, überschritten hat. Die Kippelemente reagieren oft lange Zeit nur wenig auf den Klimastress, aber wenn die Belastung dann nur geringfügig weiter zunimmt, kommt es zum Umkippen.

Die Kippelemente stellen für das langfristige Klima ein großes Risiko dar, weil man nicht genau vorhersagen kann, ob überhaupt beziehungsweise wann kritische Punkte überschritten sind.

Eine weitere große Unsicherheit besteht in der möglichen Veränderung von Meeresströmungen infolge des Eisverlustes in Grönland. Die atlantische thermohaline Zirkulation, die mit AMOC (Atlantic Meridional Overturning Circulation) abgekürzt wird, ist ein komplexes Strömungssystem, das warmes und kaltes Wasser im Atlantik in verschiedenen Tiefen umwälzt. Die thermohaline Zirkulation im Atlantik entsteht, wenn der Salzgehalt und die Temperaturen in unterschiedlichen Gebieten unterschiedliche Wasserdichten hervorrufen. Wasser ist umso dichter, je salziger oder je kälter es ist. Dichteres Wasser sinkt dann, angetrieben durch die Gravitation, in größere Tiefen ab. Die genauen Ursachen der meridionalen Umwälzzirkulation im Atlantik sind unter Wissenschaftlern noch umstritten und sollen daher an dieser Stelle nicht erörtert werden. Wichtig sind aber die möglichen Konsequenzen, wenn Gletscher im großen Stil abschmelzen.

Wenn durch das Abschmelzen mehr Süßwasser in den Ozean gelangt und der Ozean sich erwärmt, könnte das die Dichte des Meerwassers so stark verringern, dass sich die thermohaline Zirkulation deutlich abschwächt oder sogar völlig zum Erliegen kommt. Auswirkungen auf den Golfstrom, der warmes Wasser oberflächennah aus der Karibik in den Nordatlantik leitet und damit für vergleichsweise milde Temperaturen in Westeuropa sorgt, können nicht ausgeschlossen werden. Vielleicht müssten sich dann die Westeuropäer trotz Temperaturanstieg durch den Klimawandel auf deutlich kältere Winter einrichten. Ähnlich wie das Abschmelzen von Gletschern Auswirkungen auf die atlantische Zirkulation haben könnte, sind auch unabsehbare Folgen für Meeresströmungen in anderen Teilen der Welt zu erwarten. Genannt seien die Phänomene El Niño im Pazifik oder dem Monsun im Indischen Ozean.

El Niño ist ein Klimaphänomen im Pazifik, das unregelmäßig auftritt und weitreichende Auswirkungen auf das globale Wetter hat. Es führt zur Erwärmung des Oberflächenwassers im zentralen und östlichen Pazifik. Dieser Erwärmung folgen Veränderungen in den Luft- und Meeresströmungen, die das Wettergeschehen weltweit beeinflussen können.

Der Monsun wird durch Temperatur- und Luftdruckunterschiede zwischen den großen Landmassen und den Ozeanen erzeugt. Der Monsun ist eine regelmäßig auftretende Windströmung, die sehr heftige Niederschläge mit sich bringt. Deutlich größere Auswirkungen wird das Abschmelzen von Gletschern auf den Anstieg des Meeresspiegels haben. Hierbei geht es nicht um Eventualitäten wie Kipppunkte oder Veränderungen von Meeresströmungen, vielmehr kann man hier von Tatsachen ausgehen:

Abschmelzende Landeismassen **müssen** zu einem Anstieg des Meeresspiegels führen.

Anstieg des Meeresspiegels

Der Meeresspiegel ist seit 1993 bereits um circa zehn Zentimeter angestiegen (siehe Abbildung 8.1).

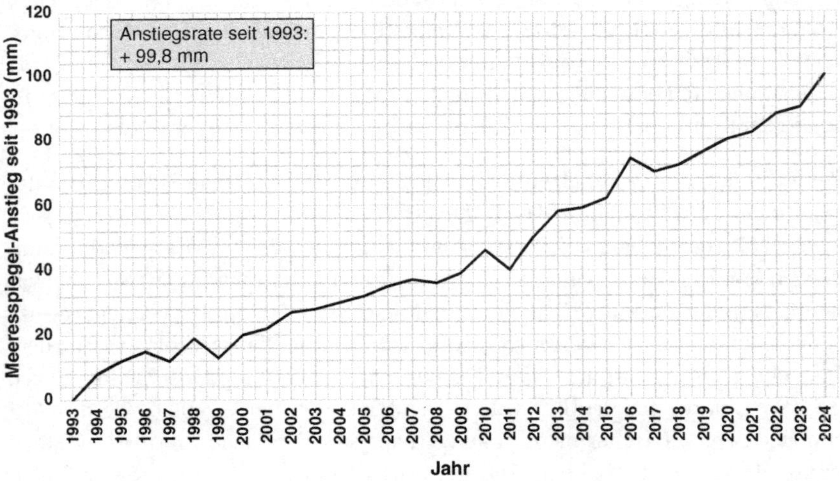

Abbildung 8.1: Anstieg des Meeresspiegels, `https://climate.nasa.gov/vital-signs/sea-level` Datenquelle: Satellitenbeobachtungen der NASA

Das klingt nicht nach einer bedeutenden Zunahme, allerdings muss man berücksichtigen, dass die Eismassen weltweit immer schneller zurückgehen und damit der Meeresspiegel auch immer schneller ansteigen wird.

Man kann aus den Eisverlustraten (siehe Kapitel 4) berechnen, wie lange es dauern wird, bis die Erde vollständig eisfrei – und wie hoch der Meeresspiegel dann gestiegen – sein wird.

Bis zum Jahr 2100 könnte der Meeresspiegel bei unverminderter Emission von Treibhausgasen um circa zwei Meter ansteigen. Bis zum Jahr 2500 könnte der Anstieg des Meeresspiegels bereit bei circa 15 Meter liegen.

Mehrere Hundert Millionen Menschen wären hiervon betroffen. Vollständige Eisfreiheit auf der Erde würde vermutlich im Jahr 7000 erreicht sein, der Meeresspiegel würde dann circa 66 Meter höher liegen als heute.

Ein solch dramatischer Anstieg des Meeresspiegels würde dazu führen, dass alle Großstädte an Meeresküsten und an mündungsnahen Flüssen aufgegeben werden müssten.

In Europa wären folgende Großstädte betroffen: Hamburg, Bremen, Amsterdam, Rotterdam, Kopenhagen, Stockholm, Helsinki, London, Dublin, Barcelona, Marseille, Venedig, Rom und Istanbul. In Nordamerika würden die heutigen Großstädte Montreal, New York, Charleston, Miami, Tampa, New Orleans, Houston und San Francisco unter Wasser liegen, ebenso in Südamerika die Städte Buenos Aires und Montevideo. Afrika wäre der am geringsten betroffene Kontinent, dennoch wären die Städte Alexandria, Dakar und Bissau überflutet. Die asiatischen Städte Tokyo, Shanghai, Hong Kong, Manila, Singapore, Bangkok, Rangun, Dhaka, Kalkutta, Dubai, Doha und Bagdad würden nicht mehr existieren. Auf dem australischen Kontinent wären die Städte Melbourne, Adelaide und Auckland nicht mehr existent.

Dieses Szenario würde gigantische Kosten für den Wiederaufbau der zerstörten Infrastruktur verursachen, ganz zu schweigen vom Verlust des Wohnraumes und der Arbeitsplätze von vielen Millionen Menschen.

Durch den Anstieg des Meeresspiegels um 66 Meter würden nicht nur einige der bedeutendsten Megacitys vom Erdboden verschwinden, sondern auch immens große Siedlungsflächen. Neben einer Vielzahl von kleineren und größeren Inseln im Pazifik würden auch die Niederlande und fast der gesamte Staat Dänemark unter Wasser liegen. Große Teile der Norddeutschen Tiefebene sowie der Großteil von Texas und dem Amazonas-Regenwald wären überflutet. Große Teile von Südrussland würden im Kaspischen Meer versinken, weil es eine Verbindung zwischen Schwarzem und Kaspischen Meer geben würde; und auch

Mehr Wasserdampf in der Atmosphäre bedeutet auch mehr Energie in den Wolken, aus denen sich Wirbelstürme entwickeln können, die man je nach Weltregion Hurrikan, Taifun oder Zyklon nennt.

Die Zahl der tropischen Wirbelstürme hat in den letzten Jahren nur sehr leicht zugenommen, sie werden aber immer heftiger. Dahingegen sind Orkane in Deutschland in den letzten 100 Jahren nicht häufiger geworden, obwohl die Wahrnehmung der Menschen überwiegend eine andere ist.

Wetterextreme gefährden auch die Ernährungssicherheit der Weltbevölkerung. Hitzewellen, Starkregenereignisse, Dürren und Überschwemmungen führen zu häufigeren und umfassenderen Missernten, was Selbstversorgern insbesondere in wenig entwickelten Weltregionen die Existenzgrundlage entzieht. Zunehmend mehr Menschen müssen von externen Hilfsorganisationen mit Lebensmitteln versorgt werden.

Wanderung von Klimazonen

Die Sonne bestrahlt die Erdoberfläche in verschiedenen Winkeln. Am Äquator steht die Sonne nahezu senkrecht zur Erdoberfläche und je weiter man nach Norden oder nach Süden voranschreitet, desto geringer wird der Einstrahlungswinkel und desto weniger Strahlungsleistung erreicht die Erdoberfläche. Je weiter man sich vom Äquator entfernt, desto geringer werden die durchschnittlichen Temperaturen und desto kürzer sind die Zeitspannen, in denen Sonnenlicht zum Wachsen der Pflanzen zur Verfügung steht.

Die Parameter Temperatur und Dauer der Sonneneinstrahlung haben neben vielen weiteren Faktoren, wie zum Beispiel Meeresströmungen oder Bewuchsdichte, den größten Einfluss auf die Ausbildung von Klimazonen. Im Allgemeinen wird die Erdoberfläche in fünf Klimazonen eingeteilt:

- die Tropen
- die Subtropen
- die gemäßigte Zone
- die subpolare Zone
- die polare Zone

Diese Klimazonen lassen sich aber nicht immer streng voneinander trennen. Möglicherweise passt an einem Ort ein Indikator zu den Tropen, ein anderer jedoch eher zu den Subtropen.

Die Tropen breiten sich zu beiden Seiten des Äquators bis etwa 20 Grad nördlicher und südlicher Breite, also bis zu den beiden Wendekreisen, aus. Sie zeichnen sich dadurch aus, dass die Tageslänge das ganze Jahr hindurch bei etwa 12 Stunden liegt, es keine großen Temperaturschwankungen über das Jahr hinweg gibt (keine Jahreszeiten) und das ganze Jahr über, abgesehen von Bergregionen, relativ hohe Temperaturen herrschen. Zwischen Tag- und Nachttemperaturen gibt es keine großen Unterschiede.

In Äquatornähe steigen warme, mit Wasserdampf gesättigte, Luftmassen auf, die dann oft zu Niederschlägen und Gewittern führen. In der Tendenz werden die Tropen umso trockener, je weiter man sich vom Äquator entfernt. In den immerfeuchten Tropen dominiert ein tropischer Regenwald, aber je trockener die Tropen werden, umso lichter wird die Vegetation. Man kann dort Trockensavannen, aber auch Steppen und Halbwüsten finden. Der Amazonas-Regenwald gehört mit circa 40.000 Pflanzen- und circa 1.300 Vogelarten zu den artenreichsten Ökosystemen der Erde.

Die Subtropen erstrecken sich zwischen circa 25 und 40 Grad nördlicher und südlicher Breite. Der Sommer in den Subtropen ist sehr warm und der Winter eher mild. Die Temperaturunterschiede zwischen Tag und Nacht sind deutlich größer als in den Tropen.

Die Niederschläge in den Subtropen können sehr stark differieren. Es gibt trockene Subtropen (zum Beispiel die Sahara), winterfeuchte Subtropen (zum Beispiel die Mittelmeerregion oder Kalifornien) und immerfeuchte Subtropen (zum Beispiel an der Ostküste der USA oder in Südostchina).

In den trockenen Subtropen ist die Vegetation wegen des Wassermangels sehr spärlich, in den winterfeuchten Subtropen treten vermehrt Olivenbäume, Korkeichen und Nadelbäume auf und in den immerfeuchten Subtropen sind das eher Laubbäume.

Die gemäßigte Zone reicht von circa 40 Grad nördlicher und südlicher Breite bis zu den Polarkreisen. Deutschland liegt in einer gemäßigten Zone. Die vier Jahreszeiten unterscheiden sich deutlich in den Temperaturen, Niederschläge sind eher hoch und verteilen sich über das ganze Jahr recht gleichmäßig. Die gemäßigte Zone wird stark durch einen vorhandenen Ozean geprägt. In Ozeannähe (maritimes Klima) gibt es mehr Niederschläge und die Temperaturschwankungen zwischen Sommer und Winter sind gering.

In Ozeanferne (kontinentales Klima) treten weniger Niederschläge auf und die Temperaturunterschiede zwischen Sommer und Winter sind sehr hoch. Die Vegetation in der gemäßigten Zone ist durch Nadel- und Laubwälder geprägt, wobei der Anteil an Nadelbäumen zunimmt, je mehr man sich den Polarregionen nähert.

Die subpolare Zone befindet sich nördlich (Nordhalbkugel) beziehungsweise südlich (Südhalbkugel) der Polarkreise. Der Norden von Kanada oder große Teile von Russland und Skandinavien befinden sich in dieser Klimazone. Diese Klimazone ist geprägt von trockenen und langen Wintern sowie kurzen Sommern.

Die Jahresmitteltemperatur liegt häufig unter 0 Grad Celsius. Es gibt nur wenige, speziell an die Umweltbedingungen angepasste, Pflanzenarten, zum Beispiel Moose, Flechten und Sträucher. Der Boden ist häufig das ganze Jahr über gefroren (Permafrost), da die Energie der Sonne im Sommer nicht ausreicht, den Boden auch in größeren Tiefen aufzutauen.

Die Arktis (Nordpol) und die Antarktis (Südpol) bilden die polare Zone. In diesen Klimazonen ist es ganzjährig so kalt (zumeist deutlich unter 0 Grad Celsius), dass keine Pflanzen wachsen. In der Tierwelt herrschen Spezialisten vor (zum Beispiel Eisbären am Nordpol und Pinguine am Südpol).

Die räumliche Lage von Klimazonen ist sehr eng mit der herrschenden Temperatur verknüpft. Nach einer groben Faustregel verschiebt sich die Grenze einer Klimazone pro Grad Celsius Temperaturerhöhung um circa 200 Kilometer nach Norden (Nordhalbkugel) beziehungsweise nach Süden (Südhalbkugel).

Da die mittlere Durchschnittstemperatur auf der Erde seit Beginn der Industrialisierung bereits um circa ein Grad Celsius angestiegen ist, sollten bereits Verschiebungen in den Klimazonen eingetreten sein.

Untersuchungen in Deutschland zeigen, dass sich viele wärmeliebende Tier- und Pflanzenarten immer mehr in Deutschland ausbreiten. Hierzu einige Beispiele: Der Wanderschmetterling Admiral fliegt im Frühjahr aus dem Mittelmeerraum nach Deutschland, um hier seine Eier abzulegen. Die nächste Generation des Admirals fliegt dann im Herbst zurück in den Mittelmeerraum. Es sind zwischenzeitlich bereits Exemplare beobachtet worden, die versuchen, im wärmer gewordenen Deutschland zu überwintern. Ein ähnliches Verhalten wurde auch bei Störchen beobachtet, die gelegentlich auf die lange Reise nach Afrika verzichten und den Winter über in Deutschland bleiben oder nur bis Spanien fliegen.

Aber auch Veränderungen in der Gewässerökologie können beobachtet werden. Wärmere Lufttemperaturen lassen auch die Gewässertemperaturen ansteigen. Dadurch weichen kälteliebende Fische wie Bachforellen und Äschen in die kühleren Oberläufe aus, was die Größe ihres Lebensraumes deutlich einschränkt. Wärmeliebende Fische wie Karpfen finden größere Verbreitungsgebiete und können sich besser vermehren.

In Summe haben bereits heute wärmeliebende Tier- und Pflanzenarten in Deutschland zugenommen. In einigen Fällen hat sogar die Populationsgröße kälteliebender Arten abgenommen.

In einer großräumigen Betrachtung ist damit zu rechnen, dass sich regenreiche äquatornahe Klimazonen auf der Nordhalbkugel immer weiter nach Norden und auf der Südhalbkugel immer weiter nach Süden ausdehnen werden. Das könnte im Worst-Case-Szenario dazu führen, dass sich die ein oder andere Wüstenregion in eine blühende Landschaft und so manche blühende Landschaft in eine Wüste verwandelt, mit dramatischen Folgen für die Ökosysteme und die dort lebenden Menschen.

Vermehrte künstliche Bewässerung

Bei weiter fortschreitendem Klimawandel wird es in vielen Weltregionen große landwirtschaftlich genutzte Flächen geben, die nur noch bei einer zusätzlichen künstlichen Bewässerung ausreichende Erträge erbringen. Eine globale Betrachtung der Flächen, die eine Bewässerung benötigen, ist nicht möglich, da die Vorhersagbarkeit von Niederschlagsmengen in den verschiedenen Weltregionen kaum möglich ist. Kleinräumig für Deutschland betrachtet kann man aber feststellen, dass durch die zunehmende Trockenheit in Deutschland von den insgesamt 11,8 Millionen Hektar landwirtschaftlicher Anbaufläche (Ackerland) in den kommenden Jahren zusätzlich circa zwei Millionen Hektar Fläche bewässert werden müssen (Anstieg um circa 17 Prozent), um auch in Zukunft den gleichen Ernteertrag zu erzielen.

Deutschland ist zwischenzeitlich fast in Gänze als Trockenstressgebiet ausgewiesen.

Allerdings wird die künstliche Bewässerung in Deutschland nur marginal genutzt, weil die künstliche Bewässerung sehr teuer ist und Lebensmittelpreise in der Regel sehr niedrig sind. Höhere Kosten können zumeist nicht an die Verbraucher weitergegeben werden. Andererseits gibt es auch andere Wirtschaftsbereiche (Elektrizitätswirtschaft oder Binnenschifffahrt), die die Wasserentnahme zur Bewässerung einschränken könnten. Sinkende Grundwasserstände und niedrige Pegel in den Flüssen können leicht dazu führen, dass Entnahmen zur landwirtschaftlichen Bewässerung verboten werden.

Deutschlands Wirtschaft hat, was den Nahrungsmittelexport und -import angeht, eine relativ ausgeglichene Position. Der deutsche Agrarbereich hat so gut wie keine Auswirkung auf die Ernährung der Weltbevölkerung. Damit spielt es für die Ernährung der Weltbevölkerung auch keine Rolle, ob und in welchem Umfang in Deutschland künstliche Bewässerung der landwirtschaftlichen Flächen stattfindet. Ganz anders sieht die Situation bei den großen Nettoexporteuren von landwirtschaftlichen Produkten, wie Australien, den USA, Kanada, Brasilien, Argentinien, Kasachstan oder Frankreich, aus. Hier kann ein fehlendes Wasserangebot für die künstliche Bewässerung zum Zusammenbruch eines ganzen Wirtschaftsbereiches führen.

Die Ernährung der immer noch wachsenden Weltbevölkerung kann nur durch eine Ausweitung der künstlichen Bewässerungsanlagen gewährleistet werden.

Vermehrte Bodenerosionen

Die Abtragung von Bodenmaterial durch Wind oder Wasser wird Bodenerosion genannt. Eine Bodenerosion kann erhebliche Schäden verursachen, weil der besonders fruchtbare Oberboden verlorengeht, und damit die Produktivität auf der Fläche schwindet. Der fruchtbare Oberboden kann in Phasen großer Trockenheit durch Winde verweht oder aber auch in Phasen von Starkregenereignissen abgeschwemmt werden. Der Klimawandel bewirkt eine Zunahme von extremen Witterungsverhältnissen. Starkregenereignisse (Abschwemmen des Oberbodens), Dürreperioden und Stürme (Verwehen des Oberbodens) können deutlich zunehmen. Die meisten Starkniederschläge haben nur eine Dauer von wenigen Stunden, weisen aber Spitzenintensitäten des Niederschlagabflusses im Minutenbereich auf. Dies kann zu dramatischer Bodenerosion führen. Wenn Dürreperioden besonders lange andauern, trocknet der Boden so stark aus, dass der Oberboden regelrecht davon geblasen werden kann. Im Winter ist typischerweise wenig schützende Vegetation vorhanden und gleichzeitig nehmen die Winterniederschläge in Deutschland fast überall zu und fallen auch überwiegend als Regen und – Klimawandel-bedingt – nicht mehr so häufig als Schnee.

Starkregenereignisse erhöhen dann deutlich das Risiko von Oberboden-Abschwemmungen, insbesondere wenn die Fläche stark geneigt ist. Die Winderosion tritt häufig nach langen Trockenzeiten im Sommer auf, insbesondere auf flachen Standorten in Norddeutschland.

In Höhenlagen der Alpen treten dauerhaft gefrorene Böden auf (Permafrost), deren oberste Schichten nur im Sommer für kurze Zeit auftauen. Durch Temperaturerhöhungen im Klimawandel können diese Böden auch langfristig auftauen und die Stabilität des Bodens verringern. Hangrutschungen und Felsstürze gefährden so Mensch und Tier sowie die Infrastruktur der Region.

Versauerung der Meere

Die Versauerung des Meeres ist ein häufig gebrauchter Ausdruck, der sehr unpräzise ist und daher leicht missverstanden werden kann. Das Meer kann eigentlich kaum sauer werden, da der pH-Wert des Meeres im basischen Bereich bei circa 8,1 liegt und sehr mächtige Puffersysteme vorhanden sind, die den pH-Wert in dieser Größenordnung weitgehend stabilisieren (siehe Kapitel 6). Die Ozeane werden also durch den CO_2-Eintrag nicht unbedingt sauer, sondern nur weniger basisch. Eine tatsächliche Versauerung der Meere könnte in vielen Hunderten von Jahren eintreten, wenn noch deutlich größere Mengen an Kohlendioxid als heute in die Atmosphäre eingetragen werden.

Damit ist aber nicht mehr zu rechnen, weil die Menschheit auf den Klimawandel aufmerksam geworden ist und sich zum Ziel gesetzt hat, die CO_2-Emmissionen bis zur Mitte dieses Jahrhunderts klimaneutral zu gestalten.

Die Veränderung des pH-Wertes der Ozeane in Richtung weniger basisch hat dramatische Konsequenzen für die Korallenriffe weltweit. Wie bereits in Kapitel 6 beschrieben, sterben Korallenriffe ab – wegen der Auflösung von $CaCO_3$, dem Gerüstbaustoff dieser Lebewesen.

Mit dem Verlust der Korallenriffe gehen die »Kinderstuben« vieler Fischarten verloren, mit heutzutage kaum einzuschätzenden Konsequenzen für die Biodiversität der Meere.

Durch die pH-Wert-Absenkung und die Auflösungsprozesse von $CaCO_3$ im Meer kommt aber auch ein weiterer wichtiger Pfad des Kohlenstoffkreislaufes zum Erliegen. Tote, kalkbildende Meeresorganismen sinken auf den Meeresboden und bilden dort über die Jahrtausende mächtige Kalkschichten, die im Zuge der Kontinentaldrift durch Subduktion ins Erdinnere verfrachtet werden. Dadurch werden dem Kohlenstoffkreislauf riesige Mengen an Kohlendioxid in Form von $CaCO_3$ entzogen. Damit steigt wiederum die Aufnahmefähigkeit der Ozeane gegenüber Kohlendioxid. Wenn dieser Prozess wegen fehlender Kalkbildung in den Ozeanen ausbleibt, stoßen die Meere schneller an die Grenze der Aufnahmefähigkeit von Kohlendioxid.

Vermehrte Flüchtlingsströme

Im Jahr 2015 kamen über eine Million Menschen aus Syrien, dem Irak und Afghanistan in die Europäische Union. Dies führte zu erheblichen Unruhen in der Bevölkerung und ließ rechtsnationale Parteien in ganz Europa erstarken. Seit Februar 2022 haben bereits sechs Millionen Ukrainerinnen und Ukrainer ihre Heimat in Richtung Europäische Union verlassen.

Zusätzlich haben im Jahr 2022 circa 500.000 Russen ihrer Heimat den Rücken gekehrt, weil sie unzufrieden sind mit der Aggressionspolitik ihrer Regierung. 460.000 dieser russischen Migranten haben sich in Nachbarstaaten und nur 40.000 in der EU niedergelassen. Diese Flüchtlingsströme waren im Wesentlichen durch kriegerische Auseinandersetzungen in diesen Ländern motiviert. Insgesamt wurden 2022 weltweit 61 Millionen Binnenflüchtlinge gezählt, davon 28 Millionen wegen Gewalt und Konflikten und 33 Millionen wegen Umweltkatastrophen.

Seit 1985 existiert eine Definition des Begriffs »Umweltflüchtling«. Darunter sind Menschen zu verstehen, die ihre angestammte Heimat für einen gewissen Zeitraum oder dauerhaft verlassen müssen, weil Umweltereignisse dort ihre Existenz bedrohen. Solche Umweltereignisse können Überschwemmungen, Stürme, Dürren, Erdbeben, Brände, Vulkanausbrüche, Extremtemperaturen oder Erdrutsche sein. Da viele dieser Umweltereignisse durch den Klimawandel verstärkt werden können, kann man heutzutage diesen Begriff auch mit dem Begriff »Klimaflüchtling« gleichsetzen.

Allerdings sind nicht allein Veränderungen in den Umweltbedingungen maßgebend dafür, dass Menschen ihre Heimat verlassen. Vielmehr spielen auch Faktoren wie Vorhandensein von Arbeitsplatzangeboten sowie politische oder soziale Rahmenbedingungen eine Rolle. In der Regel gründen sich Migrationsentscheidungen nicht nur auf eine einzige Ursache, sondern auf ein Zusammenwirken von unterschiedlichen Motiven und Zwängen. Häufig ist es ein Konglomerat aus Bevölkerungswachstum, Armut, Staatsführung, Sicherheit und Konflikten. Der Klimawandel spielt dabei mal eine größere, mal eine kleinere Rolle.

Besonders betroffen von »Klimamigration« sind arme Bevölkerungsgruppen in der Sahelzone, Ostafrika, dem Horn von Afrika, Südasien und Inselstaaten, die in hohem Maße von der Landwirtschaft, beziehungsweise natürlichen Ressourcen des Heimatlandes, abhängig sind.

Viele dieser Menschen haben gar nicht die Möglichkeit, über Hunderte oder Tausende Kilometer in wohlhabende Industriestaaten zu migrieren, ihre Flucht findet landesintern oder maximal in einen direkt benachbarten Staat statt. Die Sicherheit und der Wohlstand Europas wirken für Vertriebene zwar anziehend, dennoch versuchen heimatlose Menschen oft, so nah wie möglich an ihrer alten Heimat zu bleiben. Mit einem millionenfachen Ansturm ganzer Familien in Richtung Europa ist nicht zu rechnen. Vielmehr könnten einzelne junge Familienmitglieder in die Ferne entsandt werden, damit diese am Migrationsort Geld verdienen und einen Anteil davon zurück in die Heimat schicken, damit der dort verbliebene Rest der Familie überleben kann.

Aufgrund des fortschreitenden Anstiegs des Meeresspiegels muss davon ausgegangen werden, dass in den nächsten Jahrzehnten zahlreiche Regionen unbewohnbar werden (Bangladesch, viele Inseln im Pazifik, aber auch der Industriestaat Niederlande).

Regierungen auf der ganzen Welt müssen daher darüber nachdenken, wie Umsiedlungsmaßnahmen organisiert werden können. Erstmals wurde das Thema Migration im Kontext des Klimawandels im Jahr 2010 auf der 16. Weltklimakonferenz in Cancun, Mexiko angegangen.

Es ist nicht zielführend, einfach nur die Migration zu unterbinden, vielmehr muss Migration auch ohne Angst vor Diskriminierung und Ausbeutung möglich sein.

Den zahlreichen Kritikern einer Willkommenskultur gegenüber Flüchtlingen, gleichgültig aus welchem Grund die Migration angetreten wird, sollte bewusst sein, dass unsere modernen Industriegesellschaften wegen des immer größer werdenden Arbeitskräftemangels in der Zukunft überhaupt nicht mehr überlebensfähig sein werden.

BEISPIEL

Menschen, die die Grenzen für Flüchtlinge schließen wollen, müssten sich Fragen stellen wie: Wer nimmt meine Essensbestellung in der Gastronomie auf und wer kocht, wenn ich einen arbeitsreichen Tag bei gutem Essen ausklingen lassen möchte? Oder: Wer beseitigt die Verstopfung des Abflusses in meiner Küche, wenn sich zu viel fester Abfall angesammelt hat und wer pflegt mich, wenn ich alt und auf Hilfe angewiesen bin?

Das sind nur einige wenige Beispiele von Tätigkeiten, für die es in den nächsten Jahren immer schwieriger werden wird, Fachkräfte zu finden.

Rückkopplungseffekte

In einem einfach ablaufenden Prozess löst eine definierte Ursache eine ebenso definierte Wirkung aus. Hat diese Wirkung im Nachhinein einen zusätzlichen Effekt auf die Ursache, spricht man von einem Rückkopplungsprozess (siehe Abbildung 8.2).

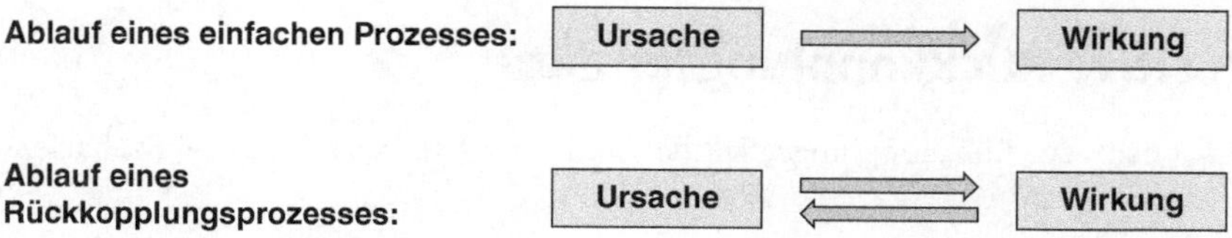

Abbildung 8.2: Rückkopplungseffekt

Die Ursache kann sich nun durch den nachträglichen Einfluss der Wirkung abschwächen (negative Rückkopplung) oder verstärken (positive Rückkopplung). Solche Rückkopplungsprozesse treten im Bereich des Klimas häufiger auf, sind aber selbst für erfahrene Wissenschaftler nicht immer einfach zu erkennen.

Negative Rückkopplungseffekte

Ein negativer Rückkopplungseffekt kann eintreten, wenn durch sehr lange anhaltende vulkanische Aktivitäten oder durch den Einschlag eines Asteroiden große Staubmengen in die Atmosphäre geschleudert werden und diese Staubmengen viele Jahre in den höheren Luftschichten verbleiben, bevor sie wieder zur Erdoberfläche zurückkehren.

Diese Staubpartikel reflektieren die Sonnenstrahlen und würden zu einer Abkühlung der Erdoberfläche führen. Ein einzelner Vulkan kann diesen Effekt allerdings nicht hervorrufen, wohl aber ein Megavulkanismus im Umfang des Sibirischen Trapps vor 250 Millionen Jahren zwischen dem Zeitalter Perm und Trias.

Ein weiterer negativer Rückkopplungseffekt kommt zustande, wenn durch das Abschmelzen von riesigen Festlandeismassen große Mengen Süßwasser in die Weltmeere gelangen. Dieses Süßwasser würde den Salzgehalt des Meeres vermindern und der Verlauf der Ozean-umspannenden Meeresströmungen könnte beeinflusst werden, da die treibende Kraft für diese Meerwasserzirkulation der unterschiedliche Salzgehalt der Ozeane ist.

Im Nordatlantik könnte der Golfstrom unterbrochen, abgeschwächt oder umgeleitet werden. Der Golfstrom führt warme Wassermassen nach Europa und ist somit für das relativ milde Klima in West- und Mitteleuropa verantwortlich. Sollte sich der Golfstrom verändern, würde es in Europa zu einer signifikanten Abkühlung führen mit deutlichen Auswirkungen auf die mitteleuropäische Flora und Fauna.

Positive Rückkopplungseffekte

Bei positiven Rückkopplungseffekten sind mehrere verschiedene Szenarien denkbar:

Je wärmer die Luft ist, desto mehr Wasserdampf kann sie aufnehmen. Befindet sich mehr Wasserdampf in der Atmosphäre, führt dies zu einem höheren Treibhauseffekt, weil Wasserdampf ein viel effektiveres Treibhausgas ist als Kohlendioxid. Diese Rückkopplung nennt man Wasserdampf-Rückkopplung. Ein erhöhter Wasserdampfgehalt in der Atmosphäre führt aber auch zu Veränderungen in der Wolkenbedeckung. Hohe dünne Wolken wirken dann erwärmend (positive Rückkopplung), während tiefe dicke Wolken dagegen kühlend wirken, da sie Sonnenstrahlung stärker reflektieren, was zu einer vermindernden Einstrahlung auf der Erdoberfläche führt (negative Rückkopplung). Die genauen Zusammenhänge zwischen den unterschiedlichen Wolkenbedeckungen ist im Wesentlichen noch unklar und Gegenstand aktueller Forschungen.

Ausgedehnte Schnee- und Eisflächen reflektieren einen hohen Anteil der einfallenden Sonnenstrahlung. Nimmt aber aufgrund der zunehmenden Erderwärmung die mit Schnee oder Eis bedeckte Fläche ab, wird mehr Strahlung von der Oberfläche absorbiert. Dies führt dann zu einer im globalen Vergleich überdurchschnittlichen Erwärmung dieser Region, was insgesamt zu einer Steigerung des Treibhauseffektes führt. Betroffen sind alle Regionen, in denen es ausgedehnte Vergletscherungen gibt. Diese Rückkopplung nennt man Eis-Albedo-Rückkopplung.

Wenn durch immer höhere Temperaturen in den Regionen um den Polarkreis ausgedehnte Gebiete auf Dauer auftauen, die vormals auch im Sommer gefroren waren, wird gasförmiges Methan in die Atmosphäre freigesetzt. Da Methan ein deutlich höheres Treibhausgaspotenzial besitzt als Kohlendioxid, wird durch diese Freisetzung der Treibhauseffekt weiter zunehmen. Diese Rückkopplung nennt man Permafrost-Rückkopplung.

Wird die Durchschnittstemperatur auf der Erde höher, verändern sich viele Prozesse im natürlichen Kohlenstoffkreislauf. Betroffen sind die CO_2-Aufnahmen von Pflanzen ebenso wie die CO_2-Bindungen in den Ozeanen oder die CO_2-Bindungen durch Mikroorganismen im Meer. Die genauen Auswirkungen dieser Effekte sind ebenfalls noch nicht eindeutig geklärt und Gegenstand von aktuellen Forschungen.

Insgesamt zeigt sich, dass aktuell positive Rückkopplungseffekte gegenüber negativen Rückkopplungseffekten immer mehr die Oberhand gewinnen und daher mit einer immer stärkeren Klimaerwärmung zu rechnen ist.

Kipppunkte im Klimasystem

Ein Kipppunkt ist ein kritischer Grenzwert, an dem eine kleine zusätzliche Störung zu einer qualitativen Veränderung im System Klima führen kann. Die Kipp-Elemente reagieren oft lange Zeit nur wenig auf den Klimastress, aber wenn die Belastung dann nur geringfügig weiter zunimmt, kommt es zum Umkippen. Eine Rückkehr zur Situation vor dem Umkippen ist dann vermutlich nicht mehr möglich.

Kipppunkte können dann sehr schnell erreicht oder überschritten werden, wenn die Temperatur durch positive Rückkopplungseffekte besonders stark ansteigt.

Etwa 16 Kipp-Elemente sind in der Wissenschaft beschrieben worden. Die sechs wichtigsten, die auch überschritten werden können, selbst wenn das von der Weltgemeinschaft beschlossene 1,5-Grad-Ziel eingehalten wird, sind:

- ✔ Schmelzen des westantarktischen Eisschildes
- ✔ Schmelzen des Grönlandeises
- ✔ Schmelzen des arktischen Sommer-Meereises
- ✔ Abschmelzen des Permafrosts
- ✔ Verlangsamung der nordatlantischen Umwälzbewegung
- ✔ Häufigere Dürren im Amazonas-Regenwald

Aufbau und auch Abschmelzen von Eismassen sind Vorgänge, die sich über Jahrtausende entwickeln. Die gewaltigen Eisschilde am und um den Nord- und Südpol sind bereits im Abschmelzvorgang begriffen. Ob wir diese Vorgänge, selbst bei einem radikalen Stopp der Emission von Treibhausgasen noch aufhalten können, ist sehr ungewiss.

Permafrost bezeichnet in den Geowissenschaften einen Untergrund, dessen Temperatur für mindestens zwei Jahre ununterbrochen unter dem Gefrierpunkt liegt, also einen Untergrund, der auch im Sommer nicht auftaut. Bei dem Untergrund kann es sich um Boden, Lockergestein oder Festgestein handeln. Gebiete mit Permafrost befinden sich in Sibirien und im nördlichen Kanada, auch in dortigen Flachlandbereichen sowie in allen Hochgebirgsregionen der Erde (zum Beispiel Himalaya, Rocky Mountains, Anden, Alpen).

In den arktischen Flachlandbereichen Sibiriens und Kanadas hat sich über Jahrmillionen abgestorbene Biomasse angereichert, die unter Ausschluss von Sauerstoff zu Methan (CH_4) abgebaut worden ist und bisher in der permanent gefroren Umgebung eingeschlossen war. Das Auftauen in diesen Regionen lässt das gebildete Methan in die Atmosphäre entweichen, sodass der Treibhauseffekt noch weiter verstärkt wird. An manchen Stellen des auftauenden Permafrosts kann man das entweichende Methan entzünden, das dann mit Sauerstoff zu Kohlendioxid und Wasser verbrennt.

Aber auch in den Hochgebirgsregionen verursacht das Auftauen des Permafrosts große Probleme. Vielfach werden Felsmassive allein durch den Permafrost zusammengehalten.

Durch das Auftauen des Permafrosts verlieren viele Berggipfel ihre Stabilität und es kommt zu massiven Felsstürzen, die dramatische Veränderungen in der Landschaft hervorrufen können.

In Ostsibirien hat sich ein Krater der Größe von 122 Fußballfeldern aufgetan (Batagaika-Krater), von dem in den Sechzigerjahren des letzten Jahrhunderts noch überhaupt nichts zu sehen war. Die kilometerlange Abbruchkante vergrößert sich mit einer enormen Geschwindigkeit immer mehr, weil der Permafrost in der Region schwindet. Der Boden im Krater ist seit mindestens 650.000 Jahren gefroren und gilt als der älteste Permafrost Sibiriens.

Die nordatlantische Umwälzbewegung ist eine warme Meeresströmung, die den Golfstrom in der Karibik bis nach Europa verlängert. Die warme Meeresströmung wird durch die thermohaline Zirkulation angetrieben (Zusammenspiel von kalten Eisflächen und Salzgehalt des Meeres), die Atlantische Umwälzzirkulation (englisch: Atlantic Meridional Overturning Circulation, AMOC) genannt wird.

Wenn sich diese natürliche Umwälzung verlangsamt, könnte irgendwann der wärmere Golfstrom nicht mehr bis nach Europa reichen. Eine Folge davon wäre, dass die Durchschnittstemperaturen in großen Teilen West- und Nordeuropas drastisch abnehmen würden.

Die klimatischen Bedingungen in West- und Nordeuropa wären dann vermutlich mit denen in der Tundra des nördlichen Kanadas vergleichbar, wo keine Laubbäume mehr, sondern nur noch Moose und Flechten wachsen und wo auch die Tierwelt nicht mehr von Rehen und Hirschen, sondern von besonders kälteresistenten Karibus bestimmt wird.

Der Amazonas-Regenwald beherbergt wegen seines Wasserreichtums die meisten Tier- und Pflanzenarten, erlebt aber zurzeit die schlimmste Trockenheit seit Beginn der Aufzeichnungen vor circa 120 Jahren. Der Pegelstand des Amazonas ist bereits um 17 Meter gesunken. Ursache für diese Trockenheit könnten der Klimawandel, im Wesentlichen ausgelöst durch das Klimaphänomen El Niño, und die zunehmende Abholzung des Regenwaldes sein.

Ob die zuvor beschriebenen Kippelemente letztlich ihren Kipppunkt erreichen oder sogar überschreiten werden, kann zurzeit niemand mit Gewissheit sagen. Hinsichtlich der Bedeutung der Kippelemente für das Klima gibt es unter den Klimawissenschaftlern unterschiedliche Einschätzungen. Wenn die großen Eismassen auf der Erde abschmelzen, wird der Meeresspiegel ansteigen und die ehemals riesigen Eismassen werden auf absehbare Zeit nicht mehr zurückkommen. Sofern aber die nächste Eiszeit beginnen sollte, würden sich diese Eismassen nach und nach wieder aufbauen. Mit dem Auftauen des Permafrosts würden große Mengen des Gases Methan in die Atmosphäre gelangen.

Methan ist zwar 28-mal klimawirksamer als Kohlendioxid, jedoch ist die Aufenthaltsdauer von Methan in der Atmosphäre sehr gering. Durch Luftsauerstoff wird Methan in sehr kurzer Zeit zu Kohlendioxid oxidiert und die Klimawirksamkeit nimmt wieder deutlich ab.

Zum Abschluss dieses Kapitels sind nochmals die wesentlichen Inhalte zusammengefasst:

- ✔ Gletscher in den Hochgebirgen werden abschmelzen und die Vereisungen an Nord- und Südpol werden abnehmen.
- ✔ Der Anstieg des Meeresspiegels ist unausweichlich. Vom Ausmaß des Anstieges wird es abhängen, wie viel Zerstörung von menschlicher Infrastruktur folgen wird und wie viele Menschen ihre Heimat verlieren werden.
- ✔ Wetterextreme wie Starkregen, Überflutungen oder Hitzeperioden werden zunehmen.

- ✔ Klimazonen werden sich verschieben.
- ✔ Künstliche Bewässerungen werden vermehrt notwendig sein, um die Weltbevölkerung weiterhin ernähren zu können.
- ✔ Bodenerosionen werden zunehmen und zu einer verminderten Fruchtbarkeit der Böden führen.
- ✔ Die Versauerung der Meere wird fatale Folgen für die maritimen Lebensgemeinschaften haben.
- ✔ Klimaflüchtlinge werden in die Industriegesellschaften strömen.
- ✔ Rückkopplungseffekte werden so manchen Kipppunkt überschreiten und damit den Klimawandel dramatisch verschärfen.

Teil III
Klimawandel in Politik und Gesellschaft

IN DIESEM TEIL …

- Internationale Bemühungen zum Klimaschutz
- Europäische Bemühungen zum Klimaschutz
- Klimaschutz auf Bundesebene
- Bürgerrat Klima

IN DIESEM KAPITEL

Erreichen der Klimaneutralität

Klimawandelaktivitäten der Vereinten Nationen

Klimawandelaktivitäten der Europäischen Union

Kapitel 9

Klimawandel auf der Weltbühne und auf europäischer Ebene

Der Treibhauseffekt wurde zwar bereits im Jahr 1824 entdeckt, jedoch konnte die klimaerwärmende Wirkung der stetig ansteigenden Konzentration von Kohlenstoffdioxid in der Erdatmosphäre erst gegen Ende der 1950er Jahre bestimmt werden. Denn erst dann standen verbesserte Messmethoden des Kohlendioxids und damit eine breitere Datenbasis zur Verfügung.

Im Jahr 1995 gelang einem Forscherteam um den deutschen Physiker Klaus Hasselmann der Beweis, dass der Klimawandel mit einer 95-prozentigen Wahrscheinlichkeit auf den Anstieg der CO_2-Konzentration in der Atmosphäre zurückgeführt werden kann und damit menschengemacht ist. Infolgedessen griffen immer mehr Wissenschaftler das Thema Klimawandel auf und brachten die möglichen Folgen des Klimawandels in den Fokus der Öffentlichkeit.

Im 21. Jahrhundert ist die breite Öffentlichkeit, was den Klimawandel angeht, in zwei Lager gespalten. Die große Mehrheit der Bevölkerung vertraut auf die Warnungen der Wissenschaftler und fürchtet sich vor den Folgen des Klimawandels. Eine kleine Minderheit betrachtet den Klimawandel verschwörungstheoretisch und sieht darin einen Versuch von Politik und Gesellschaft, die Freiheitsrechte der eigenen Person einzuschränken. Fatal dabei ist, dass zu der kleinen Gruppe von Klimawandel-Leugnern auch weltweit Politiker und Meinungsmacher gehören, die die Bemühungen der restlichen Welt, den Klimawandel abzumildern, untergraben. Deshalb dauerte es letztendlich sehr lange, bis Elemente des Klimaschutzes Eingang in die Gesetzgebungen fanden.

Die Politik der unterschiedlichen Regierungssysteme setzt unterschiedliche Zeiträume an, bis wann im jeweiligen Staat die Klimaneutralität erreicht werden soll. Während die Europäische Union und die meisten Staaten weltweit das Datum zum Erreichen der Klimaneutralität auf das Jahr 2050 festgelegt haben, strebt Deutschland die Klimaneutralität bereits 5 Jahre früher, nämlich 2045 und Bayern sogar 10 Jahre früher, nämlich 2040 an. China und Russland wollen die Klimaneutralität erst 2060 und Indien sogar erst 2070 erreicht haben.

Tabelle 9.1 zeigt, bis wann die wichtigsten Industrieländer die Klimaneutralität anstreben.

Land/Staat/Staatengemeinschaft	Klimaneutralität bis
Bayern	2040
Deutschland	2045
Europäische Union	2050
USA, Kanada	2050
Japan, Südkorea	2050
Australien, Brasilien	2050
Vereinigte Arabische Emirate	2050
China	2060
Russland	2060
Indien	2070

Tabelle 9.1: Angestrebte Klimaneutralität der wichtigsten Staaten

Das könnte langfristig zu einem großen Problem für die deutsche und die bayerische Wirtschaft werden. Das frühere Erreichen der Klimaneutralität ist zwar durchaus lobenswert, und es ist gut für das Ansehen von Deutschland in der Welt, wenn Deutschland die Vorreiterrolle im Klimaschutz einnimmt. Allerdings ist dies aber auch mit einem Risiko verbunden.

Das Erreichen der Klimaneutralität kostet jeden Staat und natürlich auch jedes Industrieunternehmen sehr viel Geld. Damit verteuern sich die Waren und Dienstleistungen der Unternehmen und diese Unternehmen verlieren an Wettbewerbsfähigkeit. Deutschland gefährdet damit kurzfristig seine Position als drittgrößte Wirtschaftsmacht nach den USA und China. Es droht, von den Ländern Japan (aktuell auf Platz 4) und Indien (aktuell auf Platz 5) überholt zu werden. Mit dem Ausstieg der Vereinigten Staaten von Amerika aus dem Pariser Klimaabkommen wird die stärkste Wirtschaftsmacht vermutlich kurzfristige Vorteile gegenüber den Mitbewerbern erlangen. Langfristig jedoch ist der Verlust der Führungsrolle in der Weltwirtschaft nicht ausgeschlossen, wenn die Preise für fossile Energieträger wie Kohle, Öl, Gas und auch für Uran wegen der zunehmenden Ressourcenknappheit immer weiter steigen werden.

Klimawandel auf der Weltbühne

Am 09. Mai 1992 wurde in New York die United Nations Framework Convention on Climate Change (UNFCCC) formuliert. Die UNFCCC ist ein Rahmenübereinkommen mit dem Ziel, eine gefährliche anthropogene Störung des Klimasystems zu verhindern und die globale Erwärmung zu verlangsamen sowie ihre Folgen zu mildern. Das Abkommen wurde zunächst von 154 Staaten unterzeichnet, zwischenzeitlich haben sich fast alle Länder der Erde (195) diesem internationalen Umweltabkommen angeschlossen. Die Vertragsstaaten sind verpflichtet, regelmäßige Berichte zu veröffentlichen, in denen Fakten zur aktuellen Treibhausgasemission und Trends enthalten sind. Der Sitz des Sekretariats der UNFCCC ist in Bonn auf dem UN-Campus. Während die United Nations Framework Convention on Climate Change die politische Organisation der UNO ist, die sich um den Klimawandel kümmert, ist das Intergovernmental Panel on Climate Change (IPCC) ein Zusammenschluss von Wissenschaftlern, der die Grundlagen für die Entscheidungen des UNFCCC liefert.

Intergovernmental Panel on Climate Change (IPCC)

Das Intergovernmental Panel on Climate Change (IPCC) ist eine von der UNO ins Leben gerufene zwischenstaatliche Institution, um für politische Entscheidungsträger den Stand der wissenschaftlichen Forschung zum Klimawandel zusammenzufassen – mit dem Ziel, Grundlagen für wissenschaftsbasierte Entscheidungen zu bieten. Das IPCC wurde 2007, gemeinsam mit dem ehemaligen US-Vizepräsidenten Al Gore, mit dem Friedensnobelpreis ausgezeichnet.

Im vierten Sachstandsbericht dieser Einrichtung werden die Begriffe Mitigation und Adaptation besonders herausgestellt. Der Begriff Mitigation, der aus dem Lateinischen stammt (mitigatio = Milderung, Linderung), bezeichnet Handlungen und Maßnahmen, die die Ursachen eines Problems oder einer Gefahr abschwächen sollen. Im Zusammenhang mit dem Klimawandel wird dieser Begriff häufig gebraucht, um Maßnahmen gegen den Treibhausgasausstoß der Menschen zu fordern und hat daher Einzug in die Klimapolitik gefunden. In diesem Zusammenhang ist ein weiterer Begriff in der Klimapolitik von Bedeutung, und zwar Adaption oder Adaptation (aus dem Lateinischen adaptare = anpassen). Die Anpassung an den Klimawandel ist ein Handlungsansatz, der versucht, mit den bereits eingetretenen oder noch zu erwartenden klimatischen Veränderungen umzugehen und dabei die negativen Folgen zu bewältigen beziehungsweise Risiken zu mindern. Eine solche Anpassung kann auf ökologischer, ökonomischer oder sozialer Ebene erfolgen.

Das IPCC geht davon aus, dass weder Mitigation noch Adaption allein in der Lage sind, negative Auswirkungen des Klimawandels abzuwenden. Daher sind in der Zukunft sowohl Minderungs- als auch Anpassungsmaßnahmen unabdingbar, um die zu erwartenden, sehr hohen volkswirtschaftlichen Kosten, die der Klimawandel verursachen wird, zu mildern.

Jährliche UN-Klimakonferenzen

Im Jahr 1995 fand in Berlin die erste UN-Klimakonferenz statt. Auf dieser Vertragsstaatenkonferenz (Conference of the Parties, COP) zur Klimarahmenkonvention einigten sich die teilnehmenden Staaten auf ein rechtlich verbindliches Instrument, welches feste Treibhausgas-Reduktionsziele und einen Zeitrahmen zu ihrer Erreichung beinhaltete. Im Sinne des in der Klimarahmenkonvention festgeschriebenen Grundsatzes der gemeinsamen, aber unterschiedlichen Verantwortlichkeiten wurden Schwellen- und Entwicklungsländer bereits zu diesem Zeitpunkt von verbindlichen Reduktionen ausgeklammert.

Seitdem fand dann jedes Jahr außer 2022, bedingt durch die Corona-Pandemie, eine Folgekonferenz an weltweit wechselnden Orten statt. Die wichtigsten Klimakonferenzen der Vergangenheit fanden 1997 in Kyoto, 2006 in Nairobi, 2009 in Kopenhagen, 2015 in Paris, 2022 in Sharm El-Sheik und 2023 in Dubai statt.

Die wichtigsten Ergebnisse der Pariser Klimakonferenz (2015) waren:

- ✔ Begrenzung des Anstiegs der globalen Durchschnittstemperatur auf deutlich unter zwei Grad Celsius (möglichst unter 1,5 Grad Celsius) über dem vorindustriellen Niveau.
- ✔ Vorlage umfassender nationaler Aktionspläne.
- ✔ Berichterstattung über Fortschritte bei den Klimazielen.
- ✔ Industrieländer unterstützen die Entwicklungsländer finanziell. (Details hierzu sollten auf einer Folgekonferenz beschlossen werden.)

Die Pariser Klimakonferenz war deswegen ein großer Erfolg, weil die Staatengemeinschaft sich erstmals auf eine Begrenzung des Anstiegs der globalen Durchschnittstemperatur sowie auf eine finanzielle Unterstützung der Entwicklungsländer durch die Industrieländer geeinigt hatte.

Die Klimakonferenz 2022 in Sharm El Sheik war wiederum eine von vielen vorausgegangenen Konferenzen, auf denen kein wirklicher Durchbruch erzielt werden konnte. Es wurden keine neuen konkreten Maßnahmen verbindlich beschlossen.

Es wurde lediglich die Absicht zum Kohleausstieg bekräftigt, allerdings wurde keine Absicht zum Ausstieg aus Öl und Gas beschlossen. Die ölproduzierenden Staaten waren zu keinerlei Kompromiss bereit. Das in Paris beschlossene Ziel, die Erderwärmung möglichst auf 1,5 Grad Celsius im Vergleich zum vorindustriellen Zeitalter zu begrenzen, wurde bekräftigt. Die Forderung der Europäischen Union, der Höchststand der Treibhausgasemissionen müsse weltweit vor 2025 erreicht sein, wurde nicht in die Abschlusserklärung aufgenommen, da diese Forderung von der Mehrzahl der Staaten abgelehnt wurde.

Auf der im darauffolgenden Jahr 2023 veranstalteten Klimakonferenz von Dubai konnte wiederum ein sehr kleiner Durchbruch erzielt werden. Die Ergebnisse waren:

- ✔ Eine Abkehr von fossilen Energien (Kohle, Öl und Gas) wurde vereinbart, ein Bekenntnis zu einem »klaren Ausstieg« kommt im Abschlussdokument aber nicht vor.
- ✔ Die Kapazitäten erneuerbarer Energien sollen bis zum Jahr 2030 verdreifacht und die Energieeffizienz soll verdoppelt werden.
- ✔ Die Staaten des Globalen Südens können zukünftig mit Unterstützung rechnen, wenn sie von Klimaschäden wie Fluten, Dürren und Stürmen getroffen werden.
- ✔ Mehrere Staaten sicherten Gelder zu. Deutschland beteiligt sich an dem Fonds mit 100 Millionen US-Dollar, ebenso wie der Gastgeber der Konferenz, die Vereinigten Arabischen Emirate.
- ✔ Insgesamt konnte der Fonds letztlich mit etwa 800 Millionen US-Dollar ausgestattet werden.
- ✔ Das 1,5-Grad-Ziel wurde bekräftigt.

Wie langwierig es letztlich ist, auf den Klimakonferenzen konkrete Ergebnisse zu erzielen, zeigt die Ausstattung des Fonds zur Unterstützung der Entwicklungsländer, der bereits 2015 in Paris beschlossen wurde, aber erst 8 Jahre später verwirklicht werden konnte.

Klimawandel auf europäischer Ebene

Der Klimawandel ist ein globales Phänomen, das nur durch internationale Kooperation bewältigt werden kann. Nach dem Europäischen Klimagesetz müssen die EU-Länder die Netto-Treibhausgasemissionen bis 2030 um mindestens 55 Prozent senken. Ziel ist es, die EU bis 2050 klimaneutral zu machen.

European Green Deal

Der European Green Deal ist ein Konzept der EU mit dem Ziel, bis 2050 die Netto-Emissionen von Treibhausgasen auf Null zu reduzieren und damit als erster Kontinent klimaneutral zu werden. Das Konzept umfasst Maßnahmen in den Bereichen Finanzmarktregulierungen, Energieversorgung, Verkehr, Handel, Industrie sowie Land- und Forstwirtschaft.

Die bisherigen CO_2-Emissionen sollen im Vergleich zu 1990 bis 2030 nicht nur um 40 Prozent, wie es zuvor geplant war, sondern um 55 Prozent reduziert werden. Um dieses Ziel zu erreichen, sind von 2021 bis 2027 Finanzmittel im Umfang von 150 Milliarden Euro vorgesehen, die vor allem den Regionen zugutekommen sollen, die am stärksten vom Kohleausstieg betroffen sind.

Der European Green Deal ist ein wegweisendes Konzept, das allerdings aufgrund des Krieges von Russland gegen die Ukraine immer weiter ausgehöhlt werden wird.

Taxonomie-Verordnung

Taxonomie ist ein Klassifizierungssystem mit sechs Umweltzielen, das bereits 2020 in Kraft getreten ist. Die Verordnung enthält Bedingungen, wann eine Wirtschaftstätigkeit als ökologisch nachhaltig betrachtet wird und wann nicht.

Diese sechs Umweltziele sind:

- ✔ Bekämpfung des Klimawandels
- ✔ Anpassung an den Klimawandel
- ✔ Nachhaltige Nutzung und Schutz von Wasser- und Meeresressourcen
- ✔ Übergang zu einer Kreislaufwirtschaft
- ✔ Vermeidung und Verminderung der Umweltverschmutzung
- ✔ Schutz und Wiederherstellung der Biodiversität und der Ökosysteme

Die Taxonomie-Verordnung der EU soll dazu beitragen, in der ganzen Europäischen Union das Geld von institutionellen Anlegern in nachhaltige Tätigkeiten zu lenken. Wenn diese Anleger in die Lage versetzt werden, in nachhaltigere

Technologien und Unternehmen zu investieren, wird dies wesentlich zur Klimaneutralität Europas bis 2050 beitragen.

Als Taxonomie-konform gilt eine Aktivität dann, wenn sie einen wesentlichen Beitrag zum Erreichen von mindestens einem der sechs Ziele leistet und keines der anderen Ziele wesentlich beeinträchtigt.

Zudem muss die Aktivität internationalen Standards, zum Beispiel in Bezug auf Menschenrechte und Soziales, Genüge tun. In der Verordnung werden sowohl Gas-, als auch Atomkraftwerke als Taxonomie-konform bezeichnet. Diese Einordnung ist in der Fachwelt sehr umstritten, da Gaskraftwerke immer noch zu viele CO_2-Emissionen produzieren und Atomkraftwerke die Ökosysteme bei einer Kernschmelze extrem gefährden würden. An dieser Stelle muss man aber bedenken, dass Politik immer bedeutet, bei unterschiedlichen Meinungen einen Kompromiss mit dem kleinsten gemeinsamen Nenner zu suchen.

Die Nennung von Gas- und Atomkraftwerken in der Taxonomie-Verordnung, die im Übergang zur Klimaneutralität beitragen, ist ein solcher Kompromiss, der einerseits die Interessen von Deutschland wahrt, das vorübergehend auf Gaskraftwerke nicht verzichten möchte, um die Netzstabilität zu gewährleisten, und andererseits Rücksicht darauf nimmt, dass Atomkraftwerke in Frankreich den größten Anteil an der Stromproduktion haben.

Wegen dieses Kompromisses, der Gas- und Atomkraftwerke als ökologisch nachhaltig bezeichnet, haben Umweltverbände und der Staat Österreich Klage vor dem EuGH in Luxemburg eingereicht. Im September 2025 hat der EuGH die Klage abgewiesen und der Europäischen Kommission Recht gegeben.

Lieferkettengesetz

Ziel des Lieferkettengesetzes ist es, dass Unternehmen in der EU bestimmte Sorgfaltspflichten umsetzen, um negative Auswirkungen ihrer Geschäftstätigkeit auf die Menschenrechte und Umwelt in ihren Wertschöpfungsketten innerhalb und außerhalb Europas zu vermeiden. Der Industrie werden mit diesem Lieferkettengesetz die nachfolgenden Pflichten auferlegt:

- ✔ Ermittlung von menschenrechtlichen und umweltbezogenen Risiken in den Wertschöpfungsketten.
- ✔ Ergreifen von Präventions- und Abhilfemaßnahmen und unter Angemessenheit des Aufwandes darüber berichten.

- ✔ Die Sorgfaltspflichten beziehen sich sowohl auf die vorgelagerten (zum Beispiel Rohstoffabbau) als auch auf die nachgelagerten (zum Beispiel Transport, Vertrieb und Entsorgung) Wertschöpfungsketten.
- ✔ Große Unternehmen sind verpflichtet, einen Klimaplan zu erstellen, um die Unternehmensstrategie im Einklang mit dem 1,5-Grad-Ziel auszurichten und sich entsprechende Emissionsreduktionsziele zu setzen.
- ✔ Zur Durchsetzung des Gesetzes ist die Kombination von behördlicher Kontrolle, einschließlich Bußgeldern, und zivilrechtlicher Haftung vorgesehen.

Das EU-Lieferkettengesetz war lange Zeit umstritten. Sogar die Bundesregierung verweigerte zunächst die Zustimmung, obwohl Deutschland bereits seit 01. Januar 2023 ein nationales Lieferkettengesetz besitzt. Letztlich haben sich die Nationalstaaten auf einen Kompromiss geeinigt.

Der nun angenommene Gesetzentwurf sieht dabei weniger strenge Regeln vor als der ursprüngliche Entwurf.

Zunächst sollte das EU-Lieferkettengesetz bereits für Unternehmen ab 500 Beschäftigten mit einem globalen Umsatz von mehr als 150 Millionen Euro im Jahr gelten. Nach der Einigung der Nationalstaaten gilt der neue Entwurf nun für Unternehmen ab 1.000 Beschäftigten. Die jährliche Umsatzschwelle liegt bei 450 Millionen Euro. Auch die Möglichkeit einer zivilrechtlichen Haftung wurde abgeschwächt. Im April 2024 hat das EU-Parlament dem umstrittenen Gesetz zugestimmt.

Urteil des Europäischen Gerichtshofes für Menschenrechte

Im Verein Klima-Seniorinnen Schweiz haben sich Seniorinnen zusammengeschlossen, mit dem Ziel, die schweizerische Klimapolitik gerichtlich prüfen zu lassen. Auf ihre Klage urteilte der Europäische Gerichtshof für Menschenrechte (EGMR) am 9. April 2024, dass die Schweiz aufgrund von Versäumnissen ihrer Klimapolitik die Europäische Menschenrechtskonvention verletzt.

Damit wurde erstmals gerichtlich festgestellt, dass Klimaschutz ein Menschenrecht ist. Dieses wegweisende Urteil wird vermutlich in Zukunft noch weitere Verfahren gegen Länder nach sich ziehen, die ebenfalls nicht genügend unternehmen, um dem Klimawandel entgegenzuwirken. Dem EGMR unterstehen sämtliche europäische Staaten außer Russland, Belarus und der Vatikanstaat.

Klimaschutz ist in der Europäischen Union ein Menschenrecht.

Das European Emission Trading System

Mit den Verschärfungen in der Umweltgesetzgebung seit den sechziger Jahren sind die Schadstoffemissionen in Deutschland sehr stark zurückgegangen. Die Einführung von drastisch abgesenkten Grenzwerten zwang die Industrie dazu, immer aufwendigere Rückhaltemaßnahmen in der Abgasreinigung anzuwenden. Unterschiedliche technische Standards im Umfang der durchgeführten Rückhaltemaßnahmen führen auch heute noch zu Unterschieden in den regionalen Luftqualitäten. Luftverschmutzung macht aber nicht vor Grenzen halt. Daher wurde bereits vor einigen Jahren der sogenannte Emissionshandel eingeführt, mit dem Ziel, die Emissionen von Treibhausgasen zurückzudrängen.

Mit dem European Union Emission Trading System (EU ETS) existiert seit 2005 auf europäischer Ebene ein Emissionshandelssystem mit einer fortlaufend verringerten Obergrenze an verfügbaren Zertifikaten. In den vom ETS erfassten Sektoren (Strom- und Wärmeerzeugung, Eisen- und Stahlverhüttung, Zement- und Kalkherstellung und gewerbliche Luftfahrt) konnten die Emissionen im Zeitraum 2005 bis 2019 um rund 35 Prozent reduziert werden. Allerdings umfasste der europäische Emissionshandel bislang nur einen Teil aller Treibhausgasemissionen und Emittenten.

Im Jahr 2019 verabschiedete die Bundesregierung das Brennstoffemissionshandelsgesetz (BEHG). Seitdem erstreckt sich der Emissionshandel nunmehr auch auf die vom EU ETS bisher nicht erfassten Bereiche Wärme und Verkehr. Unternehmen, die Brennstoffe (Heiz- und Kraftstoffe) in den Verkehr bringen, sind verpflichtet, Emissionszertifikate in entsprechender Höhe zu erwerben. Für die Einführungsphase hat der Gesetzgeber dabei ein Festpreissystem vorgesehen. Mit einem ansteigenden, aber verlässlichen Preispfad sollen Bürger und Wirtschaft sich schrittweise auf diese Entwicklung einstellen können. Gleichzeitig wird eine Handelsplattform aufgebaut, die eine Auktionierung der Zertifikate und den Handel mit diesen Zertifikaten ermöglicht. Während ein Emissionszertifikat im Jahr 2021 25 Euro kostete, müssen die Unternehmen im Jahr 2025 pro Zertifikat bereits 55 Euro aufwenden. Ab 2026 soll sich der Zertifikatspreis grundsätzlich am Markt bilden, wobei zunächst ein Preiskorridor von 55 bis 65 Euro pro Emissionszertifikat vorgesehen ist.

Ein Teil der Einnahmen aus dem nationalen Emissionshandel soll zur Absenkung der EEG-Umlage eingesetzt werden. Mit der EEG-Umlage wird der Ausbau der

Erneuerbaren Energien finanziert. Betreiber von Erneuerbare-Energien-Anlagen, die Strom in das Netz der öffentlichen Versorgung einspeisen, erhalten dafür eine festgelegte Vergütung. Damit wurden die Erneuerbaren Energien gegenüber der Energieerzeugung mit fossilen Rohstoffen wettbewerbsfähig gehalten. Mit der Absenkung der EEG-Umlage wird der Strompreis im Interesse der Bürgerinnen und Bürger sowie der Industrie sinken.

Bisherige Meilensteine in der internationalen Klimapolitik sind:

- ✔ Gründung des Intergovernmental Panel on Climate Change (IPCC)
- ✔ Jährlich stattfindende UN-Klimakonferenzen (zum Beispiel in Paris 2015)
- ✔ Verabschiedung des European Green Deal
- ✔ Verabschiedung der Taxonomie-Verordnung
- ✔ Verabschiedung des Lieferkettengesetzes
- ✔ Schaffung des European Emission Trading System (EU-ETS)

IN DIESEM KAPITEL

Klimarelevante Bundesgesetze

Klimaschädliche Subventionen

Rolle des Umweltbundesamtes

Die bayerische Ebene

Die Aktivitäten von katholischer und evangelischer Kirche

Kapitel 10
Klimawandel auf Bundesebene

Die Bundesregierung hatte im Jahr 2016 einen Klimaschutzplan 2050 beschlossen. Dieser Klimaschutzplan ist eine langfristige Strategie, wie der deutsche Beitrag aussehen könnte, um den Anstieg der globalen Durchschnittstemperatur auf deutlich unter zwei Grad Celsius (möglichst unter 1,5 Grad Celsius) über dem vorindustriellen Niveau, dem Ziel der Pariser Klimakonferenz 2015, zu begrenzen. In diesem Klimaschutzplan sind Ziele und Maßnahmen in sieben Bereichen vorgesehen. Diese Bereiche sind: Energiewirtschaft, Gebäudebereich, Mobilität, Industrie, Landwirtschaft, Landnutzung und »übergreifend«.

Klimaschutzgesetz

Auf diesem Klimaschutzplan aufbauend hat die Bundesregierung 2019 ein Klimaschutzgesetz (KSG) auf den Weg gebracht, gegen das die Deutsche Umwelthilfe Klage beim Bundesverfassungsgericht eingereicht hatte und dort 2021 Recht bekam. Das damalige Gesetz war in Teilen verfassungswidrig, weil durch eine zu unkonkrete Festlegung von Zielen und Maßnahmen die junge Generation zu sehr benachteiligt worden wäre. Bereits zwei Monate nach dem Beschluss des Bundesverfassungsgerichts wurde das Klimaschutzgesetz novelliert. Nachdem im Jahr 2023 absehbar war, dass die Bereiche Gebäude und Mobilität die gesetzten Einsparziele weit verfehlen werden, beschloss die Ampel-Koalitionsrunde, die verbindlichen Einsparziele für die einzelnen Bereiche aufzugeben und stattdessen nur noch die Summe aller Bereich zu betrachten. Somit darf ein einzelner Bereich das Klimaziel verfehlen, wenn ein anderer Bereich ausgleichen kann. Der Expertenrat der Bundesregierung hat die geplante Gesetzesänderung auf einer Pressekonferenz im April 2023 scharf kritisiert, da mit dieser Änderung der Druck auf einzelne Ministerinnen und Minister, Einsparungen in ihrem Bereich vorzunehmen, nicht mehr gegeben sei. Die Bundesregierung hat jedoch die Neufassung des Klimaschutzgesetzes im Februar 2024 auf den Weg gebracht und das neue, umfassende Klimaschutzprogramm vorgelegt. Das langfristige Ziel in diesem neugefassten Klimaschutzgesetz, die Treibhausgasemissionen zu vermindern, bleibt unverändert: Bis zum Jahr 2030 sollen die Treibhausgasemissionen um 65 Prozent und bis zum Jahr 2040 um 88 Prozent gemindert werden.

Bis zum Jahr 2045 soll Deutschland treibhausgasneutral sein.

Gegen diese Neufassung des Klimaschutzgesetzes haben nunmehr Greenpeace, Germanwatch und 54.000 unterstützende Bürger eine Sammelklage beim Bundesverfassungsgericht eingereicht. Eine Entscheidung steht noch aus. Wenn auch für das Jahr 2024 die Klimaziele in Summe erreicht worden sind, verfehlen nach wie vor der Gebäudebereich und die Mobilität die angestrebten Einsparziele bei Weitem.

Gebäudeenergiegesetz

Nach langen Diskussionen innerhalb der Koalitionsregierung und auch einer ablehnenden Haltung in großen Teilen der Bevölkerung ist das Gebäudeenergiegesetz (GEG), häufig fälschlicherweise als »Heizungsgesetz« bezeichnet, am 01.01.2024 in Kraft getreten. Dieses Gesetz stellt einen wichtigen Schritt zum Erreichen der Klimaneutralität dar. Gebäude sind aktuell verantwortlich für ungefähr 115 Millionen Tonnen des Treibhausgases Kohlendioxid im Jahr. Diese Emissionen müssten um mehr als 40 Prozent reduziert werden, um die Klimaschutzziele bis 2030 zu erreichen und um weniger abhängig von Energie-Importen zu werden. Das Gebäudeenergiegesetz legt energetische Anforderungen an beheizte oder klimatisierte Gebäude fest. Es enthält Vorgaben zur Heizungs- und Klimatechnik sowie zum Wärmedämmstandard und Hitzeschutz von Gebäuden.

Dieses Gesetz ist in der öffentlichen Debatte durch viele Falschdarstellungen und Übertreibungen in Verruf geraten, obwohl das Heizen von Gebäuden mittels Wärmepumpe ein durchaus effizienter Weg ist, die klimaneutrale Wärmeversorgung von Ein- und Mehrfamilienhäusern großflächig sicher zu stellen.

Die energetischen Mindestanforderungen an Neubauten sind etwas geringer als in der zuvor geltenden Energieeinsparverordnung (EnEV). Eigentümer von Bestandsgebäuden müssen bestimmte Nachrüst- und Austauschpflichten erfüllen (siehe Wärmeplanungsgesetz). Beim Neubau gibt das GEG bestimmte Anteile an regenerativen Energien vor, die das Gebäude zum Heizen oder auch Kühlen verwenden muss.

Wärmeplanungsgesetz

Gemeinsam mit dem GEG trat auch das Wärmeplanungsgesetz (WPG) in Kraft. Die Wärmeplanung soll flächendeckend eingeführt werden. Für Gemeinden bis 10.000 Einwohner soll ein vereinfachtes Verfahren zur Verfügung gestellt werden. Das Gesetz enthält Einführungsfristen, die nach der Größe der Kommune gestaffelt sind. Für Gemeindegebiete mit mehr als 100.000 Einwohnern bis 30.06.2026, für alle anderen Gemeindegebiete spätestens bis zum 30.06.2028.

Es wird die mögliche Einführung der Kategorie »Wasserstoffnetzgebiet« als mögliches Wärmeversorgungsgebiet eingeführt. Zudem enthält das Gesetz Dekarbonisierungsvorgaben für Wärmenetze. Bestehende Wärmenetze müssen bis 2030 zu 30 Prozent und bis 2040 zu 80 Prozent mit erneuerbaren Energien betrieben werden.

Eine flächendeckende, klimaneutrale Wärmeversorgung muss bis 31.12.2044 realisiert sein.

Klimaanpassungsgesetz

Das Klimaanpassungsgesetz (KAnG) trat am 01.07.2024 in Kraft. Es ist ein verbindlicher Rahmen für die Klimaanpassung in Bund, Ländern und Gemeinden. Die Bundesregierung entwickelte eine vorsorgende Klimaanpassungsstrategie mit messbaren Zielen, die regelmäßig aktualisiert und fortlaufend umgesetzt werden. Das Erreichen dieser Ziele wird mithilfe eines regelmäßigen Monitorings überprüft. Die Bundesländer tragen Sorge, dass lokale Klimaanpassungskonzepte auf der Grundlage von Risikoanalysen aufgestellt werden. Die Bundesländer berichten regelmäßig dem Bund, in welchem Umfang in den Gemeinden und Kreisen entsprechende Konzepte vorliegen. Der Bund unterstützt die Bundesländer und Kommunen durch Beratung und Finanzierung.

Das KAnG gründet sich auf drei Säulen, nämlich der Maßnahmenplanung, der integrierten Klimaanpassung und den informationsbezogenen Ansätzen. Es entspricht damit im Wesentlichen den rechtlichen Vorgaben im Bereich des Klimaschutzes, die bereits in der Gesetzgebung existieren.

Die Maßnahmenplanung beinhaltet Vorhaben, die zu einer stärkeren Resilienz führen. Das können Maßnahmen der Stadtplanung, des Hochwasserschutzes oder der Landnutzung sein. Die integrierte Klimaanpassung meint, dass Träger öffentlicher Aufgaben die Klimaanpassung bei neuen Projekten immer mitdenken müssen.

Informationsbezogene Ansätze bedeutet, dass die Klimaanpassungsstrategien auf einer soliden Datengrundlage, zum Beispiel konkreten Klimarisikoanalysen, beruhen müssen.

Klima- und Transformationsfonds

Der Klima- und Transformationsfonds (KTF) der Bundesregierung ist ein im Jahr 2021 eingerichtetes Sondervermögen, das mit Einnahmen aus den auf ihn entfallenden Anteilen aus Erlösen des Europäischen Emissionshandels sowie der CO_2-Bepreisung im Rahmen des nationalen Emissionshandels (CO_2-Abgabe, die die Endverbraucher von fossilen Energieträgern zahlen müssen) gespeist wird. Eine Zuweisung aus dem Bundeshaushalt ist im gesamten Finanzplanungszeitraum nicht vorgesehen. Von 2024 bis 2027 sollen insgesamt circa 212 Milliarden Euro zur Verfügung stehen. Mit der Änderung des Grundgesetzes Mitte März 2025 durch den noch amtierenden Bundestag wurde der Klima- und Transformationsfonds um weitere 100 Milliarden Euro aufgestockt.

Mit der Einführung des Klima- und Transformationsfonds‘ wurde die Höhe der CO_2-Abgabe auf 25 Euro je Tonne ausgestoßenen Kohlendioxids festgelegt. Diese Abgabe ist zusätzlich zu der jeweiligen Kraftstoffsteuer zu entrichten, die die Mineralölkonzerne an die Endkunden weitergeben werden. Diese Abgabe erhöhte sich in 2022 auf 30 Euro je Tonne CO_2. Im Jahr 2023 wurde eine weitere geplante Erhöhung wegen der befürchteten Energiekrise durch den Ukraine-Krieg ausgesetzt. Im Jahr 2024 beträgt die Abgabe 45 Euro je Tonne CO_2, im Jahr 2025 steigt die Abgabe auf 55 Euro je Tonne CO_2 und im Jahr 2026 soll sie auf einen Betrag zwischen 55 und 65 Euro je Tonne CO_2 steigen. Ab 2027 soll die Höhe der CO_2-Abgabe durch den Emissionshandel, also durch die freie Marktwirtschaft bestimmt werden. Wie hoch der Preis dann sein wird, ist nicht vorhersagbar, er könnte aber durchaus in der Größenordnung von 100 Euro je Tonne CO_2 liegen. Diese zunehmende Erhöhung der CO_2-Abgabe verteuerte anfänglich den Liter Kraftstoff um circa fünf Cent und könnte bis zum Jahr 2026 den Literpreis um circa 20 Cent ansteigen lassen. Damit soll die kontinuierlich steigende CO_2-Abgabe zu einer weiteren Dekarbonisierung in der Wirtschaft beitragen.

Aus dem Klima- und Transformationsfonds werden Großprojekte der Bundesregierung finanziert. Dazu gehören die energetische Gebäudesanierung, die Dekarbonisierung der Industrie, der Ausbau der Erneuerbaren Energien, die Elektromobilität und die Ladeinfrastruktur sowie der Aufbau der Wasserstoffwirtschaft und die Förderung der Halbleiterproduktion.

Von Beginn an war geplant, die Verbraucher wegen der höheren Energiekosten zu entlasten. Für Arbeitnehmer, die zum Erreichen ihrer Arbeitsstelle auf Mobilität angewiesen sind, wurde die Pendlerpauschale im Steuerrecht erhöht. Zudem sollte ein Klimageld für Geringverdienende eingeführt werden, da Geringverdienende unter den erhöhten Treibstoffkosten stärker leiden als Besserverdienende. Die Bundesregierung beabsichtigte, in einem Nachtragshaushalt 2021 nicht benötigte Kreditermächtigungen zur Bewältigung der Corona-Pandemie (60 Milliarden Euro) in den Klima- und Transformationsfonds zu verlagern.

Nachdem das Bundesverfassungsgericht (BVerfGE) im November 2023 diese Umwidmung für verfassungswidrig erklärt hatte, fehlen dem Bund erhebliche Mittel, um bisher geplante Förderungen im Klimasektor zu bedienen.

Dieser Notlage im Klima- und Transformationsfonds fiel zum Beispiel die weitere Förderung zum Kauf von Elektrokraftfahrzeugen zum Opfer. Aus demselben Grund wird das geplante Klimageld auf absehbare Zeit nicht ausgezahlt werden können.

Fehlgeleitete Subventionen

Im Verkehrssektor werden seit vielen Jahren Steuersubventionen geleistet, die den Staat nicht nur sehr viel Geld kosten, sondern zudem die Emission von Kohlendioxid fördern und damit das Klima schädigen. Diese verfehlte Subventionspolitik belohnt ein klimaschädliches Verhalten und begünstigt außerdem überwiegend besser bezahlte Beschäftigte, bringt aber den Geringverdienern kaum Vorteile. Es handelt sich um das Dieselsteuerprivileg, das Dienstwagenprivileg, die Pendlerpauschale sowie die Kerosinsteuer.

Die unterschiedliche Besteuerung von Diesel und Benzin hat vor allem wirtschaftliche Gründe. Nutzfahrzeuge und der gewerbliche Güterverkehr sollten gegenüber der Konkurrenz aus dem europäischen Ausland bevorteilt werden. Zurzeit liegt die Steuer auf Dieselkraftstoff beinahe 20 Cent pro Liter Kraftstoff niedriger als die Steuer auf Benzin. Dieselkraftstoff, der in der Landwirtschaft verwendet wird (Agrardiesel), wird nochmals um circa 20 Cent pro Liter Kraftstoff geringer besteuert als herkömmlicher Dieselkraftstoff.

Das funktionierte jahrelang sogar so gut, dass in Deutschland und Europa ein regelrechter Diesel-Hype ausgelöst wurde. Die Diesel-Zulassungszahlen bei PKW lagen vor 20 Jahren in Deutschland bei circa 40 Prozent, in den USA und in Japan aber nur zwischen ein und zwei Prozent.

Die Abschaffung des Dieselsteuerprivilegs könnte dem Bundeshaushalt pro Jahr Mehreinnahmen von circa 10 Milliarden Euro bescheren. Wie stark aber der Widerstand gegen die Abschaffung von Subventionen sein kann, haben die Proteste der Landwirte in Deutschland gegen das Auslaufen der Subventionen von Agrardiesel zu Beginn des Jahres 2024 gezeigt.

Beim Dienstwagenprivileg ist die pauschale Besteuerung des geldwerten Vorteils privat genutzter Dienstwagen auf ein Prozent festgelegt, wonach monatlich pauschal ein Prozent des Bruttolistenpreises des PKW für die private Nutzung besteuert werden. Diese Ein-Prozent-Regel führt zu einer viel zu niedrigen Besteuerung des geldwerten Vorteils und damit finanziert die Allgemeinheit die private Mitnutzung eines Dienstwagens mit. Das Dienstwagenprivileg begünstigt vor allem Haushalte mit hohem Einkommen, denn nur diesen wird der Arbeitgeber in der Regel einen Dienstwagen zur privaten Mitnutzung zur Verfügung stellen. Erwerbstätige mit geringem oder mittlerem Einkommen kommen selten in den Genuss eines derartigen Vorteils. Die dem Staat entgangenen Steuern durch das Dienstwagenprivileg summieren sich pro Jahr auf einen Betrag von circa sechs Milliarden Euro.

Die Pendlerpauschale ist Teil der Werbungskosten, mit der ein Beschäftigter in der Steuererklärung die tatsächliche Steuerlast reduzieren kann. Geringverdienende haben häufig einen geringeren Arbeitsweg als Besserverdienende und überschreiten daher häufig überhaupt nicht die im Steuerrecht zugestandene Werbungskostenpauschale. Die Pendlerpauschale hat auf diese Arbeitnehmergruppe überhaupt keine Auswirkung. Besserverdienende mit einem längeren Arbeitsweg überschreiten häufig die Werbungskostenpauschale und können daher mit jedem zusätzlichen Entfernungskilometer ihre Steuerlast verringern. Die

Abschaffung der Entfernungspauschale könnte für den Staat jährliche Mehreinnahmen von circa fünf Milliarden Euro generieren.

Die Agora Verkehrswende, eine gemeinnützige GmbH, deren Gesellschafter die Stiftung Mercator sowie die European Climate Foundation sind, schlägt vor, die Pendlerpauschale durch ein Mobilitätsgeld zu ersetzen, das einkommensunabhängig ausgezahlt wird. Damit würden Erwerbstätige mit niedrigem Verdienst stärker entlastet und Erwerbstätige mit hohem Verdienst stärker belastet. Zudem sollten aber auch klimafreundlichere Verkehrsmittel wie Bus, Bahn und Fahrrad bessergestellt werden als das Auto.

Das Abkommen über die internationale Zivilluftfahrt von 1944 sieht grundsätzlich eine Steuerbefreiung von Treibstoffen im internationalen Flugverkehr vor. Die Nationalstaaten können für jeden Start und jede Landung Flughafengebühren erheben. Zudem wäre es möglich, im innerdeutschen Luftverkehr eine Kerosinsteuer einzuführen. Auf diese wird jedoch aus Wettbewerbsgründen verzichtet, weil kein anderes europäisches Land außer Norwegen diese Steuer erhebt. Würde Deutschland den maximal zulässigen EU-Steuersatz für Kerosin ausschöpfen, könnte mit zusätzlichen Steuereinnahmen von circa 300 bis 600 Millionen Euro gerechnet werden.

Diese zuvor beschriebenen vier Steuersubventionen belohnen ein klimaschädigendes Verhalten. Es müsste aber im Sinne des Gesetzgebers ein klimaschädigendes Verhalten bestraft werden. Hinzu kommt, dass einkommensstarke Haushalte am meisten von diesen Steuersubventionen profitieren, während einkommensschwache Haushalte diese Privilegien kaum nutzen können. Insgesamt wird über diese vier Subventionen mehr Geld an die Steuerzahler ausgereicht, als der Staat durch den CO_2-Preis im nationalen Emissionshandel einnimmt.

Einer solchen Fehlentwicklung muss dringend entgegengesteuert werden, und zwar national oder EU-weit, wo dies möglich ist. Besonders eklatant ist die nicht vereinnahmte Kerosinsteuer, da Inlandsflüge in Deutschland wegen der zu geringen Zeitersparnis in der Regel nicht sinnvoll sind. Wer diesen Luxus nutzen möchte, kann es sich leisten, einen gewissen Steueranteil aufzubringen.

Wie wichtig es ist, beim Erhalt einer intakten Umwelt auf Fehlanreize durch Subventionen zu achten, hat bereits vor circa 40 Jahren der Generalsekretär der Brundtland-Kommission, James MacNeill, erkannt. In seinem Buch »Das Quark und der Jaguar« zitiert der Physik-Nobelpreisträger Murray Gell-Mann die Erkenntnis von MacNeill: »Um abzuschätzen, was mit der Umwelt passiert, müsse man sich gar nicht so sehr die Tätigkeit des Umweltministeriums, sondern eher die des Finanzministeriums und den Haushalt ansehen. Dort können schädliche

Subventionen aufgespürt und manchmal, obgleich unter großen politischen Schwierigkeiten, abgeschafft werden« (Murray Gell-Mann, Das Quark und der Jaguar, 1994). Diese Beobachtung gilt auch heute noch uneingeschränkt.

Empfehlungen des Umweltbundesamtes

Das Klimaschutzinstrumente-Szenario 2030 (KIS-2030) zur Erreichung der Klimaschutzziele 2030 des Umweltbundesamts (UBA) zeigt auf, mit welchen konkreten Instrumenten – wie zum Beispiel Preisinstrumenten, Förderprogrammen sowie neuen und verschärften gesetzlichen Regelungen – die einzelnen Sektoren ihre jährlichen Einsparziele bis zum Jahr 2030 erreichen können.

Im Verkehrs- und Gebäudesektor sind deutlich größere Anstrengungen notwendig, um die Treibhausgasemissionen in den kommenden Jahren signifikant zu reduzieren. Diese beiden Sektoren haben in den letzten Jahren die Klimaschutzziele regelmäßig weit verfehlt.

Im Verkehrssektor müssen die bisherigen überwiegend ökonomischen Instrumente durch einen umfassenden Ausbau des Schienenverkehrs und einer Stärkung des ÖPNV ergänzt werden. Fördermaßnahmen für Elektrofahrzeuge sollten wieder aufgenommen, das Dieselsteuerprivileg abgeschafft und eine Umgestaltung der Besteuerung von Dienstwagen vorgenommen werden.

Förderprogramme im Gebäudebereich zum Heizungsaustausch und zur energetischen Sanierung der Gebäudehülle sollten verlängert und den möglichen Investoren langfristige Garantien über die staatliche Förderung gegeben werden.

Im Industriesektor sollten Förderprogramme für CO_2-arme und -freie Technologien aufgestockt werden, wobei diese so ausgestaltet sein müssen, dass sie nicht durch falsch gesetzte Rahmenbedingungen oder Fehlanreize wiederum zu negativen Umwelteffekten führen. In der Industrie werden die von der EU festgelegten höheren Zertifikatspreise für CO_2-Verschmutzungsrechte (EU-Emissionshandel) eine deutliche Wirkung entfalten, weil durch diese zusätzlichen Kosten die Kosten für erneuerbare Energieträger vergleichsweise sinken. Damit wird in der Industrie der Anreiz zum Austausch der Technologien auf Basis fossiler Energieträger durch Technologien auf Basis erneuerbarer Energien gefördert werden.

Im Energiesektor müssen Windkraft und Photovoltaik zur Erreichung der Dekarbonisierung sehr viel schneller als bisher ausgebaut werden, auch im Hinblick darauf, dass der Kohleausstieg bis 2030 erreicht sein soll. Öffentliche Eigentümer von nicht genutzten Flächen müssen zur Überlassung der Flächen zur Energiegewinnung verpflichtet werden.

In der Landwirtschaft erzielt die Verminderung der Stickstoffdüngung einen sehr großen Einfluss auf die Reduzierung der Lachgas-Emissionen. Die Instrumente zur Verminderung des Stickstoffeintrags sind Vorgaben in der Düngeverordnung (DüV), Förderung des Ökolandbaus und der ökologischen Tierhaltung sowie Änderungen in den Agrarsubventionen. Die Förderung der Wiedervernässung von landwirtschaftlich genutzter Moore würde die natürliche Aufnahmefähigkeit von Kohlendioxid beträchtlich steigern. Auf der Konsumseite würde eine kurzfristige Erhöhung der Mehrwertsteuer auf tierische Produkte und eine langfristige Bepreisung von Treibhausgasen bei Lebensmitteln den erhöhten Förderbedarf des Bundes zum Teil gegenfinanzieren.

Im Abfallsektor müssen Deponiebelüftungen zur Reduktion der Methanemissionen ausgeweitet werden. Hierzu muss ein Förderprogramm weiter ausgestaltet werden. Abfallvermeidung, insbesondere die Vermeidung von Lebensmittelabfällen, birgt ein zusätzliches Emissionsminderungspotenzial.

Im Bereich der Landnutzung sollten humusmehrende Bewirtschaftungsmaßnahmen, der Moorbodenschutz mit Beendigung des Torfabbaus sowie die Aufforstung von nicht mehr genutzten Ackerflächen in den Fokus genommen werden.

Zudem sollte die Netto-Neuinanspruchnahme von Siedlungsflächen drastisch reduziert werden, um der Versiegelung von naturnahen Flächen entgegenzuwirken.

Klimawandel auf bayerischer Ebene

Das bayerische Klimaschutzgesetz trat am 01.01.2021 in Kraft. Die deutsche Umwelthilfe (DUH) reichte vor dem Bayerischen Verwaltungsgerichtshof eine Popularklage ein, mit der die Klägerin die Aufstellung eines im bayerischen Klimaschutzgesetz vorgesehenen, aber noch nicht vorliegendem Klimaschutzprogrammes, begehrte. In einem solchen Klimaschutzprogramm müssen Maßnahmen enthalten sein, wie die Klimaschutzziele erreicht werden sollen.

Nachdem die Bayerische Staatsregierung ein überarbeitetes Landesklimaschutzgesetz sowie ein Klimaschutzprogramm vorlegte, zog die DUH ihre Klage zurück. Im bayerischen Klimaschutzprogramm ist festgehalten, dass der Ausstoß klimaschädlicher Gase bis 2030 um 65 Prozent reduziert werden und Bayern bis 2040 klimaneutral sein soll.

Dieses Ziel ist sehr ambitioniert – die Klimaneutralität in Bayern soll damit zehn Jahre vor Erreichen der Klimaneutralität in Europa und fünf Jahre vor der Klimaneutralität in Deutschland erreicht sein.

Wie ambitioniert das Vorhaben der Bayerischen Staatsregierung tatsächlich ist, zeigt eine Berechnung zur Erfolgskontrolle des Bayerischen Klimaschutzgesetzes durch den Verband der Bayerischen Energie- und Wasserwirtschaft e.V. (VBEW), die dieser am 22.07.2022 vorlegte (siehe Tabelle 10.1). Zur Erreichung des Zieles klimaneutrales Bayern bis 2040 sind jährlich die in dieser Tabelle aufgeführten Maßnahmen notwendig.

Maßnahme	SOLL	IST	Zielerreichung (%)
Zubau Photovoltaik	3.260 MW	1.300 MW	40
Zubau Windkraft	530 MW	25 MW	5
Sanierung/Einbau Heizungsanlagen	118.000	60.000	50
Sanierung Wohngebäude	65.000	27.000	40
Installation Großbatteriespeicher	835 MWh	14 MWh	2
Installation Großelektrolyseure	125	0	0
Zulassung nachhaltiger Fahrzeuge	447.000	56.000	13
Neue/ertüchtigte Umspannwerke	55	9	16

Tabelle 10.1: Maßnahmen zum Erreichen der Klimaneutralität in Bayern

Die IST-Zahlen in dieser Tabelle stammen aus dem Jahr 2021. Die SOLL-Zahlen sind jährlich zu erreichen, das bedeutet: Können die Zahlen in einem Jahr nicht erreicht werden, müssen die SOLL-Zahlen in den folgenden Jahren ausgeglichen werden. Somit wird jede Zielverfehlung in einem Jahr umso schwieriger wieder aufzuholen.

In dieser Berechnung beträgt die höchste Zielerreichung gerade mal 50 Prozent bei Sanierung/Einbau von Heizungsanlagen, gefolgt von 40 Prozent beim Zubau von Photovoltaik und ebenso 40 Prozent bei der Sanierung von Wohngebäuden.

Der Neubau oder die Ertüchtigung von Umspannwerken erreicht nur 16 Prozent und die Zulassung nachhaltiger Fahrzeuge 13 Prozent. Katastrophal ist die Situation beim Zubau von Windkraftanlagen (fünf Prozent), der in den vergangenen Jahren durch die Aufstellung von Abstandsregeln für neue Anlagen zur Wohnbebauung (10-H-Regel) ausgehebelt wurde. Bei der Installation von Großbatteriespeichern (zwei Prozent), die die Grundlastfähigkeit von Photovoltaik und Windkraft herstellen soll, und bei der Installation von Großelektrolyseuren (Null Prozent), die zum Einstieg in eine Wasserstofftechnologie benötigt werden, ist die Ausgangssituation ebenfalls verheerend.

Aus dieser Auflistung wird deutlich, wie weit Bayern noch entfernt ist von der Klimaneutralität.

Klimawandel in katholischer und evangelischer Kirche

Zwischenzeitlich wird der Klimawandel nicht nur von Wissenschaft, Politik und allgemeiner Zivilgesellschaft als Bedrohung für die weitere Entwicklung der Menschheit angesehen, sondern auch von der Katholischen Kirche. Papst Franziskus stellte im Jahr 2015 die Enzyklika Laudato Si – über die Sorge für das gemeinsame Haus – vor.

In dieser Enzyklika kritisiert Papst Franziskus die aktuelle Lebensweise der Menschheit, die er als »selbstmörderisch« bezeichnet und den Schutz des Klimas als unverzichtbaren Beitrag zur Wahrung der Schöpfung einfordert. Niemals zuvor sei die Menschheit mit der Umwelt derart sorglos und zerstörerisch umgegangen, wie im 19. und 20. Jahrhundert. Franziskus sieht die Gegenwart als eine umfassende sozio-ökologisch-ökonomische Krise, in der Umweltschutz, Armutsbekämpfung und der Einsatz für die Menschenwürde oberstes Ziel eines Christen sein müssten. Der Papst zählt die Missstände auf, die das friedliche Zusammenleben der Menschheit gefährden:

- ✔ Umweltverschmutzung und Klimawandel,
- ✔ die teils eingeschränkte Verfügbarkeit von sauberem Wasser,
- ✔ der Rückgang der biologischen Artenvielfalt,
- ✔ die allgemeine Verschlechterung der Lebensqualität,
- ✔ die weltweiten sozialen und generationenübergreifenden Ungerechtigkeiten und
- ✔ die Egoismen von Führungseliten, die den Weltfrieden immer wieder ins Wanken bringen.

Franziskus stützte sich in der Enzyklika auf den neuesten Stand der Klimaforschung und leitete daraus Handlungsgebote aus der katholischen Ethik ab.

Obwohl, wie bisher gezeigt, ein breiter Konsens in Wissenschaft, Politik und Zivilgesellschaft existiert, dass Umwelt und Klima eine notwendige Voraussetzung für ein gutes Zusammenleben sind, geschieht viel zu wenig, um dem galoppierenden Klimawandel entgegenzuwirken.

Im Jahr 2023 verlangten mehr als 80 Entscheidungsträger der Katholischen Kirche im Papier »Wir sind bereit« von der Bundesregierung und den Landesregierungen mehr Klimaschutz. Sie warnten davor, dass das Thema nicht ernst genug genommen werde, und forderten die Gesellschaft dazu auf, die »Klimaschutzbremse« müsse gelockert werden. In diesem Papier heißt es: »Verstoßen wir weiter gegen die planetaren Grenzen, nützen wir weiter fossile Energien, versuchen wir weiter, Sachauseinandersetzungen mit Populismus und Ablenkung zu lösen? Oder stellen wir die Wahrheit von Problemursachen, die Umsetzung von Lösungen in das Zentrum unserer Auseinandersetzung?« (Schrörs, 2023).

Zu den Unterzeichnenden gehören Georg Bätzing, Vorsitzender der Katholischen Deutschen Bischofskonferenz (KDB), der Kölner Kardinal Woelki sowie der Umweltbischof Rolf Lohmann.

Mit einer Klimaschutzrichtlinie hat die Evangelische Kirche in Deutschland (EKD) einen Weg zu einer klimaneutralen Kirche geebnet. Die Richtlinie beschreibt einen Standard für den kirchlichen Klimaschutz, an dem künftig die rechtlichen Regelungen der Landeskirchen gemessen werden können. Auf dieser Grundlage senken bereits zahlreiche Landeskirchen in der EKD ihre Treibhausgasemissionen radikal. Strategien zur Energieeffizienz werden entwickelt, der Gebäudebestand wird kritisch analysiert, Energieeinsparmaßnahmen werden umgesetzt und die Energieversorgung auf erneuerbare Energien umgestellt. Das kirchliche Umweltmanagement »Der Grüne Hahn« beziehungsweise »Der Grüne Gockel« ist dabei ein wichtiges Instrument. Auch die kirchliche Mobilität wird hierbei auf den Prüfstand gestellt.

Wichtige Aktivitäten zum Klimaschutz auf Bundesebene sind:

- ✔ Aufstellung des Klimaschutzplan 2050
- ✔ Verabschiedung des Klimaschutzgesetzes (KSG)
- ✔ Verabschiedung des Gebäudeenergiegesetzes (GEG)
- ✔ Verabschiedung des Wärmeplanungsgesetzes (WPG)
- ✔ Verabschiedung des Klimaanpassungsgesetzes (KAnG)
- ✔ Schaffung des Klima- und Transformationsfonds (KTF)

Randbedingungen für Erfolg von Klimaschutzmaßnahmen sind:

- ✔ Fehlgeleitete Subventionen der Bundesregierung korrigieren
- ✔ Empfehlungen des Umweltbundesamtes

Neben den Aktivitäten zum Klimaschutz auf Bundesebene sind in diesem Kapitel beispielhaft die Aktivitäten eines Bundeslandes (hier die der Bayerischen Staatsregierung) und der katholischen und der evangelischen Kirche aufgeführt. Die bisherigen Aktivitäten zum Klimaschutz auf Bundes- und Landesebene sowie innerhalb der katholischen und evangelischen Kirche müssen mit allem Nachdruck weiterverfolgt werden.

IN DIESEM KAPITEL

Übergeordnete Leitsätze zum Klimaschutz

Handlungsempfehlungen zur Energiegewinnung

Handlungsempfehlungen für Gebäude und Wärme

Handlungsempfehlungen zur Mobilität

Handlungsempfehlungen zur Ernährung

Handlungsempfehlungen zu den Instrumenten der Transformation

Kapitel 11
Ergebnisse des Bürgerrates Klima

Die Politik ist häufig mit einem Ringen um Kompromisse beschäftigt, insbesondere, wenn die Politik von einer Koalitionsregierung gestaltet wird. Da die Politik daher nicht immer das umsetzen kann, was eigentlich notwendig wäre, wird bei der Zusammenstellung von möglichen Maßnahmen, die die Folgen des Klimawandels mildern könnten, auch das Gutachten des Bürgerrates Klima herangezogen.

Bürgerräte sind Gremien von zufällig per Los bestimmten Mitgliedern aus der Bevölkerung, die unter professioneller Anleitung von Experten des jeweiligen Fachgebietes über verschiedene Politikfelder diskutieren und letztlich ein Gutachten erstellen, das der Politik als unverbindliche Empfehlung für das weitere Handeln dienen soll.

Bürgerräte sind eine moderne Form der Beteiligung an politischen Diskussionen, die ein Stück weit der Politikverdrossenheit entgegenwirken soll. Bürgerräte gibt es mittlerweile weltweit in vielen Ländern (sowohl national als auch in lokalen Gruppen) wie zum Beispiel in Australien, Bosnien-Herzegowina,

Dänemark, Deutschland, Finnland, Frankreich, Großbritannien, Irland, Kanada, Österreich, Schottland, Spanien und Wales.

In Deutschland werden Bürgerräte vom Bundestagspräsidenten oder von der Bundestagspräsidentin einberufen und berichten ihre Ergebnisse dem Bundestag. Bürgerräte werden durch Spenden finanziert. Das Bürgergutachten Klima – unter der Schirmherrschaft des ehemaligen Bundespräsidenten Horst Köhler – wurde 2021 der zu dem Zeitpunkt amtierenden Präsidentin des Deutschen Bundestags, Bärbel Bas, vorgelegt.

Der Bürgerrat Klima hat zehn übergeordnete Leitsätze formuliert und in fünf Handlungsfeldern (Energie, Gebäude und Wärme, Ernährung, Mobilität und Instrumente der Transformation) Empfehlungen an die Politik ausgesprochen. Die zehn übergreifenden Leitsätze des Bürgerrates Klima zeigt die Tabelle 11.1.

Nr.	Übergeordneter Leitsatz
1.	Das 1,5-Grad-Ziel hat oberste Priorität.
2.	Der Klimaschutz dient dem Allgemeinwohl und hat Priorität vor Einzelinteressen.
3.	Für jedes Handeln, das Auswirkungen auf das Klima hat, muss Aufklärung und Transparenz gegeben sein.
4.	Für die Klimawende müssen alle Verantwortung übernehmen und zu Veränderungen bereit sein.
5.	Klimaschutz muss Bestandteil aller Bildungsangebote sein.
6.	Die Klimawende muss generationengerecht sein.
7.	Die Klimawende muss sozial gerecht sein.
8.	Die Klimawende muss global gerecht sein.
9.	Die Zukunft der Wirtschaft muss klimaneutral sein.
10.	Klimarelevantes Handeln muss direkte Auswirkungen für die Handelnden haben.

Tabelle 11.1: Übergeordnete Leitsätze des Bürgerrates Klima

Mit diesen zehn übergeordneten Leitsätzen bringt der Bürgerrat Klima die gesellschaftlichen Erfordernisse der Klimawende auf den Punkt. Im Klimaschutz müssen die Interessen der Allgemeinheit Vorrang vor Einzelinteressen haben, nur so kann erreicht werden, dass notwendige Maßnahmen nicht permanent durch Einzelne ausgebremst werden.

Die Klimawende ist nicht allein Aufgabe der Politik, sondern betrifft jeden Einzelnen in unserer Gesellschaft. Da die Klimawende hohe Kosten verursacht, darf sie nicht den Schwächsten der Gesellschaft aufgebürdet werden. Klimabewusstes Handeln muss belohnt, klimaschädliches Handeln muss bestraft werden.

Der Bürgerrat Klima hat neben diesen zehn übergeordneten Leitsätzen konkrete Handlungsempfehlungen in fünf Handlungsfeldern aufgestellt. Jedes Handlungsfeld umfasst jeweils sieben bis zwanzig Einzelempfehlungen. Diese Handlungsfelder wurden wie folgt bezeichnet:

- ✔ Energie
- ✔ Gebäude und Wärme
- ✔ Mobilität
- ✔ Ernährung
- ✔ Instrumente der Transformation

Die einzelnen Empfehlungen repräsentieren den Willen der Bevölkerung, da jede Empfehlung nur dann in die Liste aufgenommen wurde, wenn sie innerhalb des Gremiums mehrheitsfähig war. Zudem wurden alle Empfehlungen mit Experten des jeweiligen Fachgebietes eingehend diskutiert, sodass nur Empfehlungen ausgesprochen wurden, die auch real umsetzbar sind.

Damit sind diese Handlungsempfehlungen durchaus als praktikable Vorgehensweisen anzusehen, wie die Klimaneutralität bis zum Jahr 2045 erreicht werden kann.

Die einzelnen Handlungsempfehlungen werden nachfolgend erläutert.

Energie

Die Tabelle 11.2 zeigt die 20 Handlungsempfehlungen des Bürgerrates Klima im Handlungsfeld Energie.

Einige dieser Empfehlungen sind zwischenzeitlich durch die Politik bereits umgesetzt worden.

Nummer	Empfehlung im Handlungsfeld Energie
1	Verpflichtende kommunale Klimaschutzprogramme bis 2023
2	Mindestens zwei Prozent der Flächen für Sonnen- und Windenergie
3	Pflicht für Photovoltaik-Anlagen auf Dachflächen
4	Förderung von Freiflächen-Photovoltaik-Anlagen auf landwirtschaftlichen und Wasserflächen
5	Förderung von Freiflächen-Photovoltaik-Anlagen auf versiegelten und Brachflächen
6	Förderung des Windenergieausbaus, Aufhebung der Mindestabstände
7	Förderung des Windenergieausbaus – Stärkung der Beteiligung von Kommunen und Bürgerinnen und Bürgern
8	Reduzierung der EEG-Umlage und Entfall der Besteuerung der Eigennutzung
9	Langfristige Einspeisevergütung für Privatpersonen
10	EEG-Umlage auch für energieintensive Industrien
11	Ausbau der dezentralen Stromversorgung
12	Kohleausstieg bis 2030
13	Stärkung der frühen Bürgerbeteiligung
14	Förderung der Bürgerenergie
15	Orientierung des Strompreises an Angebot und Nachfrage
16	Nutzung von E-Autos als Zwischenspeicher im Stromnetz
17	Ausbau der Digitalisierung für die Energiewende
18	Förderung internationaler Kooperationen
19	Verlängerung der Lebensdauer von Elektrogeräten
20	Bevorzugung natürlicher CO_2-Speicher

Tabelle 11.2: Empfehlungen des Bürgerrates Klima im Handlungsfeld Energie

Gebäude und Wärme

Die Tabelle 11.3 fasst die 18 Empfehlungen des Bürgerrates Klima im Handlungsfeld Gebäude und Wärme zusammen.

Auch in diesem Bereich sind zwischenzeitlich einige Empfehlungen bereits durch die Politik umgesetzt worden. Allerdings müssten hier deutlich größere Anstrengungen erfolgen, weil dieser Bereich die gesetzten Ziele weit verfehlt.

Nummer	Empfehlungen im Handlungsfeld Gebäude und Wärme
1	Informationen zur energetischen Sanierung breit verfügbar machen
2	Staatliche Einrichtungen als Vorbild bei der energetischen Sanierung
3	Förderung von energetischer Sanierung nach Finanzierungsschlüssel
4	Finanzierung von Sanierungen
5	Fachkräftemangel schnellstmöglich angehen
6	Sanierungsampel und kostenlose Sanierungsberatung
7	Förderung ökologischer Baustoffe
8	Förderung von Bürgerengagement in Kommunen
9	Digitalisierung in Planung und Bau von Sanierung und Wärme vorantreiben
10	Zentrale und vernetzte Dateninfrastruktur für Wärme- und Sanierungsplanung schaffen
11	Erneuerbare Wärmeversorgung günstiger machen als fossile
12	Unterstützung von Kommunen bei der Erstellung von Sanierungs- und Wärmeplänen
13	Abbau klimaschädlicher Subventionen
14	Einbauverbot von Öl- und Gasheizungen
15	Europaweiter Erfahrungsaustausch
16	Privatpersonen präsentieren ihre energieeffizienten Modellhäuser
17	Bundesweite Taskforce für die Wärmeplanung
18	Verpflichtende Wärmeplanung in Kommunen

Tabelle 11.3: Empfehlungen des Bürgerrates Klima im Handlungsfeld Gebäude und Wärme

Mobilität

Die Tabelle 11.4 zeigt die 19 Empfehlungen des Bürgerrates Klima im Handlungsfeld Mobilität.

In diesem Handlungsfeld sind bisher recht wenige Empfehlungen umgesetzt worden, weil die Akzeptanz in der Bevölkerung wegen des Individualitätsverlustes nicht sehr groß ist und die Politik die Umsetzung ungeliebter Maßnahmen sehr scheut.

Nummer	
1	Unverzüglicher Ausbau und Optimierung des ÖPNV
2	Deutlich günstigerer öffentlicher Personennahverkehr
3	Finanzierung des öffentlichen Personennahverkehrs mit 70 Prozent der Infrastrukturmittel
4	Ausbau des Bahnfernverkehrs (Deutschlandtakt bis 2035)
5	Ausbau des Güterverkehrs auf der Schiene und Reduzierung des LKW-Güterverkehrs
6	Subventionen für den Autoverkehr umschichten hin zu klimafreundlicher Mobilität
7	Tempolimit auf Autobahnen, Landstraßen und in Innenstädten
8	Aufklärung und Bewusstseinswandel für die Mobilitätswende
9	Verkehrsvermeidung durch Einführung eines Homeoffice-Anspruchs
10	Unternehmen verpflichten, Anreize für die Nutzung klimafreundlicher Verkehrsmittel zu schaffen
11	Förderung des autonomen Fahrens im Bereich des ÖPNV
12	Ausbau der Radverkehrsinfrastruktur
13	Förderung von E-Bikes
14	Erstzulassung von Verbrennern bis 2027, spätestens 2030 einstellen
15	Ausbau von Elektromobilität zügig voranbringen
16	Erforschung und Testung aller potenziell klimafreundlichen, alternativen Antriebe
17	Kosten von Flugreisen müssen Klimakosten abbilden
18	Vermeidung von Flügen, insbesondere Kurzstreckenflügen
19	Umstellung des Flugverkehrs auf synthetische Kraftstoffe

Tabelle 11.4: Empfehlungen des Bürgerrates Klima im Handlungsfeld Mobilität

Ernährung

Die Tabelle 11.5 fasst die 19 Empfehlungen des Bürgerrates Klima im Handlungsfeld Ernährung zusammen.

Auch in diesem Bereich existieren große Akzeptanzprobleme in der Landwirtschaft, aber auch in der Bevölkerung.

Nummer	Empfehlungen im Handlungsfeld Ernährung
1	Starkes Eintreten für Klimafreundlichkeit in gemeinsamer EU-Agrarpolitik (GAP)
2	Neues Landwirtschaftsgesetz mit Orientierung am 1,5-Grad-Pfad
3	Strukturwandel der Landwirtschaft mithilfe einer Landwirtschaftskommission und Umstiegsmöglichkeiten
4	Subventionsumbau gemäß Klimafreundlichkeit, Umweltleistung und Emissionen
5	Emissionsminderung in der Tierhaltung durch Reduzierung der Nutztierbestände
6	Eindämmung von Überproduktion, Vernichtung und Verschwendung von Lebensmitteln
7	Einhaltung von Produkt-Standards bei Importen und Nicht-Anpassung der Import-Mengen
8	Verzicht auf Futtermittel, die auf Rodungen im Ausland gründen
9	Exportpolitik klimafreundlich gestalten
10	Klimafreundlichkeit und Nachhaltigkeit als Forschungsschwerpunkt
11	Abschaffung von Patenten auf Saatgut (inklusive gentechnisch verändertem Saatgut)
12	Neue Ernährungsleitlinien, die am 1,5-Grad-Pfad ausgerichtet sind
13	Wahre Preise, die Umwelt- und Gesundheitskosten abbilden
14	Verpflichtende Klimaampel als Meta-Siegel für Produkte
15	Reduzierung der Vernichtung und Verschwendung im Verbrauch
16	Werbeverbote für klimaschädliche Produkte
17	Weitgehender Verzicht auf Fleisch-/Milchprodukte durch Aufklärung
18	Bildung und Aufklärung zu klimafreundlicher Ernährung für alle Altersstufen
19	Demokratisierung und Bürgerbeteiligung im Ernährungssektor

Tabelle 11.5: Empfehlungen des Bürgerrates Klima im Handlungsfeld Ernährung

Instrumente der Transformation

Die Tabelle 11.6 zeigt die sieben Empfehlungen des Bürgerrates Klima im Handlungsfeld Instrumente der Transformation.

Dass in diesem Handlungsfeld nur sehr wenige Empfehlungen Eingang in das Bürgergutachten gefunden haben, hängt möglicherweise mit der Komplexität von betriebswirtschaftlichen und steuerrechtlichen Fragen zusammen, die hier eine wichtige Rolle spielen.

Nummer	Empfehlungen im Handlungsfeld Instrumente der Transformation
1	CO_2-Preis als verbindliches Instrument für den Klimaschutz
2	Transparenz bei der Berechnung, den Einnahmen und der Verwendung der Einnahmen aus dem CO_2-Preis
3	Zweckgebundene Verwendung der Einnahmen aus dem CO_2-Preis nach Kriterien des Klimaschutzes und des sozialen Ausgleichs
4	Sozialer Ausgleich von Mehrausgaben durch Klimadividende oder Pro-Kopf-Pauschale
5	Nutzung eines Teils der Einnahmen aus dem CO_2-Preis gegen globale Klimafolgeschäden
6	Anstreben eines Pro-Kopf-Klima-Budgets
7	Prüfung von Steuererleichterungen in anderen Bereichen

Tabelle 11.6: Empfehlungen des Bürgerrates Klima im Handlungsfeld Instrumente der Transformation

Es wäre allen am Klimaschutz interessierten Personen, insbesondere denen, die eine politische Verantwortung innehaben, sehr zu empfehlen, die eigene Arbeit an den eingangs beschriebenen zehn Leitsätzen zu orientieren. Zudem sollte man von Zeit zu Zeit in den vorausgegangenen fünf Empfehlungs-Tabellen nachschauen und überlegen, was in Zukunft noch weiter umgesetzt werden kann, damit die versprochene Klimaneutralität bis zum Jahr 2045 auch tatsächlich erreicht wird.

Abschließend werden die wichtigsten Leitsätze und die wichtigsten Empfehlungen des Bürgerrates Klima zusammengefasst.

Die wichtigsten übergeordneten Leitsätze sind:

- ✔ Der Klimaschutz dient dem Allgemeinwohl und hat Priorität vor Einzelinteressen.
- ✔ Die Klimawende muss generationengerecht, sozial gerecht und global gerecht sein.

Die wichtigsten Empfehlungen sind:

- ✔ Pflicht für Photovoltaik-Anlagen auf Dachflächen
- ✔ Nutzung von E-Autos als Zwischenspeicher im Stromnetz
- ✔ Staatliche Einrichtungen als Vorbild bei der energetischen Gebäudesanierung
- ✔ Abbau klimaschädlicher Subventionen

- ✔ Ausbau und Optimierung des ÖPNV
- ✔ Ausbau des Güterverkehrs auf der Schiene und Reduzierung des LKW-Güterverkehrs
- ✔ Eintreten für Klimafreundlichkeit in der gemeinsamen EU-Agrarpolitik (GAP)
- ✔ Eindämmung von Überproduktion, Vernichtung und Verschwendung
- ✔ CO_2-Preis als verbindliches Instrument für den Klimaschutz
- ✔ Zweckgebundene Verwendung der Einnahmen aus dem CO_2-Preis nach Kriterien des Klimaschutzes und des sozialen Ausgleichs

Teil IV
Maßnahmen gegen den Klimawandel

IN DIESEM TEIL ...

- .... wird Aufstieg und Fall des Kohlendioxids beschrieben.
- Wie stark tragen Energiewirtschaft und Industrie zum Klimawandel bei?
- Wie stark tragen Gebäudebereich und Mobilität zum Klimawandel bei?
- Wie stark tragen Landwirtschaft und Landnutzung zum Klimawandel bei?
- Sind Steuern, Abgaben und Subventionen die Heilsbringer?
- Was kann die Kommune und jeder Einzelne tun?

IN DIESEM KAPITEL

Natürliche CO_2-Quellen und CO_2-Senken

Von Menschen verursachte CO_2-Quellen und CO_2-Senken

Der Weg zur Klimaneutralität

Kapitel 12
CO_2-Quellen und CO_2-Senken

Zur Identifizierung von geeigneten Maßnahmen, mit deren Hilfe die CO_2-Emissionen vermindert werden können und damit der Klimawandel abgebremst wird, ist die Betrachtung von CO_2-Quellen und CO_2-Senken hilfreich. Wie bereits in Kapitel 4 erläutert, gibt es natürliche CO_2-Quellen, aber auch natürliche CO_2-Senken.

Natürliche CO_2-Quellen sind:

- ✔ Die Atmung von Pflanzen zur Energiegewinnung, die in der Nacht abläuft.
- ✔ Der oxidative Abbau von abgestorbener Biomasse durch Mikroorganismen
- ✔ Der Vulkanismus, durch den Kohlendioxid in die Atmosphäre eingetragen wird.

Natürliche CO_2-Senken sind:

- ✔ Die Photosynthese der Pflanzen zum Aufbau von neuer Biomasse, die tagsüber abläuft.
- ✔ Der Abbau von abgestorbener Biomasse ohne Beteiligung von Sauerstoff und deren Umwandlung unter hohem Druck und hoher Temperatur in Erdöl, Erdgas und Kohle.
- ✔ Meerwasser, das ein gewaltiges, aber endliches Puffersystem für Kohlendioxid darstellt.

- ✔ Die Gesteinsmetamorphose, die Kohlendioxid durch Subduktion ins Erdinnere verfrachtet.

CO_2-Quellen und CO_2-Senken waren über viele Jahrmillionen in einem stabilen Gleichgewicht. Seitdem der Mensch die fossilen Energieträger in großem Stil ausbeutet, den Kohlenstoff in Kohlendioxidüberführt und immer mehr naturnahe Flächen zerstört, die dann ihre Funktion als CO_2-Senken nicht mehr ausüben können, ist dieses Gleichgewicht vollkommen aus den Fugen geraten. Daher gibt es von Menschen verursachte CO_2-Quellen, aber auch von Menschen verursachte CO_2-Senken.

Von Menschen verursachte CO_2-Quellen sind:

- ✔ Die Verbrennung von fossilen Energieträgern.
- ✔ Die Trockenlegung von Mooren zur Gewinnung von Torf oder neuen Agrarflächen.

Von Menschen verursachte CO_2-Senken sind:

- ✔ Wiedervernässung von zuvor trocken gelegten Mooren.
- ✔ Renaturierung von nicht mehr genutzten Industrie- und Siedlungsflächen, die aber umfangreicher sein muss als die Neuversiegelung von naturnahen Flächen.
- ✔ Aufforstungsmaßnahmen, die aber deutlich umfangreicher sein müssen als die Abholzung von Urwald oder anderen Wäldern.

Daraus wird deutlich, welchen Weg wir in der Zukunft gehen müssen:

1. Die Verbrennung von fossilen Energieträgern muss drastisch zurückgefahren werden. Auf die Nutzung von Erdöl, Erdgas und Kohle kann nicht vollständig verzichtet werden, aber die Nutzung darf nur dort erfolgen, wo es definitiv keine Alternative gibt.
2. Moore dürfen in keinem Fall mehr trockengelegt werden, vielmehr müssen umfangreiche Programme zur Wiedervernässung von Mooren gestartet werden.
3. Die Abholzung des Regenwaldes und auch anderer Waldflächen muss gestoppt werden. Der Wertstoff Holz ist nur dann erneuerbar, wenn man den Wäldern so viel Zeit lässt, dass der Holzverlust wieder durch Neuanpflanzungen ersetzt werden kann.

4. Naturnahe Flächen sollten so weit wie möglich geschützt werden. Neue Industrie- und Siedlungsflächen müssen im Bestand errichtet werden.

Somit wird klar: In der zweiten Hälfte des 21. Jahrhunderts muss auf der Erde ein Gleichgewicht zwischen Quellen und Senken für Treibhausgase, also eine Klimaneutralität, erreicht werden.

Dabei wird es aber nicht ausreichend sein, aus dieser Viererliste nur gezielt das eine oder das andere herauszugreifen. Vielmehr müssen die Vorschläge in Gänze aufgegriffen und konsequent umgesetzt werden, wenn zu irgendeinem Zeitpunkt in der Zukunft die anzustrebende Klimaneutralität erreicht werden soll.

Es gibt nicht die eine Maßnahme, mit der man den Klimawandel abbremsen oder aufhalten könnte. Notwendig ist ein ganzes Bündel von Maßnahmen aus den verschiedensten Sektoren, um einen messbaren Erfolg zu erzielen.

Die vorgeschlagenen Maßnahmen finden auch nicht automatisch immer die uneingeschränkte Akzeptanz der Bevölkerung. Bei vielen Maßnahmen muss der Einzelne auf den bisher gewohnten Komfort verzichten oder die Maßnahmen sind mit höheren Kosten verbunden. Dadurch entstehen hartnäckig geführte Diskussionen über den richtigen Weg, die auch schon mal unfair oder sogar mit Einsatz von Blockaden oder Demonstrationen geführt werden.

Der Klimaschutzplan 2050 der Bundesregierung (siehe Kapitel 10) teilt die möglichen Maßnahmen, um die Klimaneutralität zu erreichen, in sieben Bereiche ein:

- ✔ Energiewirtschaft
- ✔ Industrie
- ✔ Gebäudebereich
- ✔ Mobilität
- ✔ Landwirtschaft
- ✔ Landnutzung
- ✔ »Übergreifend« (hiermit sind Steuern, Abgaben, Subventionen und Finanzmärkte gemeint)

Bei den dort beschriebenen Maßnahmen handelt es sich um hocheffiziente Maßnahmen, die große Mengen an CO_2-Emissionen vermeiden können. Ohne die Umsetzung solcher Maßnahmen ist ein Klimawandel nicht zu erreichen.

Es sollte noch ein weiterer achter Punkt berücksichtigt werden:

✔ Bewahrung von Natur und Umwelt sowie Entwicklungshilfe

Maßnahmen in diesen Bereichen ergeben jede für sich nur ein geringes Einsparpotenzial. Solche Maßnahmen werden abschließend besprochen. Um unsere Gesellschaft bis zu einem Stichtag in der Zukunft klimaneutral zu gestalten, bedarf es allerdings vieler kleiner Schritte, die, möglichst jeder für sich, einen Beitrag zur Zielerreichung leisten müssen. Daher dürfen solche ergänzenden Maßnahmen nicht neben den hocheffizienten Maßnahmen vergessen werden.

IN DIESEM KAPITEL

Wege zur klimaneutralen Kälte-, Wärme- und Stromerzeugung

Speicherung von temporär überschüssiger Energie

CO_2-Einsparungen durch Energieeffizienz und Kreislaufwirtschaft

Klimaneutrale Prozesse durch Wasserstoff-Technologie

CCS- und CCU-Technologien

Kapitel 13 Energiewirtschaft und Industrie

Energiewirtschaft und Industrie sind zwei Sektoren, in denen in der Vergangenheit erhebliche Mengen an Treibhausgasen freigesetzt wurden. Allerdings sind in diesen Sektoren bisher auch schon große Fortschritte bei den Einsparungen von Treibhausgasen erzielt worden.

Energiewirtschaft

In der Energiewirtschaft muss es, um die Klimaziele zu erreichen, einen weitgehenden Verzicht auf die Verbrennung von Öl, Kohle und Erdgas geben. Wärme, Kälte und Strom sollten daher mit anderen Mitteln erzeugt werden.

Kälte- und Wärmeerzeugung

Die Kälteerzeugung geht bereits seit vielen Jahrzehnten mithilfe von Strom vonstatten (Kühlschränke und Kühltruhen). Die Wärmeerzeugung basiert bislang überwiegend auf dem Verbrennen von Öl beziehungsweise von Gas, wird aber in den nächsten Jahren mehr und mehr mithilfe von Wärmepumpen erfolgen. Eine Wärmepumpe entzieht ihrer Umgebung Wärme und erhöht die Temperatur mithilfe von Strom. Eine Wärmepumpe funktioniert daher, vereinfacht gesprochen, wie die Umkehrung eines Kühlschrankes. Während der Kühlschrank die Wärme nach außen leitet und der Innenraum sich dadurch immer weiter abkühlt, holt sich die Wärmepumpe frei verfügbare Energie aus der Umwelt (Erde, Luft, Grundwasser oder Abwärme) über das Heizungssystem in den Wohnraum.

Der Vorteil von Wärmepumpen ist der relativ niedrige Stromverbrauch. Gegenwärtig sind die hohen Anschaffungskosten noch ein Nachteil. Sobald in einigen Jahren die Stückzahlen an produzierten Wärmepumpen deutlich größer sein werden, werden die Anschaffungskosten sinken, wie dies auch bei der Markteinführung von Kühlschränken einst der Fall war.

Die wirklich großen Einsparungen an CO_2-Emissionen werden daher erst in einigen Jahren oder Jahrzehnten erreicht werden, wenn der Einbau von Öl- oder Gasheizungen im Wohnbereich gesetzlich verboten sein wird und bereits eingebaute Gas- oder Ölheizungen nicht mehr reparabel sind und daher ersetzt werden müssen. Andere Arten des Heizens in Wohnbereichen, wie zum Beispiel in einem Fern- oder Nahwärmenetz mit Biogas beziehungsweise Holz oder Einzelbefeuerung mit Stückholz oder Holzpellets, sind CO_2-neutral, sofern in der Summe in einem Bezugszeitraum nicht mehr Biomasse verbraucht wird, als wieder in der Natur nachwachsen kann.

Prinzipiell ist die Wärmeerzeugung auch mit Wasserstoff möglich. Um CO_2-neutral zu sein, muss der Wasserstoff aber »grün« sein, also mit Photovoltaik oder Windenergie erzeugt werden. Daher wird die Wärmeerzeugung mit Wasserstoff überwiegend dem Industriebereich vorbehalten bleiben.

Wärmeerzeugung durch Tiefengeothermie ist eine Alternative, die nur in einigen wenigen Weltregionen im großen Stil praktikabel umsetzbar ist, zum Beispiel auf Island. In Deutschland gibt es einige wenige Standorte, zum Beispiel in Oberbayern, die für die Anwendung dieser Technik in Frage kommen. Was bisher noch nicht ausreichend erforscht ist, ist, ob durch Tiefengeothermie Erdbeben ausgelöst werden könnten.

Stromerzeugung

Strom wird in Kraftwerken durch Verbrennen von Kohle oder Erdgas erzeugt. Die hohe Temperatur bei der Verbrennung treibt eine Turbine an. Die Turbine überträgt die mechanische Energie auf einen Generator, der elektrische Energie erzeugt. Diese Energiewandlung von mechanischer in elektrische Energie kann auch in einem Wasserkraftwerk oder in einem Atomreaktor vorgenommen werden. Wasser- und Atomkraft sind bereits CO_2-neutral, da keine fossilen Energieträger eingesetzt werden. Für den umfassenden Einsatz der Wasserkraft zur Stromerzeugung gibt es auf der Welt viele geeignete Standorte, zum Beispiel in Norwegen oder Österreich, aber in Deutschland ist das vorhandene Potenzial für die Wasserkraft bereits ausgereizt. Die Wasserkraft ist auch mit negativen Folgen für die Umwelt verbunden, da es für Fische schwierig bis unmöglich wird, einem aufgestauten Fluss bis zum Oberlauf zu folgen.

Auch wenn der Einsatz von Atomreaktoren zur Gewinnung von CO_2-neutraler Energie befähigt, ist diese Technik mit einer unkalkulierbaren Unsicherheit verbunden. Seitdem diese Hochtechnologie in Gebrauch ist, sind weltweit bereits vier Reaktoren vollständig zerstört worden. Es trat eine Kernschmelze ein, die erhebliche Mengen an radioaktiven Substanzen in die Umwelt freisetzte. Eine solche Kernschmelze wird GAU (größter anzunehmender Unfall) genannt.

Diese Kernschmelzen ereigneten sich in Tschernobyl im Jahr 1986 und in Fukushima im Jahr 2011. Der Unfall in Tschernobyl ist auf menschliches Versagen, gepaart mit einer unzureichenden technischen Ausstattung der damaligen Reaktoren zurückzuführen, der Unfall in Fukushima, bei dem gleich drei Reaktorblöcke zerstört wurden, wurde durch ein Erdbeben gefolgt von einem Tsunami verursacht. In der Historie gab es aber weltweit auch mehrere Ereignisse, die beinahe zu einem GAU geführt hätten, wie zum Beispiel in Harrisburg/USA oder Forsmark/Schweden.

Viele Menschen, selbst Experten, plädieren für den Einsatz der Kerntechnik, weil das Risiko eines GAU sehr gering sei. Das ist richtig, das Risiko ist relativ gering, insbesondere bei Reaktoren, die mit einer hohen Sicherheitstechnik ausgerüstet sind, wie dies bei deutschen Atomkraftwerken (AKW) der Fall war. Aber allein das Betrachten des Risikos ist zu kurz gegriffen. Neben dem Risiko muss auch die Höhe des eintretenden Schadens ins Kalkül gezogen werden, der entstehen kann, wenn ein GAU eintritt. Und dieser Schaden kann so hoch sein, dass auch das geringste Risiko den Einsatz nicht wert ist. Im Falle eines GAU werden Tausende von Menschen getötet oder erleiden schwere Strahlenkrankheiten. Ganz zu schweigen vom Umfang der Verseuchung im Umfeld des Atomkraftwerks. Es könnten Hunderttausende von Menschen ihre Heimat verlieren, weil das Umfeld über Jahrtausende verstrahlt ist. In einer relativ dünn besiedelten Region mag man das Risiko eines GAU durchaus eingehen, nicht aber in einem dicht besiedelten Land wie Deutschland. Bezeichnend für diese Technik ist, dass Atomreaktoren in Deutschland von Anfang an von der Pflicht des Betreibers zum Abschluss einer Haftpflichtversicherung befreit wurden. Hätte man dies nicht getan, wäre die Technik von Beginn an unwirtschaftlich gewesen. Versicherungsmathematiker würden heute mit dem Wissen der entstandenen Schäden in Tschernobyl und Fukushima die Haftpflichtpolice für ein Atomkraftwerk auf circa 72 Milliarden Euro pro Jahr taxieren. Allein diese Zahl ist der Beweis für den Irrweg, der mit der Kernspaltung eingeschlagen wurde.

Die Höhe der staatlichen Subventionen für die Entwicklung und den bestimmungsmäßigen Betrieb der Atomkraftwerke in Deutschland von 1950 bis 2010 summieren sich auf insgesamt circa 200 Milliarden Euro. Zudem ist auch nach circa 60 Jahren des kommerziellen Betriebs von Kernkraftwerken das Entsorgungsproblem der radioaktiven Abfälle immer noch nicht befriedigend geklärt.

Der endgültige Ausstieg Deutschlands aus der Kerntechnik war richtig und sollte auch unter Berücksichtigung der Ereignisse infolge des Ukrainekrieges beibehalten bleiben.

Der gesamte Bruttostromverbrauch in Deutschland im Jahr 2023 betrug 526 Milliarden kWh. 48,2 Prozent davon wurden mit fossilen Energieträgern und Kernenergie (aus den Restlaufzeiten der Atomkraftwerke bis zur endgültigen Stilllegung im April 2023) erzeugt, 51,8 Prozent stammten aus Erneuerbaren Energien. Damit wurden in Deutschland erstmals mehr Erneuerbare Energien als fossile Energien zur Stromproduktion verwendet.

Der Stromverbrauch von 272 Milliarden kWh aus den Erneuerbaren Energien teilte sich prozentual wie in Abbildung 13.1 dargestellt auf.

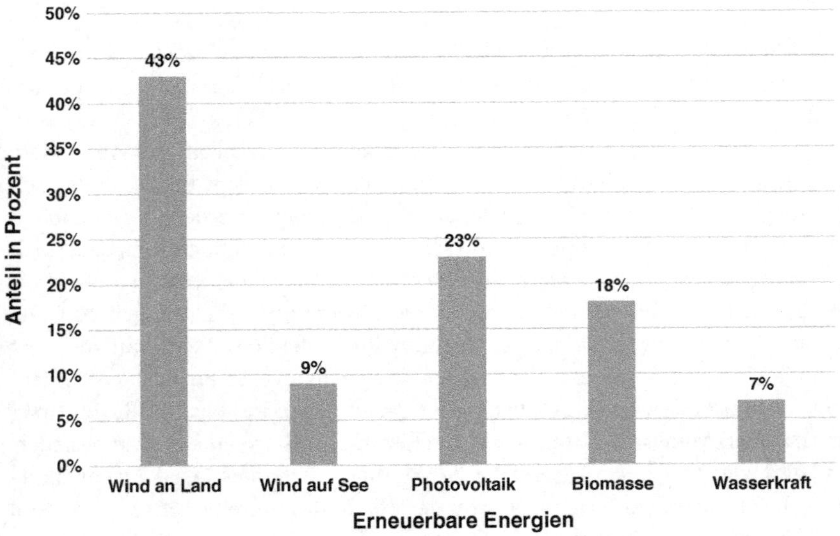

Abbildung 13.1: Bruttostromverbrauch in Deutschland im Jahr 2023

Mehr als die Hälfte des Erneuerbaren Stroms stammte aus der Windenergie und fast ein Viertel aus der Photovoltaik. Um letztlich auch noch den verbliebenen Rest des Stromverbrauchs, der auch heute noch bis längstens zum Jahr 2038 aus fossilen Energieträgern (Kohle, Öl und Gas) stammt, zu ersetzen, sind noch gewaltige Anstrengungen im Zubau der Erneuerbaren Energien erforderlich.

Gemäß der Kraftwerksstrategie der Bundesregierung sollen bis zum Jahr 2032 neue H_2-ready-Gaskraftwerke mit einer Leistung von insgesamt zehn GW gebaut werden. Das entspricht in etwa der Leistung von zehn kleineren bis mittleren AKW. Diese Kraftwerke sollen zunächst mit Erdgas betrieben werden, bevor sie zwischen 2035 und 2040 auf den Betrieb mit Wasserstoff umgestellt werden. Diese Umstellung soll erfolgen, sobald Deutschland genügend Wasserstoff zur Verfügung steht, der regenerativ erzeugt worden ist, zum Beispiel sogenannter grüner Wasserstoff. Diese H_2-ready-Gaskraftwerke sind grundlastfähig und übernehmen die Stromversorgung, wenn wenig Sonne scheint und wenig Wind weht.

Somit sollen bis spätestens 2040 nur noch Kraftwerke zur Verfügung stehen, die ausschließlich CO_2-neutral betrieben werden.

Energiespeicherung

Die Speicherung von temporär überschüssiger Energie ist zur Bewältigung des Klimawandels zwingend notwendig. Da es in Deutschland bereits so viele Windkraft- und Photovoltaikanlagen gibt und es in Zukunft noch mehr werden, tritt häufig die Situation ein, dass Anlagen ausgeschaltet werden müssen, wenn viel Wind weht oder die Sonne intensiv scheint, damit das Stromnetz nicht überlastet wird. Es ist natürlich sehr ineffizient, eine Stromgewinnungsanlage abzuschalten, obwohl Strom produziert werden könnte. Solche Eingriffe verteuern unnötig die Energie.

Andererseits fehlt Strom im Stromnetz, wenn kein Wind weht und keine Sonne scheint. Daher muss die Energie von Wind und Sonne zwischengespeichert werden, wenn das Angebot die Nachfrage übersteigt – und später der Angebotsseite wieder zur Verfügung gestellt werden, wenn das Angebot nicht ausreicht, die Nachfrage zu decken. Hierzu gibt es unterschiedliche Techniken: Der Überschussstrom kann in Akkumulatoren gespeichert und später bei Bedarf wieder ins Netz eingespeist werden oder aber der Überschussstrom wird zur Elektrolyse von Wasser eingesetzt. Der gewonnene Wasserstoff kann gespeichert und später bei Bedarf wieder in Strom gewandelt werden, zum Beispiel durch eine Brennstoffzelle. Der Wasserstoff kann aber auch durch eine chemische Reaktion in Methan umgewandelt werden, welches dann im Erdgasnetz gespeichert werden kann. Der erzeugte Wasserstoff kann auch chemisch in Methanol umgewandelt werden und stünde dann für die bestehende Infrastruktur von Benzin und Diesel zur Verfügung.

Solche Verfahren, die die Speicherung beziehungsweise anderweitige Nutzung von Stromüberschüssen aus Windenergie, Solarenergie oder Wasserkraft im Fokus haben, werden Power-to-X-Technologien genannt.

Die in der Energiewirtschaft wirksamsten Maßnahmen, um die CO_2-Emissionen zu vermindern, sind die möglichst vollständigen Umstellungen von fossilen Energieträgern auf Erneuerbare Energien. Zudem müssen ausreichende Technologien zur Verfügung stehen, damit man Überschussstrom entweder speichern oder mithilfe dieses Stroms zum Beispiel Wasserstoff durch Elektrolyse erzeugen kann.

Industrie

In Deutschland ist der Industriesektor nach der Energieerzeugung und dem Verkehr der drittgrößte Verursacher von Treibhausgasemissionen. Die Dekarbonisierung der Industrie fällt damit eine zentrale Rolle zur Begrenzung der Erderwärmung zu. Sie ist damit ein bedeutender Schlüssel zum Erreichen der Klimaziele, aber auch zugleich eine Notwendigkeit zur Stärkung der Wettbewerbsfähigkeit der deutschen Wirtschaft.

In Deutschland verursachte die Eisen- und Stahlerzeugung im Jahr 2022 mit 51 Millionen Tonnen CO_2 den größten Emissionsanteil, gefolgt vom Bereich der Zement- und Kalkherstellung mit 27 Millionen Tonnen CO_2.

Die Chemische Industrie emittierte insgesamt 14 Millionen Tonnen CO_2. Während der Bereich der Energieerzeugung in den letzten Jahrzehnten große Fortschritte in der Einsparung von Treibhausgasemissionen durch den Ausbau der Erneuerbaren Energien und den Beschluss zum Kohleausstieg erzielte, verharrt der Bereich Industrie auf einem konstant hohen Emissionsniveau.

Die folgenden Bereiche könnten wesentliche Beiträge zur Reduktion der Industrie-Emissionen liefern und werden im Folgenden näher besprochen:

- ✔ Steigerung der Energieeffizienz
- ✔ Paradigmenwechsel bei der Kreislaufwirtschaft
- ✔ Umstellung auf klimaneutrale oder zumindest klimafreundlichere Prozesse
- ✔ Speichern von unvermeidbaren Emissionen (CCS)
- ✔ Abscheidung/Weiterverwendung von unvermeidbaren Emissionen (CCU)

Energieeffizienz und Kreislaufwirtschaft

In der Industrie können neue Prozesse und Materialien entscheidend dazu beitragen, die Energieeffizienz zu erhöhen. Häufig sind hierzu aber zunächst Investitionen erforderlich, die sich aber mit der Zeit rechnen.

Der vermehrte Einsatz Erneuerbarer Energien in Verbindung mit einer ganzheitlichen Sichtweise kann erheblich zur Energieeffizienz beitragen: Zum Beispiel die Nutzung von Restwärme aus industriellen Prozessen als Wärmequelle, um Gewerbeflächen oder Wohngebäude zu beheizen und so den Einsatz von Energieträgern zu verringern.

Die Kreislaufwirtschaft muss in Zukunft noch konsequenter als bisher verfolgt werden. Auch ein Umdenken bei Ressourcen, Produkten und Geschäftsmodellen ist zwingend notwendig. Im Bereich der Ressourcen sollte, wo möglich, auf nachwachsende Rohstoffe gesetzt werden. Produkte müssen langlebig sein und dem Kunden einen hohen Nutzen bringen.

Geschäftsmodelle, bei denen die Wiederverwendung oder das Recycling ausgeblendet werden oder die Reparatur von Produkten unmöglich ist, dürfen keine Zukunft mehr haben.

Bis zum Jahr 2050 könnten in der EU 75 Prozent der Stahlnachfrage, 50 Prozent des benötigten Aluminiums und 56 Prozent des Kunststoffbedarfs durch die Rückführung bereits produzierter Materialien gedeckt werden. Allerdings erfordert die Umsetzung solch hoher Recyclingquoten Änderungen am Produktdesign, eine Demontage von Produkten am Ende der Lebenszeit und eine verbesserte Recyclinglogistik.

Klimaneutrale Prozesse

Grüner Wasserstoff, insbesondere in der Eisen- und Stahlerzeugung sowie in der Chemischen Industrie, wird in den nächsten Jahren eine bedeutende Rolle spielen. Die wasserstoffbasierte Stahlerzeugung in sogenannten Direktreduktionsanlagen macht den Einsatz von Kohle im Hochofenprozess überflüssig. In der Chemischen Industrie könnte die Olefin- und Aromatenproduktion in Steamcrackern durch alternative Verfahren auf Basis von Methanol, das aus Wasserstoff erzeugt wird, abgelöst werden. Der hierfür benötigte grüne Wasserstoff müsste aus Windkraft- oder Photovoltaikanlagen klimaneutral erzeugt werden. Wesentliche Nachteile einer Wasserstoffstrategie sind die zurzeit gegenüber fossilen Energieträgern deutlich höheren Kosten sowie die sich ergebende Abhängigkeit von neuen Infrastrukturen.

Carbon Capture and Storage (CCS)

Bei der CCS-Technologie wird gasförmiges Kohlendioxid aus der Abluft einer Industrieanlage abgeschieden und dauerhaft gespeichert. Die Speicherung kann in leeren Gasfeldern oder salinen Aquiferen in der Nordsee erfolgen.

Besonders geeignet für diese Technologie sind Industrieanlagen, in denen relativ große Mengen an Kohlendioxid in hoher Konzentration entstehen. Es kommen insbesondere Anlagen der Stahlerzeugung, der Chemischen Industrie, der Zementherstellung und von Kraftwerken in Frage. Bei der CCS-Technologie muss aber auch berücksichtigt werden, dass hier die gesellschaftliche Akzeptanz sehr gering ist, weil befürchtet wird, dass das gespeicherte Gas auch wieder in den natürlichen Stoffkreislauf überführt werden könnte.

Carbon Capture and Utilization (CCU)

Bei der CO_2-Abscheidung und -Nutzung (CCU) wird Kohlendioxid aus Industrieprozessen abgeschieden und als Rohstoff für die Nutzung in weiteren Sektoren und Produkten verwendet. So kann Kohlendioxid zum Beispiel zusammen mit Wasserstoff und Wasser zu Methanol, einem wichtigen Grundstoff in der Chemischen Industrie, verarbeitet werden. Oder aber Kohlendioxid könnte in Bauabruchmaterialien langfristig gespeichert werden, weil Beton die Eigenschaft besitzt, Kohlendioxid zu absorbieren. Dieser Prozess wird Rekarbonatisierung genannt.

Die im Bereich Industrie wirksamsten Maßnahmen, um die CO_2-Emissionen zu vermindern, sind die Optimierung der Kreislaufwirtschaft und die noch relativ neue Technologie der Carbon Capture and Utilization (CCU). Bei der CCU existiert ein großes Potenzial, das in Zukunft erschlossen werden könnte. Die Wirtschaftlichkeit dieses Verfahrens steht und fällt mit der Logistik, wie man CO_2-Erzeugung und Bindung desselben zusammenbringen kann.

Zusammenfassend können nachfolgend sehr effiziente Maßnahmen in Energiewirtschaft und Industrie genannt werden, die zur Klimawende beitragen könnten:

- ✔ Einsatz von Wärmepumpen in der Kälte- und Wärmeerzeugung
- ✔ Ausbau von Photovoltaik und Windenergie zur Stromerzeugung, dabei Verzicht auf Atomkraft

- ✔ Technologie zur Speicherung des Überschussstromes
- ✔ Erhöhung der Energieeffizienz durch Nutzung von Restwärme
- ✔ Kontinuierliche Verbesserung der Kreislaufwirtschaft
- ✔ Ausarbeitung einer Wasserstoffstrategie
- ✔ Einsatz von CCS- und CCU-Technologien, wo dies sinnvoll ist

IN DIESEM KAPITEL

Wärmedämmung und Austausch alter Heizungsanlagen

Elektromobilität und Verzicht auf SUV

Geschwindigkeitsbeschränkungen und Ausbau des ÖPNV

Alternative Antriebe für Schiffe und Herstellungsverfahren für Kerosin

Kapitel 14
Immobilien und Mobilität

Der Betrieb von Gebäuden verursacht in der EU etwa 40 Prozent des Endenergieverbrauchs und etwa 36 Prozent der Treibhausgasemissionen. Damit ist der Gebäudebereich wie auch der Bereich des Verkehrs eine der großen Stellschrauben, mit deren Hilfe die Emissionen von Kohlendioxid in erheblichem Umfang reduziert werden können.

Maßnahmen im Gebäudebereich

Im Gebäudebereich ist das Einsparen von Energie der einfachste und schnellste Weg, das Klima zu schützen. Das Einsparen von Energie kann im einfachsten Fall durch Verhaltensänderungen geschehen, indem man weniger heizt.

Bereits die Reduktion der Raumtemperatur von 21 Grad Celsius auf 20 Grad Celsius, eine Absenkung, die sich im Allgemeinen kaum bemerkbar macht, reduziert den Heizenergiebedarf schon um 5,6 Prozent. Bei jährlichen Heizkosten von 1.000 Euro ergibt sich so bereits eine Einsparung von 56 Euro pro Jahr.

Auch das richtige Lüften der Wohnung (Stoßlüftung anstatt Fenster dauerhaft in der Kippstellung) führt zur Heizenergieeinsparung.

Eine weitere Maßnahme der Energieeinsparung besteht in einer Wärmedämmung, insbesondere bei Altbauten. Ein Haus oder Wohnungen energetisch zu sanieren, ist zwar mit hohen Kosten verbunden, kann sich aber auf lange Sicht bezahlt machen, wenn jährlich Heizenergiekosten eingespart werden. Die Wärmedämmung von Fassaden, Dach und Keller hat ein großes Potenzial zur Energieeinsparung.

Das größte Einsparpotenzial für CO_2-Emissionen bietet der Austausch von alten Heizungsanlagen, die mit fossilen Energieträgern wie Öl, Gas oder Kohle betrieben werden, durch Wärmepumpen, wie es im Gebäudeenergiegesetz (GEG) angestrebt wird. Strombetriebene Wärmepumpen ziehen Energie aus der Umgebungsluft, dem Erdreich oder dem Grundwasser und nutzen die gewonnene Wärme für das Heizen und die Warmwasserbereitung. Die Wärmepumpentechnik basiert schematisch auf demselben Prinzip, auch wenn sich die Art der angezapften Energiequelle (Umgebungsluft, Erdreich oder Grundwasser) unterscheidet. Die Funktionsweise einer Wärmepumpe lässt sich mit dem Prinzip eines Kühlschranks vergleichen, mit dem Unterschied, dass nicht Kälte, sondern Wärme erzeugt wird. Während ein Kühlschrank seinem Innenraum die Wärme entzieht und diese nach draußen ableitet, entzieht die Wärmepumpe umgekehrt der Umgebung außerhalb des Hauses die Wärme und beheizt damit die Wohnräume, indem ein Kältemittel verdampft, verdichtet, verflüssigt und wieder entspannt wird. Der Austausch von fossilen Heizungssystemen durch Wärmepumpen wird zurzeit noch durch die KfW (Kreditanstalt für Wiederaufbau) gefördert.

Die im Gebäudebereich wirksamste Maßnahmen, um die CO_2-Emissionen zu vermindern, ist kurzfristig eine Verhaltensänderung bei Heizen und Lüften sowie Optimierung der Gebäudedämmung sowie langfristig der Austausch von fossilen Gebäudeheizungen.

Maßnahmen in der Mobilität

Die Mobilität der Menschen hat in unserer Gesellschaft eine sehr hohe Bedeutung erlangt. Wir können heutzutage in kürzester Zeit von A nach B gelangen, wofür man vor Hunderten von Jahren Wochen oder Monate benötigte. Ohne eine angepasste Mobilität würde unsere Gesellschaft bei Weitem nicht so funktionieren, wie wir es nun seit Jahrzehnten gewöhnt sind.

Automobile

Noch vor 50 Jahren wurden Automobile für die Mittelklasse gebaut, deren Motoren über 40 bis 50 PS verfügten. Heutzutage charakterisieren die meisten Menschen aus den Industrieländern ein Auto, das weniger als 100 PS besitzt, als untermotorisiert. Man vertraut PS-starken Autos, weil damit Überholvorgänge zügiger vonstattengehen, übersieht dabei aber, dass man im dichten Autoverkehr, wie er heutzutage üblicherweise herrscht, trotz vielfältiger Überholvorgänge kaum noch schneller vorankommt, als wenn man gemütlich und stressfrei den Spurwechsel überhaupt nicht erst angeht. Für den Luxus auf vier Rädern muss man zudem tief in die Tasche greifen.

Das Bundesamt für Statistik hat in einer Studie für das Jahr 2021 ermitteln lassen, dass die mittlere Geschwindigkeit von PKWs im Inland unter Berücksichtigung der Standzeiten (zum Beispiel an Ampeln oder im Stau) nur 38,1 Kilometer pro Stunde beträgt (anonymisierte Bewegungsdaten). Der langfristige Trend zeigt, dass diese mittlere Geschwindigkeit Jahr für Jahr um circa ein Prozent abnimmt.

Andererseits hat sich die durchschnittliche PS-Zahl von Neuwagen in Deutschland in den letzten zwei Dekaden Jahr für Jahr immer weiter erhöht. 2010 lag der Durchschnitt bei 140 PS, 2023 bereits bei 170 PS.

Wozu diese immer stärkere Motorisierung, wenn man trotzdem nur immer langsamer vorankommt?

Große Autos wiegen viel und verursachen somit einen hohen Treibstoffverbrauch und dadurch auch hohe CO_2-Emissionen bei der Verbrennung des Treibstoffes.

Der weltweite PKW-Bestand betrug 2020 insgesamt 1,2 Milliarden, der weltweite Nutzfahrzeugbestand circa 0,4 Milliarden. Dieser gewaltige Fahrzeugbestand verursacht enorme Mengen an Kohlendioxid und anderen Abgase wie zum Beispiel Stickstoffdioxid (NO_2) oder Feinstaub, die in die Atmosphäre geblasen werden. Der Verkehrssektor ist in Deutschland im Jahr 2023 nach der Energiewirtschaft (34,6 Prozent) der zweitstärkste CO_2-Emittent (24,3 Prozent) und hat zwischenzeitlich den Bereich Industrie (24,0 Prozent) überholt. Ohne einschneidende Maßnahmen in diesem Bereich ist eine CO_2-Emissionsminderung wohl kaum zu erreichen. Daher wird schon seit Jahren versucht, die Verbrenner-Technologie durch abgasfreie Elektromotoren zu ersetzen. Dies gelingt allerdings nicht in dem Umfang und der Geschwindigkeit, wie die Politik das gerne gesehen hätte. Das liegt einerseits an der noch sehr geringen Reichweite der Elektrofahrzeuge, andererseits aber auch an der unzureichenden Ladeinfrastruktur und den sehr hohen Preisen für Elektrofahrzeuge.

Die deutsche Automobilindustrie hat sehr verspätet und zunächst auch sehr zurückhaltend auf die Umstellung zu Elektrofahrzeugen reagiert. Hinzu kommt, dass die Automobilindustrie mit dem Einschlagen des Weges der Elektromobilität auch den Weg der Kleinwagenproduktion fast vollständig aufgegeben hat. Überwiegend werden heutzutage Sport Utility Vehicles (SUV) oder Geländewagen gefertigt, die in der Anschaffung deutlich teurer sind als die noch im letzten Jahrhundert üblichen Kleinwagen.

Die Automobilindustrie verweist gerne darauf, man folge damit dem Wunsch der Kunden, tatsächlich ist aber der Antrieb für die Autobauer die signifikant höhere Gewinnmarge bei den SUV. Dieser Umstieg von kleinen auf große Fahrzeuge kommt umweltpolitisch einer Katastrophe gleich.

Im Jahr 2015 wurden in Deutschland 3,2 Millionen PKW zugelassen. davon waren circa 600.000 Fahrzeuge SUV oder Geländewagen (fast 20 Prozent). Im Jahr 2023 sind die Zulassungen von SUV und Geländewagen bereits auf circa 1,8 Millionen Fahrzeuge angestiegen. Bei insgesamt 2,8 Millionen PKW ist das ein Anstieg der SUV und Geländewagen auf circa 40 Prozent.

Beide Seiten, Autobauer und Autokäufer, gehen hierbei eine unheilvolle Allianz ein.

Größere und schwerere Autos verbrauchen mehr Energie als kleinere Autos und dabei spielt es keine Rolle, ob die Antriebstechnik über Verbrennungsmotoren oder über Elektromotoren erfolgt. Sowohl die Anschaffungs-, als auch die Verbrauchskosten sind bei der SUV-Variante höher als in der vergleichbaren Standard-Variante im gleichen Segment. Leider hat die deutsche Politik ihre Förderinstrumente in der Elektromobilität nicht nach Umweltgesichtspunkten ausgerichtet.

Käufer von Luxusfahrzeugen, die bereit und in der Lage sind, 100.000 Euro für ein Elektrofahrzeug auszugeben, benötigen keine staatliche Förderung.

Die staatliche Förderung ist aber durchaus angebracht beim Kauf von kleinen und energiesparenden Elektrofahrzeugen. Im Jahr 2024 ist nunmehr die Förderung von Elektrofahrzeugen komplett eingestellt worden, weil nicht mehr ausreichend Haushaltsmittel zur Verfügung standen. In der Folge brach der Absatz von Elektrofahrzeugen ein und brachte die Automobilindustrie in Bedrängnis.

Aber auch die Umweltpolitik auf europäischer Ebene muss hinterfragt werden. In der EU sollen ab 2035 nur noch solche Neuwagen mit Verbrennungsmotor zugelassen werden, die beim Fahren CO_2-emissionsfrei sind. Die Verbrennungsmotoren könnten demnach auch noch mit synthetisch hergestelltem Kraftstoff (E-Fuels) betrieben werden.

Für E-Fuels ist es aber zurzeit noch gar nicht absehbar, ab wann diese Kraftstoffe zur Verfügung stehen werden. Es fehlen bisher noch die Produktionsanlagen, um diese Kraftstoffe in ausreichender Menge produzieren zu können.

Die Markteinführung von E-Fuels in der Zukunft bleibt auch eine theoretische Alternative, da die meisten Autobauer bereits entschieden haben, aus dem Bau von Verbrennungsmotoren auszusteigen.

Damit wird eine High-Tech-Technologie aus Deutschland für immer verschwinden, ohne Gewissheit, dass wir die notwendige Menge an Strom für die Elektromobilität überhaupt herbeischaffen können.

Zwischenzeitlich ist aber auch eine weitere Alternative zum Ersatz von fossilem Diesel in den Fokus getreten. Seit 29.05.2024 ist der neue Diesel-Kraftstoff HVO100 an den Tankstellen zugelassen. Die Abkürzung HVO steht für Hydrotreated Vegetable Oil – hydriertes, also wasserstoffbehandeltes Pflanzenöl.

Dieser Kraftstoff ist von der CO_2-Steuer befreit. Die Klimabilanz von HVO100 ist zwar deutlich besser als bei herkömmlichem Diesel und es werden deutlich weniger NO_2 und Feinstaub emittiert, allerdings kostet der neue Kraftstoff auch zehn bis 20 Cent je Liter mehr als fossiler Diesel.

HVO-Diesel kann etwa aus Pflanzenölen, pflanzlichen und tierischen Fetten oder daraus bestehenden Abfallstoffen hergestellt werden. Bei der Verbrennung von HVO100 wird zwar ähnlich viel Kohlendioxid freigesetzt wie bei herkömmlichem Diesel. Da dieses Kohlendioxid jedoch aus nachwachsenden Rohstoffen stammt, ist die Bilanz nahezu klimaneutral, es kommen lediglich die Emissionen zum Tragen, die bei der Herstellung des Kraftstoffes (Reinigung der Pflanzenöle und Umsetzung mit Wasserstoff) angefallen sind. Im Durchschnitt wird beim Tanken von HVO100 eine CO_2-Reduktion von circa 90 Prozent erreicht. Der neue Kraftstoff kann getankt werden, wenn das Fahrzeug vom Hersteller dafür freigegeben ist.

Wir werden keine Gewissheit haben, ob wir die benötigten Rohstoffe, wie Kobalt und Lithium in ausreichenden Mengen für die Batterieproduktion und Seltene Erden für die Fertigung von Elektromotoren, zur Verfügung haben werden. Wir geben die Abhängigkeit von arabischem Rohöl ein Stück weit auf, begeben uns aber in eine neue Abhängigkeit – von kritischen Rohstoffen aus China, dem Kongo und Chile.

Eine sehr effektive Methode in Deutschland, um CO_2-Emissionen einzusparen, wäre ein Tempolimit auf Autobahnen. In keinem anderen Industrieland der Welt gilt das unsinnige Motto »Freie Fahrt für freie Bürger«. Lediglich in einigen wenigen Staaten, in denen die Straßen in einem so schlechten Zustand sind, dass man sowieso nicht sehr schnell fahren kann, gibt es keinerlei Geschwindigkeitsbegrenzungen.

Geschwindigkeitsbeschränkungen wären ein sehr probates Mittel, die CO_2-Emissionen zu begrenzen, da diese Maßnahme nichts kostet (es müsste lediglich die Straßenverkehrsordnung geändert werden). Die Maßnahme würde einen deutlichen Beitrag dazu leisten, dass der Verkehrssektor, von dem 24 Prozent der CO_2-Emissionen ausgehen, endlich in die Nähe der von der Politik gesetzten Zielerreichung für diesen Bereich kommen würde (der Verkehrssektor verfehlt die Ziele bereits seit mehreren Jahren) und hätte erhebliche Nebenvorteile (zum Beispiel weniger Unfälle und damit weniger Verkehrstote).

Der Verkehrssektor verfehlt die Klimazeile bereits seit mehreren Jahren, ohne dass ausreichende Maßnahmen ergriffen werden. Geschwindigkeitsbeschränkungen führen zu weniger Unfällen und damit zu weniger Verkehrstoten.

Zudem ist zwischenzeitlich die Akzeptanz für Geschwindigkeitsbeschränkungen in der Bevölkerung deutlich angewachsen.

In Deutschland aber verhindert eine sehr starke Lobby die Einführung einer generellen Geschwindigkeitsbegrenzung auf Autobahnen. Dabei würde eine Geschwindigkeitsbegrenzung auf Autobahnen und innerstädtischen Schnellstraßen nicht nur die CO_2-Emissionen vermindern, sondern auch die Emissionen von Stickstoffdioxid (NO_2) und Feinstaub, die überwiegend von Dieselfahrzeugen verursacht werden.

Insbesondere der EU-Grenzwert für NO_2, der in der 39. Bundesimmissionsschutzverordnung (39. BImSchV) auf 40 μg/m^3 Luft festgelegt ist, wird in deutschen Großstädten bereits seit vielen Jahren regelmäßig überschritten.

Wegen der andauernden Grenzwertüberschreitungen hat die EU-Kommission im Juni 2015 ein Vertragsverletzungsverfahren gegen Deutschland eingeleitet. Die Abbildung 14.1 zeigt beispielhaft die Messwerte von NO_2 in neun besonders stark betroffenen deutschen Großstädten in den Jahren von 2015 bis 2024.

Stadt	Messstation	NO_2-Jahresmittelwerte [μg/m^3]									
		2015	2016	2017	2018	2019	2020	2021	2022	2023	2024
Stuttgart	Am Neckartor	87	82	73	71	53	38	35	37	32	31
München	Landshuter Allee	84	80	78	66	63	54	51	49	45	39
Köln	Clevischer Ring	66	63	62	59	44	35	36	37	30	29
Kiel	Theodor-Heuss-Ring	64	65	56	60	49	34	38	36	32	30
Heilbronn	Weinsberger Straße	64	57	55	52	47	32	29	32	29	30
Hamburg	Habichtstraße	63	62	58	55	48	41	38	38	36	33
Darmstadt	Hügelstraße	61	55	52	67	55	42	27	38	36	36
Mainz	Parcusstraße	57	53	48	47	42	34	33	33	27	29
Berlin	Hardenbergplatz	53	52	49	43	34	–	23	20	19	–

Abbildung 14.1: NO_2-Grenzwertüberschreitungen in deutschen Großstädten 2015 bis 2024

Deutliche Grenzwertüberschreitungen sind alle Werte größer als 50 $\mu g/m^3$, minimale Grenzwertüberschreitungen sind Werte zwischen 40 und 50 $\mu g/m^3$ und eingehaltene Grenzwerte liegen unter 40 $\mu g/m^3$. Man erkennt sofort die deutlichen Grenzwertüberschreitungen in den Jahren 2015 und 2016. Bis zum Jahr 2019 waren die Messwerte von NO_2 in allen deutschen Städten rückläufig, weil die Automobilindustrie wegen immer höherer Anforderungen an Abgasnormen der EU gezwungen war, effizientere Rückhaltemaßnahmen bei Dieselfahrzeugen einzuführen. Mit den Lockdowns, die die Corona-Pandemie hervorgerufen hatte, sanken die NO_2-Emissionen in erheblichem Umfang. In den Jahren 2021 und 2022 gab es nur noch in der Stadt München Grenzwertüberschreitungen.

Von Gerichten erzwungene Verkehrsbeschränkungen (Ausweitung von Umweltzonen, Fahrverbot für ältere Dieselfahrzeuge) hatten zur deutlichen Verbesserung der Luftqualität in deutschen Großstädten geführt. Seit dem 01. Januar 2023 gibt es in München ein Fahrverbot für Dieselfahrzeuge der Euro-Norm 4 und schlechter in der Münchener Umweltzone, seit Juni 2024 sogar ein Tempolimit 30 auf der Landshuter Allee. Der von vielen Verkehrsexperten vermutete Anstieg der NO_2-Emissionen in Großstädten, nachdem der Kfz-Verkehr nach der Corona-Pandemie wieder stark zugenommen hatte, ist glücklicherweise ausgeblieben.

Im Jahr 2024 wurde erstmals an allen circa 600 Luftmessstationen in Deutschland der Grenzwert der NO_2-Emissionen eingehalten. Grund hierfür ist einerseits der Anstieg der Zulassungszahlen für Elektrofahrzeuge, aber auch die stark gestiegenen innerörtlichen Geschwindigkeitsbeschränkungen auf 30 km/Stunde.

In dieser Situation ist es unverständlich, dass der Bundesgesetzgeber seiner Verantwortung zur Einführung von allgemeinen Geschwindigkeitsbeschränkungen nicht nachkommt. Politik und Gesellschaft haben in den letzten Jahrzehnten im Bereich der Verbesserung der Luftqualität zwar schon Fortschritte erzielt, aber die bisherigen Maßnahmen reichen bei Weitem noch nicht aus.

Nachfolgend werden einige mögliche Maßnahmen im Bereich Automobile summarisch aufgeführt, mit deren Hilfe die CO_2-Emissionen verringert werden könnten:

- ✔ SUV und Pick-up-Trucks sind häufig Statussymbol und überwiegend nicht notwendig. Auf den Kauf solcher Fahrzeuge sollte möglichst verzichtet werden.

- ✔ In keinem anderen Industriestaat gibt es den Slogan »Freie Fahrt für freie Bürger«. Geschwindigkeitsbeschränkungen auf Autobahnen sind längst überfällig.

- ✔ Sofern der ÖPNV besser ausgebaut wäre, könnten viele Menschen auf den Individualverkehr verzichten (insbesondere in Städten).
- ✔ Nutzfahrzeuge sollten überwiegend regional eingesetzt werden.
- ✔ Überregionale Transporte gehören auf die Schiene.

Schiffsverkehr

Stückgutfrachten werden weltweit zu 90 Prozent mit Containerschiffen bewerkstelligt. Dazu sind 5.000 Containerschiffe im Dienst und bewegen 500 Millionen Standardcontainer über den gesamten Globus. Es werden Äpfel aus Neuseeland, Bananen aus Costa Rica, Rindfleisch aus Argentinien, Rotwein aus Chile, Rosen aus Kenia, Fernseher aus Südkorea oder Smartphones aus China transportiert.

Daneben gibt es weltweit auch 5.000 Passagier- und 500 Kreuzfahrtschiffe. Schiffe fahren heutzutage überwiegend mit Schweröl, gewonnen aus Rückständen der Raffinerien, welches eine minderwertige Qualität im Vergleich zum im Straßenverkehr verwendeten Benzin und Diesel aufweist. Die Schiffsabgase enthalten hohe Konzentrationen an Stickoxiden (NOx), Kohlendioxid (CO_2), Schwefeldioxid (SO_2), Ruß und Feinstaub. In den Schwefelemissionskontrollgebieten (SECA) von Nord- und Ostsee bestehen höhere Anforderungen an den Schwefelgehalt im Kraftstoff, so dass die Schiffe entweder mit höherwertigem Diesel fahren oder Abgasnachbehandlungssysteme, sogenannte Scrubber, installieren müssen, was den Transportunternehmen deutlich höhere Kosten verursacht.

Auf dem Globus sind rund 5.000 Containerschiffe, 5.000 Passagierschiffe sowie 500 Kreuzfahrschiffe unterwegs.

Die Reduzierung der Treibhausgase im Schiffsverkehr ist essenziell, um dem Klimawandel ein Stück weit entgegenzutreten. Der Schiffsverkehr ist für knapp 3 Prozent der jährlichen CO_2-Emissionen verantwortlich. Die Internationale Seeschifffahrts-Organisation (IMO) hat daher festgelegt, dass die Seeschifffahrt bis zum Jahre 2050 klimaneutral werden muss.

Mit strömungstechnisch optimierten Schiffsformen lassen sich Wellen-, Verwirbelungs- und Luftwiderstand eines Schiffes reduzieren, was zu geringerem Treibstoffverbrauch bei gegebener Geschwindigkeit führt. Auch über die Geschwindigkeit eines Schiffes kann Treibstoff und damit CO_2-Emissionen eingespart werden. Langsamer fahrende Schiffe verbrauchen meist weniger

Treibstoff als schneller fahrende. Routen für die Schiffe können je nach Wetterbedingungen durch Künstliche Intelligenz so ausgesucht werden, dass der Treibstoffverbrauch minimal wird. Solche Maßnahmen bringen zwar durchaus wesentliche Treibstoffeinsparungen; das Ziel der Klimaneutralität kann damit aber nicht erreicht werden.

Hierfür müssen Alternativen in der Antriebstechnik gefunden werden. Die Verwendung von Erdgas in flüssiger (LNG) oder in komprimierte Form (CNG) als Substitut für herkömmliches Schweröl dürfte auf lange Sicht keine zufriedenstellende Lösung sein. Erdgasmotoren emittieren kein SO_2 und auch kein NO_X und die CO_2-Emissionen sind deutlich geringer. Aber der Vorteil der geringeren CO_2-Emissionen wird vermutlich durch die höheren CH_4-Emissionen durch den Methanschlupf der Motoren wieder aufgebraucht, da Methan 28-mal klimawirksamer ist als Kohlendioxid.

Es werden aktuell mehrere Ansätze für den Einsatz kohlenstofffreier oder biogener Treibstoffe verfolgt. Die Schiffe mit Biodiesel anzutreiben, stößt auf dieselben Widerstände wie im Straßenverkehr. Biokraftstoffe wurden eingeführt, um den Klimaschutz voranzubringen und die Abhängigkeit vom Öl zu reduzieren. Diese Ziele sind zwar richtig, doch die Produktion großer Mengen Biokraftstoffe ist der falsche Weg dorthin. Der intensive Anbau und der Flächenverbrauch für Biokraftstoffe aus Ackerpflanzen schaden der Artenvielfalt und der Ernährungssicherheit.

Windenergie kann als Hilfsantrieb in Form von Segeln oder Rotoren den konventionellen Treibstoffverbrauch senken und ist damit eine Form von Hybridantrieb. Sonnenenergie kann ebenfalls auf Schiffen Anwendung finden. Auf der Oberfläche der Schiffe montierte Photovoltaikanlagen treiben einen Elektromotor an und speisen eine Bordbatterie, die bei fehlender Sonneneinstrahlung den Vortrieb übernimmt.

Wasserstoff ist ein idealer Brennstoff zum emissionsfreien Antrieb von Schiffen. Der hohe Platzbedarf der Wasserstoff-Tanks sowie die möglichen Gefahren bei Auffahrunfällen, die bei Wasserstoff betriebenen Personenkraftwagen ein Problem darstellen, spielt bei Schiffen nur eine untergeordnete Rolle. Mithilfe von Brennstoffzellen kann der mitgeführte grüne Wasserstoff in Strom zum Antrieb der Schiffsschrauben verwendet werden.

Eine weitere alternative Technik zum Erreichen der Klimaneutralität im Schiffsverkehr ist der Ersatz von fossilem Diesel als Treibstoff durch Methanol, das in Gänze CO_2-neutral gewonnen wurde. Hierzu müssen die Einsatzstoffe Wasserstoff und Kohlendioxid oder Kohlenmonoxid nicht-fossil hergestellt und miteinander entsprechend den nachfolgenden Gleichungen (1) oder (2) zur Reaktion gebracht werden.

$$3H_2 + CO_2 \rightarrow CH_3OH + H_2O \qquad (1)$$

$$2H_2 + CO \rightarrow CH_3OH \qquad (2)$$

H_2 kann zum Beispiel durch Elektrolyse von Wasser aus Überschussstrom von Photovoltaik- oder Windkraftanlagen und CO oder CO_2 aus verschieden Quellen, zum Beispiel fossil betriebenen Kraftwerken, der Zementproduktion (Brennen von Kalk), natürlichen Quellen oder direkt der Atmosphäre entnommen werden.

Zur großtechnischen Umsetzung der Reaktion müssen robuste Katalysatorsysteme entwickelt werden. Dies ist Stand der aktuellen Forschung.

Einige wenige Schiffe fahren heute bereits mit Methanol und erste Reedereien haben neue Schiffe mit Methanol-Antrieb in Auftrag gegeben, die in einigen wenigen Jahren in Dienst gestellt werden. Deshalb muss das Potenzial an grünem Wasserstoff als Grundlage der Methanol-Produktion sehr schnell ausgebaut werden, damit der zukünftige Bedarf gedeckt werden kann.

Die Internationale Seeschifffahrts-Organisation (International Maritime Organization, IMO) hat festgelegt, dass die Seeschifffahrt bis zum Jahre 2050 klimaneutral werden muss.

Nachfolgend werden einige mögliche Maßnahmen im Bereich Schiffsverkehr summarisch aufgeführt, mit deren Hilfe die CO_2-Emissionen verringert werden könnten:

- ✔ Der Einkauf regionaler und saisonaler Produkte macht viele Container-Transporte überflüssig.
- ✔ Die Teilnahme an Kreuzfahrten sollte kritisch überprüft werden.
- ✔ Die Verwendung von Schweröl im Schiffsverkehr muss über kurz oder lang verboten werden.

Flugverkehr

Der globale zivile Luftverkehr hat nach dem drastischen Einbruch durch die Corona-Pandemie bereits fast wieder das Vor-Corona-Niveau erreicht. Im Jahr 2023 wurden 96 Millionen Flugbewegungen und 8,7 Milliarden Passagiere gezählt. Die Flugzeugbauer Boeing und Airbus schätzen den weltweiten Bedarf für neue Flugzeuge in den nächsten 20 Jahren auf 40 000 Stück ein. Insgesamt könnte sich die Zahl der weltweit eingesetzten Passagier- und Frachtmaschinen bis 2043 nahezu verdoppeln.

Zur Erreichung der Klimaschutzziele im Luftverkehr sind nachhaltig produzierte Kraftstoffe unerlässlich. Erste Herstellungsverfahren für Biokerosin sind ausgereift. So zum Beispiel können in einem Konversionsprozess Pflanzenöle hydriert werden. Das Produkt wird mit HEFA (= Hydroprocessed Esters and Fatty Acids) abgekürzt.

Dieser Biokraftstoff ist bereits seit 2011 zertifiziert und wird im Passagierflugverkehr in größeren Mengen zu Testzwecken eingesetzt. Das Herstellungsverfahren Biomass to Liquid (BtL), für das vor allem die Biomasse Holz verwendet wird, ist ebenfalls zugelassen und seit 2009 für den Flugverkehr zertifiziert. Beide Verfahren können aber nicht ohne schwerwiegende Bedenken im großen Stil realisiert werden.

Das Biokerosin HEFA benötigt riesige Anbauflächen für Pflanzenöle und tritt damit in eine Konkurrenz zu notwendigen Anbauflächen für Lebensmittel (»Tank oder Teller«). Das Biokerosin BtL benötigt Holz, wodurch im benötigten Umfang des Rohstoffes die Fotosyntheseleistung der Natur, die Kohlendioxid speichert, beeinträchtigt werden könnte. Aber auch die Herstellung von Biokerosin aus Abfallölen/Frittierfett von Gastronomie und Privathaushalten wird bereits in Versuchsanlagen durchgeführt.

Eine langfristige Alternative könnte auch ein nichtbiogener Prozess sein, bei dem man aus Wasser (H_2O) und Kohlendioxid (CO_2) in einem Hochtemperaturreaktor durch Einwirkung von gebündeltem Sonnenlicht unter Beteiligung eines Katalysators bei circa 2.000 Grad Celsius Synthesegas ($H_2 + CO$) erzeugt, das dann über das sogenannte Fischer-Tropsch-Verfahren in Kerosin umgewandelt wird.

Einen anderen nichtbiogenen Prozess könnte das Power-to-Liquid-Verfahren darstellen. Hier wird grüner Wasserstoff (H_2), der mit Windkraft oder Sonnenenergie erzeugt wurde, mit Kohlenstoffdioxid (CO_2) zu Kohlenwasserstoffen umgesetzt, die anschließend zu Kerosin aufbereitet werden können. Durch nachhaltige chemische Methoden erzeugtes Kerosin ist allerdings doppelt so teuer wie das aus Erdöl erzeugte Kerosin. Damit werden diese Verfahren nur dann wirtschaftlich, wenn die Flugpreise deutlich steigen.

Im April 2023 hat die EU einen richtungsweisenden Beschluss gefasst. Danach müssen Flugzeuge, die auf europäischen Flughäfen starten, ihrem herkömmlichen Kerosin immer größer werdende Mengen an SAF (Sustainable Aviation Fuels) zusetzen.

Ab 2025 sind das zwei Prozent, ab 2030 steigt die Menge auf sechs Prozent, ab 2035 sind es bereits 20 Prozent und bis zum Jahr 2050 sollen 70 Prozent des benötigten Kerosins aus nachhaltigen Quellen stammen. Dieser lange Zeitraum, in dem die Quoten für SAF zunehmend steigen, ist notwendig, damit die Industrie die notwendigen Produktionskapazitäten aufbauen kann.

Elektroflugzeuge, deren Strom zum Beispiel von einen Lithium-Ionen-Akkumulator bereitgestellt wird, eignen sich nur für die Kurzstrecke. Bei batterieelektrischen Propellerflugzeugen entstehen weder direkte noch indirekte Treibhausgasemissionen. Allerdings sind Kurzstreckenflüge nicht sehr sinnvoll, da kurze Entfernungen genauso gut mit der Bahn zurückgelegt werden können. Im Sektor Mobilität ist für Flugzeuge der Ersatz von fossilen Energieträgern mit Abstand am schwierigsten zu realisieren. Flugpreise werden in den nächsten Jahrzehnten mit Sicherheit deutlich steigen, so dass vermutlich der Fernreisetourismus deutliche Abstriche in den Umsätzen machen wird.

Aus dem Blickwinkel der Nachhaltigkeit wäre es auch sehr wünschenswert, wenn die Prognosen der Luftfahrtindustrie, dass sich das Passagieraufkommen bis 2040 verdoppeln wird, nicht eintritt und sich das Passagieraufkommen stattdessen halbieren würde.

Nachfolgend werden einige mögliche Maßnahmen im Bereich Flugverkehr summarisch aufgeführt, mit deren Hilfe die CO_2-Emissionen verringert werden könnten:

- ✔ Nationale Flüge in kleineren Ländern sind in der Regel nicht notwendig. Reisen mit der Bahn ist hier eine gute Alternative.
- ✔ Internationale Flüge sollten auf das Notwendige begrenzt werden.
- ✔ Besprechungen mit ausländischen Partnern sollten möglichst online durchgeführt werden.

Sofern solche Maßnahmen zur Verminderung von Treibhausgasemissionen von der Bevölkerung nur unzureichend angenommen werden sollten, muss die Politik durch lenkende Maßnahmen, wie zum Beispiel durch die Steuergesetzgebung oder den Abbau von Subventionen, nachhelfen.

Eine politische Lenkung ist dringend geboten, weil der Bereich Mobilität weit hinter den bisher gesteckten Zielen der Politik hinterherhinkt. Offenbar sind Verbesserungen auf anderem Weg kaum zu erreichen.

Die größten CO_2-Reduktionen im Gebäudebereich und in der Mobilität können wie folgt erreicht werden:

- ✔ Verhaltensänderungen beim Heizen
- ✔ Austausch alter Heizungsanlagen durch neue, die nicht mit fossilen Brennstoffen betrieben werden
- ✔ Optimale Wärmedämmung, insbesondere bei Altbauten
- ✔ Ersatz von Verbrennerfahrzeugen durch Elektrofahrzeuge
- ✔ Verzicht auf schwere SUV und Geländewagen
- ✔ Angepasste Fahrweise sowie Verzicht auf hohe Beschleunigungen und hohe Endgeschwindigkeiten
- ✔ Ausbau des ÖPNV
- ✔ Überregionale Warentransporte auf die Schiene verlagern
- ✔ Einschränkungen bei Kreuzfahrten und Flugreisen
- ✔ Verzicht auf innerdeutsche Flüge und vermehrte Nutzung der Bahn

IN DIESEM KAPITEL

Bäuerliche Kleinbetriebe und industrielle Landwirtschaft

Bedeutung des Humus in der Landwirtschaft

Ökolandbau

Lebensmittelabfälle

Gamechanger Landnutzung

Resilienter Waldumbau

Verdichtung im Bestand

Kapitel 15
Landwirtschaft und Landnutzung

Die Landwirtschaft ist nur in einem sehr geringen Umfang für die Emission von Treibhausgasen verantwortlich. Noch am stärksten ausgeprägt sind die Emissionen von Methan in der Rinderzucht.

Die Landnutzung verursacht zunächst überhaupt keine Treibhausgas-Emissionen. Allerdings können wir durch eine verfehlte Landnutzungsstrategie viele natürliche CO_2-Senken unwiederbringlich zerstören.

Maßnahmen in der Landwirtschaft

Die Landwirtschaft in Deutschland hat sich seit vielen Jahren immer mehr von bäuerlichen Kleinbetrieben zu einer industriellen Landwirtschaft gewandelt. Damit ist der Blick auf die Bedürfnisse der Natur immer mehr aus dem Fokus geraten. Tierwohl und Nachhaltigkeit müssen immer mehr der Gewinnorientierung weichen. Die industrielle Landwirtschaft ist im Hinblick auf den Klimawandel ein wesentlicher Teil des Problems geworden. Jedoch kann die Landwirtschaft, wenn die Bedürfnisse der Natur wieder in den Mittelpunkt gerückt werden, auch Teil der Lösung sein.

Im Bereich des Ackerbaus muss man sehen, dass Humus eine hervorragende Senke für Kohlendioxid darstellt, aber in der konventionellen Landwirtschaft wird immer mehr Humus abgebaut. Ökologischer Landbau dagegen führt zum Aufbau von Humus. Der richtige Anbau von Zwischenfrüchten, wie in der ökologischen Landwirtschaft üblich, führt zum Aufbau von Humus und zur Stickstofffixierung durch Knöllchenbakterien, wodurch weniger mineralischer Dünger eingesetzt werden muss.

In der konventionellen Landwirtschaft muss sehr viel mineralischer Dünger zugeführt werden, weil die Böden durch sukzessiven Humusabbau ausgelaugt sind. Die Ausbringung von zu viel mineralischem Dünger führt zu starken N_2O-Emissionen und dieses Gas ist wesentlich klimarelevanter als CO_2. Daher muss die ökologische Landwirtschaft viel stärker als bisher die konventionelle Landwirtschaft ablösen.

Im Bereich der Viehzucht muss man sehen, dass Deutschland zwar circa 83 Millionen Einwohner besitzt, aber in Summe 78 Millionen Nutztiere gehalten werden (11,2 Millionen Rinder, 24,6 Millionen Schweine und 42,2 Millionen Legehennen). Rinder sind Wiederkäuer und produzieren über ihren Verdauungstrakt große Mengen des Klimagases Methan (insgesamt 500.000 Tonnen Methan pro Jahr). Aber nicht nur die Rinder produzieren direkt Methan; auch die Lagerung von Gülle und Mist aus allen Nutztierbeständen ist eine gewaltige indirekte Quelle der Methan-Emissionen.

Alle 78 Millionen Nutztiere produzieren pro Jahr zusätzlich 200 Millionen Liter Gülle, woraus nochmals zusätzliche 125.000 Tonnen Methan entstehen. Diese – in Summe 625.000 Tonnen Methan, die in der deutschen Viehwirtschaft jährlich emittiert werden, könnten umso mehr reduziert werden, je mehr die Bevölkerung den Fleisch- und Milchproduktekonsum einschränken würde.

Verbote im Bereich der Bewirtschaftung von Ackerflächen oder der Ernährungsgewohnheiten sind natürlich nicht zielführend, aber freiwillige Maßnahmen der Verbraucher könnten bereits sehr viel bewirken. Diese Wirkung könnte nochmals gesteigert werden, wenn der Staat (die Bundesregierung und die Europäische Union) der Erzeugung von Bioprodukten sowie dem Konsum von pflanzlichen Produkten gegenüber dem Konsum von tierischen Produkten den Vorzug geben würde, und diese Bevorzugung Ausdruck in den Agrarsubventionen und/oder bei den Mehrwertsteuersätzen finden würde.

Dem Bestreben der industriellen Landwirtschaft, so viele Lebensmittel wie irgend möglich zu produzieren, steht die Überproduktion von Lebensmitteln, die sich im Wegwerfen von Lebensmitteln Bahn bricht, entgegen.

Offensichtlich sind Lebensmittel in Deutschland und den Industriestaaten viel zu billig, wenn sie in großen Mengen weggeworfen werden, gleichzeitig aber in vielen Ländern der Erde Hunger herrscht. Entlang der gesamten Lebensmittelversorgungskette, also auf dem Weg eines Lebensmittels von der Urproduktion über den Handel bis hin zum Endverbraucher, fallen in Deutschland pro Jahr Lebensmittelabfälle (Frischmasse) im Umfang von circa elf Millionen Tonnen an.

Die Tabelle 15.1 listet die Lebensmittelabfälle auf, aufgeschlüsselt nach Sektoren der Lebensmittelversorgungskette.

Sektor	Lebensmittelabfälle in Prozent
Primärproduktion	2
Verarbeitung	15
Handel	7
Außer-Haus-Verpflegung	17
Private Haushalte	59
Summe	100

Tabelle 15.1: Lebensmittelabfälle nach Sektoren

Der mit Abstand größte Anteil an weggeworfenen Lebensmitteln findet sich in privaten Haushalten. In Deutschland wirft demnach jede Person durchschnittlich etwa 78 Kilogramm Lebensmittel im Jahr weg. Hier besteht dringender Handlungsbedarf.

Anfang 2024 haben in Deutschland und in anderen europäischen Ländern wie Frankreich, Polen und Belgien Bauernproteste große Aufmerksamkeit erregt. Die Gründe für diese Proteste waren sehr vielschichtig. Im Wesentlichen ging es darum, dass viele Bauern von der Art von Landwirtschaft wie sie bereits seit Jahrzehnten betrieben wird, nicht mehr leben können. Die Brüsseler Agrarpolitik reagierte auf diese teils gewaltsamen Proteste dadurch, dass der in jahrelangen Verhandlungen zwischen Politik und Landwirtschaftsverbänden gefundene Kompromiss, dass Agrarsubventionen in Abhängigkeit von Umweltschutzmaßnahmen gezahlt werden, wieder einkassiert wurde. Die EU-Kommission hat damit ein vollkommen falsches Signal gesendet. Weiterhin wird in der Agrarpolitik die Ausbeutung der Natur gefördert – und nicht die Nachhaltigkeit.

Die im Bereich Landwirtschaft wirksamste Maßnahme, um die CO_2-Emissionen zu vermindern, ist die konsequente Umstellung auf die ökologische Landwirtschaft, wobei die Verbraucher akzeptieren müssen, dass die Produkte der ökologischen Landwirtschaft geringfügig teurer sind als die Produkte der konventionellen Landwirtschaft. Wie in anderen Berufszweigen muss es auch den Landwirten möglich sein, von ihrer Arbeit leben zu können.

Maßnahmen in der Landnutzung

Maßnahmen in der Landnutzung können ein sehr großes Potenzial zur Erhöhung der natürlichen CO_2-Senken entfalten. Da sich der Klimawandel global auswirkt, werden im Folgenden nicht nur die Landnutzungen in Deutschland und Europa, sondern weltweit betrachtet.

Moore, Grünland und Streuobstwiesen

Moore und Sümpfe wurden in der Vergangenheit häufig als wertloses Ödland betrachtet, das vielfach trockengelegt wurde, um Nutzflächen zu schaffen. In einigen Mooren wurde früher Torf gewonnen, welcher zu Heizzwecken oder zur Bodenverbesserung verwendet wurde. Torf verfügt über mindesten 30 Prozent organische Substanz und hat damit einen hohen Heizwert und ist nährstoffreich. Torf ist abgestorbenes Pflanzenmaterial und der erste Schritt im Inkohlungsprozess. Würde man den Torf liegen lassen und die Schichten würden hohen Temperaturen und hohem Druck ausgesetzt, würde sich in Millionen von Jahren daraus Kohle bilden.

Moore bedecken heutzutage nur noch drei Prozent der Landfläche, sind aber hervorragende CO_2-Senken.

Die Moore der Erde speichern doppelt so viel Kohlendioxid wie alle Wälder der Erde zusammen.

Dahingegen setzt die Trockenlegung von Mooren große Mengen an Kohlendioxid wieder frei, die in Tausenden von Jahren zuvor dort gespeichert worden sind. Daher stehen Moore heute unter strengem Naturschutz und eine Wiedervernässung von einst trocken gelegten Mooren muss angestrebt werden. Da Moore die bestmögliche natürliche CO_2-Senke darstellen, ist die Wiedervernässung von ehemaligen Mooren der Königsweg, um einen erheblichen Anteil der zunehmenden CO_2-Freisetzung zu kompensieren.

Grünland hat bedingt durch die Art der Landwirtschaft in den letzten hundert Jahren einen umfassenden Strukturwandel erfahren. Das Vieh bleibt für gewöhnlich im Stall und nicht im Freien und wird zunehmend mit Maissilage oder Kraftfutter gemästet. Grünland wird zur Gewinnung von Ackerland umgepflügt oder aufgeforstet, um den wirtschaftlichen Ertrag zu steigern. Feuchtwiesen wurden im großen Stil durch Entwässerung zerstört. Der Rückgang an Wiesenfläche zur Versorgung der überwiegend im Stall stehenden Tiere erfordert die Düngung der Wiesen, damit die Wiesen sechsmal pro Jahr gemäht werden können und dann ausreichend Futter für die Tiere zur Verfügung steht.

Der Nährstoffüberschuss in Fettwiesen bewirkt, dass die Artenvielfalt verschwindet.

Zeigerpflanzen für Fettwiesen sind Löwenzahn und Hahnenfuß.

Im Zuge der Massentierhaltung werden die Wiesen zur Entsorgung der Güllemassen verwendet. Damit sickern große Mengen an Nitrat ins Grundwasser, sodass viele Trinkwasserversorger ihr aus Grundwasser gewonnenes Rohwasser aufwendig und kostenintensiv vom gesundheitsgefährdenden Nitrat befreien müssen.

Beschränkungen in der Gülleausbringung sind daher unabwendbar.

Streuobstwiesen sind Areale, auf denen Obstbäume mit unterschiedlichen Sorten und verschiedenen Alters auf einer Grasfläche verstreut stehen. Das Obst reift ohne den Einsatz von Spritzmitteln. Die Wiesenfläche wird als Viehweide oder zur Heugewinnung genutzt. Die Bestäubung der Blüten erfolgt in der Regel durch Bienenstöcke, die ein Imker nahe der Wiese aufstellt. Zahlreiche Arten von Insekten, Spinnen, Amphibien, Reptilien und Kleinsäugern sind in Streuobstwiesen zuhause.

Streuobstwiesen zählen zu den meistgefährdeten Lebensräumen, die während der Blütezeit eine Bereicherung des Landschaftsbildes darstellen.

Eine verfehlte Agrarpolitik hat viele dieser Lebensräume verschwinden lassen. Es muss das Ziel der Landbewirtschaftung sein, solche wertvollen Biotope wieder zu betreiben.

Magerrasen, Heiden und Hecken

Magerrasen (oder auch Magerwiesen) und Heiden sind offene Landschaften, die durch menschlichen Einfluss entstanden sind. Sie bilden sich an nährstoffarmen Standorten, meist trockenen Südhängen, durch Mahd oder Schafbeweidung. Schafe fressen keine Sträucher, wie zum Beispiel Wachholder, und daher bleiben diese Sträucher stehen. Durch die Beweidung, die Gewinnung von Stalleinstreu und gelegentliches Abbrennen werden ständig Nährstoffe entfernt. Dadurch ergibt sich ein spezielles Biotop, das zahlreiche Tier- und Pflanzenarten beheimatet, die Wärme, Trockenheit und Nährstoffarmut vertragen.

Solche Gebiete sind heutzutage besonders geschützt. Die Pflege und das Offenhalten dieser Flächen erfolgen durch Schafe und Ziegen.

Der zusätzliche Nährstoffeintrag über die Luft, zum Beispiel NO_2 durch den Kraftfahrzeugverkehr mit Verbrennungsmotoren und Heizen durch fossile Energieträger kann diese Landschaften verändern und zum Verlust von vielen, an diese Umweltbedingungen angepasste Arten führen. Bestehende Magerrasen und Heiden sollten daher weiterhin geschützt werden.

Hecken sind ebenfalls vom Menschen geschaffene Lebensräume als Abgrenzungen von Feldern und Wiesen. Sie umfassen circa vier Prozent der landwirtschaftlichen Fläche und zeigen einen großen Artenreichtum. Durch Flurbereinigungsmaßnahmen, Vergrößerung der landwirtschaftlichen Nutzflächen, Baulandgewinnung und Straßenverbreiterungen sind in den letzten Jahrzehnten viele dieser Biotope verschwunden und damit ist auch ein Schwund des Artenreichtums verbunden.

Neuanpflanzungen von Hecken zwischen den verschiedenen landwirtschaftlich genutzten Flächen sollten im Fokus stehen.

Fließgewässer und Wattenmeer

Die verschiedenen Fließgewässer unterscheiden sich in Gefälle, Strömung, Art des Untergrundes, Wassertemperatur und Wasserqualität. Sie sind Lebensraum für ganz unterschiedliche Tier- und Pflanzenarten. Der Mensch nutzt Fließgewässer zur Gewinnung von Trink- und Bewässerungswasser, als Transportweg und zur Ableitung von Abwässern. Die Schadstoffgehalte in stark genutzten Gewässern sind häufig zu hoch für die natürliche Selbstreinigung, so dass sich Gewässer nur bedingt wieder erholen können. Zahlreiche Arten, die vor 200 Jahren in allen Fließgewässern zuhause waren, wie zum Beispiel Kleinkrebse, sind heutzutage kaum mehr in Flüssen vorhanden.

Kanalisierung und Begradigung der Flüsse führten zum Absinken des Grundwasserspiegels und dadurch gingen viele wertvolle Auenlandschaften verloren. Dies wiederum führte zum Verlust von Retentionsflächen im Umfeld der Fließgewässer und Hochwassersituationen sind verstärkt die Folge. Fließgewässer sollten daher weitestgehend in ihrem natürlichen Verlauf wieder hergestellt werden.

Das Wattenmeer ist eine von Wasserrinnen durchzogene Sand- und Schlickfläche, die bei Flut überspült wird und bei Ebbe trockenfällt. Die deutsche Nordseeküste ist das weltweit größte Wattenmeer (Nationalpark/Weltnaturerbe). Das Wattenmeer ist der Lebensraum zahlreicher angepasster Tier- und Pflanzenarten, der durch Überdüngung des Wassers von Elbe, Weser, Ems, Rhein und des Ijsselmeeres stark gefährdet ist.

Da der große Seehafen Hamburg von vielen Schiffen angelaufen wird, treten auch Verschmutzungen durch den Schiffsverkehr auf. Zudem gibt es Rohöleinträge von Tankern und Ölbohrinseln in der Nordsee.

Durch ein Ansteigen des Meeresspiegels ist dieses Ökosystem stark gefährdet. Schadstoffarme oder sogar schadstofffreie Schiffsantriebe wären notwendig, Ölbohrungen in der Nähe solcher Schutzgebiete sollten eingeschränkt werden.

Gebirge

Gebirge sind die am wenigsten vom Menschen beeinträchtigten Landschaften. Dennoch werden sie intensiv als Rohstofflieferanten (Holz, Erze und Salz), zur Energiegewinnung in Stauseen oder durch den Tourismus genutzt. Mountainbiker zerstören die vorhandene dünne Grasnarbe und verstören die Tierwelt. Die Abholzung von Berghängen zum Bau von Skipisten erhöht das Lawinenrisiko (Schnee, Geröll oder Schlamm). Das Auftauen des Permafrosts in den Bergen erhöht das Risiko von Felsstürzen.

BEISPIEL

Das Auftauen des Permafrosts in der Erwärmungsphase nach der letzten Eiszeit hat Deutschland womöglich den einzigen Dreitausender-Gipfel in den Alpen gekostet. Denn die Zugspitze (2962 Meter) war vor 4.000 Jahren möglicherweise noch über 3.000 Meter hoch.

Der starke Durchgangsverkehr auf den Nord-Süd-Trassen durch die Alpen erhöht die Luftschadstoffbelastungen in den engen Bergtälern, in denen nur unzureichende Luftumwälzungen stattfinden. Österreich reagiert auf diese Belastung der Alpenbewohner mit regionalen Fahrverboten. Durch großräumige Untertunnelungen des Hochgebirges (Alpenbasistunnel) soll dieses Problem abgemildert werden.

Zudem wäre es dringend notwendig, insbesondere den starken LKW-Verkehr durch die Alpen auf die Schiene zu verlagern, damit die Luftschadstoffbelastung signifikant zurückgefahren werden kann. Eine stärkere Verlagerung des LKW-Verkehrs auf die Schiene auch im Flachland würde im Mobilitätsbereich zu signifikanten Einsparungen von CO_2-Emissionen führen.

Mangroven

Im Gezeitenbereich tropischer und subtropischer Küsten wachsen Bäume, die Salzwasser vertragen. Dieses spezielle Ökosystem, Mangroven genannt, beheimatet mehr als 70 Pflanzenarten. Im Wurzelwerk dieser Pflanzen siedeln zahlreiche Arten von Fischen, Muscheln, Schnecken und Krebstieren. Mangrovenwälder schützen aber auch die dahinterliegenden Küsten vor den zerstörerischen Wellen aus dem Ozean.

Viele Mangroven sind bereits verschwunden, weil Menschen diese zur Gewinnung von Brennmaterial oder zur Gewinnung von Siedlungsflächen missbrauchen. Häufig angelegte Garnelenzuchten für den Export von Shrimps belasten schon nach wenigen Jahren die Gewässer mit Abfallstoffen und Chemikalien.

Diese Shrimps-Zuchten müssen daher schon nach wenigen Jahren aufgegeben werden, weil die Erträge signifikant zurückgehen. Der Verzicht der Verbraucher auf Shrimps in der Ernährung könnte viele dieser Biotope retten.

Savannen, Korallenriffe und Polargebiete

Savannen sind mehr oder weniger trockene Landschaften in warmen Regionen mit viel Grasbestand und nur lockerem Baumbestand (zum Beispiel Serengeti). Zu große Viehherden zerstören die dünne fruchtbare Bodenschicht, gefolgt von Verwehungen des Mutterbodens. Es besteht bei Übernutzung die Gefahr, dass sich Savannen in Wüsten verwandeln. Diesen Vorgang nennt man Desertifikation. Die Sahel-Zone am Südrand der Sahara wandelt sich immer mehr in eine Wüste. Die Menschen in der Sahel-Zone gehören zu den Ärmsten dieser Welt.

Diese Armut, gepaart mit kriegerischen Auseinandersetzungen, führt zu massenhafter Flucht aus der Region.

Allerdings scheint der Klimawandel der Sahel-Zone in Zukunft zu mehr Niederschlägen zu verhelfen, was zu einer Wiederbegrünung führen könnte.

Korallenriffe gehören zu den artenreichsten Lebensräumen im Meer. Im Great-Barriere-Riff leben über 400 Korallenarten, hunderte Fischarten, Weichtiere, Schwämme, Stachelhäuter und sechs der sieben Schildkrötenarten. Bei Temperaturen über 30 Grad Celsius sterben Korallen jedoch ab.

Die hohen CO_2-Konzentrationen in der Atmosphäre führen aber auch zu einer zunehmenden Lösung von Kohlendioxid in Wasser unter Bildung von Kohlensäure (H_2CO_3), was wiederum dazu beiträgt, dass der pH-Wert der Ozeane immer weniger basisch wird und sich dadurch das Kalk-Basismaterial der Korallen auflöst.

Dieser vom Klimawandel verursachte Temperaturanstieg und die Versauerung der Ozeane werden bereits heute in einigen Regionen der Weltmeere beobachtet und führen zu einem Rückgang der Korallenpopulationen.

Neben dem Klimawandel gefährden aber auch die Überfischung und der Tauchtourismus die Korallenriffe. Die riesigen Schleppnetze der industriellen Fischfangtrawler vernichten alles Leben am Grund der Ozeane. In Industrieländern muss das heimische Aquarium möglichst exotische Fische enthalten, die Korallenriffe werden auch häufig durch unvorsichtige Taucher zerstört.

In den lebensfeindlichen Polarzonen der Arktis und der Antarktis leben zahlreiche, an die Umweltbedingungen angepasste Pflanzen- und Tierarten. Es handelt sich um empfindliche Ökosysteme, da sich in der Kälte aufgetretene Verschmutzungen nur sehr langsam abbauen. Die Antarktis ist als Schutzgebiet ausgewiesen. Dennoch findet dort ein unangemessener Luxustourismus statt. Eine exklusive Hotelanlage mit eigener Start- und Landebahn für Flugzeuge ist von Kapstadt aus zu erreichen.

In der Arktis hat aber der Wettlauf um Rohstoffe (Erdöl und Erdgas) bereits begonnen und wird durch das sukzessive Abschmelzen der Eismassen noch zunehmen. Russland beansprucht diese Gebiete für sich und bereitet bereits im großen Stil die Ausbeutung vor. Der Temperaturanstieg in der Arktis führt auch zu einer Abschwächung des Jetstream, da Temperaturunterschiede zwischen Äquator und Arktis geringer werden. Dadurch bleiben Großwetterlagen wie Hitze oder Regen in Europa längere Zeit stabil und unverändert.

Luxustourismus und Rohstoffgewinnung gefährden die Ökosysteme von Arktis und Antarktis.

Waldbewirtschaftung

Tropische Regenwälder sind Regionen mit gleichmäßig hoher Temperatur (24-31 Grad Celsius) sowie hohe Luftfeuchtigkeit. Es fällt dort mehr Regen als zur gleichen Zeit verdunstet. Die tropischen Regenwälder liegen im Bereich des Äquators und speisen große Flusssysteme (Amazonas, Kongo).

Dieses Ökosystem beheimatet wenig Säugetiere, aber zahllose Insekten, Spinnentiere, Amphibien, Reptilien und Vögel. Viele der dort lebenden Tier- und Pflanzenarten sind noch unbekannt. Tropische Regenwälder werden auch als »grüne Apotheke« oder »grüne Lunge« bezeichnet, weil es dort viele Pflanzen mit pharmazeutischen Wirkstoffen oder einer ausgeprägten CO_2-Speicherung gibt.

Allerdings werden in den tropischen Regenwäldern riesige Flächen abgeholzt oder durch Brandrodungen vernichtet. Grund hierfür sind wirtschaftliche Interessen: Es soll Tropenholz zum Verkauf auf dem Weltmarkt gewonnen oder neue Anbauflächen für Treibstoffersatz (Ethanol) oder Weideland für Vieh (Rinderzuchten für Fleischexport in Industriestaaten) geschaffen werden.

Wenn die Verbraucher auf den Kauf von Tropenholz und Rindfleisch aus Übersee verzichten würden, hätte der tropische Regenwald gute Chancen, auch die nächsten Jahrzehnte zu überstehen.

Etwa ein Drittel der Fläche Deutschlands ist vom Wald bedeckt. Ursprünglich gab es früher In tieferen Lagen Eichen- und Buchenmischwälder und nur in Hochlagen hatten sich Fichtenwälder ausgebreitet.

Die mitteleuropäischen Wälder nehmen einige sehr wichtige Funktionen ein. Wälder schützen den Boden, regulieren den Wasserhaushalt, reinigen die Luft, produzieren Sauerstoff, dämpfen Lärm und vermindern die Gefahr von Lawinen und Muren.

Bedingt durch die Holzwirtschaft finden sich heute auch in tieferen Lagen überwiegend Fichten- und Kiefernwälder (circa 50 Prozent). Diese Bäume sind schnell wachsend und relativ anspruchslos. Aber Fichten führen zur Versauerung der Böden und werden anfällig für Insektenschäden (Borkenkäfer). Somit besitzen diese Wälder eine höhere Anfälligkeit gegen Wind und Schneewurf.

Der fortschreitende Klimawandel mit höheren Durchschnittstemperaturen in Deutschland macht den Waldumbau notwendig, hin zu klimaresistenteren Baumarten, die vermehrter Trockenheit, Hitze oder Sonne besser standhalten als andere Arten.

Ein Mischwald könnte zum Beispiel mehr Traubeneichen, Tannen, Schwarzkiefer und Douglasien enthalten.

Flächenverbrauch

In Deutschland werden immer wieder neue Flächen für Arbeit, Wohnen und den Verkehr umgenutzt. Von 1992 bis 2022 sind in einem Zeitraum von 30 Jahren die Siedlungs- und Verkehrsflächen um circa 29 Prozent zu Lasten von naturnahen oder landwirtschaftlichen Flächen angestiegen.

Dieser Flächenverbrauch für Siedlungen und Verkehr führt zu erheblichen Auswirkungen auf die Umwelt, zum Beispiel werden Hochwasserereignisse begünstigt, die Biodiversität wird gefährdet und generell werden natürliche CO_2-Senken reduziert.

Die Bundesregierung beabsichtigt, den Flächenverbrauch bis 2030 von zurzeit 52 Hektar pro Tag auf weniger als 30 Hektar pro Tag zu senken.

Dieses Vorhaben ist umso wichtiger, als es bundesweit unbebaute, aber baureife Flächen in erheblichem Umfang gibt. Diese Flächen werden aus den unterschiedlichsten Gründen von den Eigentümern zurückgehalten. Da es aber wegen der eklatanten Wohnungsnot einen ziemlich großen Bedarf an baureifen Grundstücken gibt, muss sich der Gesetzgeber Gedanken darüber machen, wie diese Baulücken in unseren Städten einer notwendigen Nutzung zugeführt werden können. Was für reine Wohngebiete gilt, gilt ebenso für gemischt genutzte und auch für Gewerbegrundstücke. Es ist nicht hinnehmbar, dass regelmäßig neue Baugebiete ausgewiesen werden, obwohl der Leerstand im Bestand immer mehr das Gesicht der Kommunen bestimmt.

Vorrangig sollte der Bedarf an neuen industriellen und kommunalen Nutzflächen durch Umwandlung ungenutzter Nutzflächen gedeckt werden (Verdichtung im Bestand). Im Bereich der Landnutzung können die natürlichen CO_2-Senken zumindest erhalten, wenn nicht sogar erheblich ausgeweitet werden.

Die im Bereich Landnutzung wirksamsten Maßnahmen, um die CO_2-Emissionen zu vermindern, sind:

- ✔ die Wiedervernässung von Mooren
- ✔ der Abholzungsstopp im Regenwald
- ✔ Renaturierung ungenutzter Flächen, um damit wertvollere Ökosysteme zu schaffen

Man könnte es auch allgemeiner formulieren: Die Umwandlung von naturnahen Arealen in von Menschen genutzten Flächen sollte nur noch durchgeführt werden, wenn es absolut unausweichlich erscheint.

IN DIESEM KAPITEL

Technische Maßnahmen des Geoengineerings

Organisatorische Maßnahmen der Kommunen

Verhaltensänderungen von Bürgern

Kapitel 16
Maßnahmen im öffentlichen und privaten Bereich

Neben den bisher dargestellten Maßnahmen gibt es viele weitere Möglichkeiten, wie man den Klimawandel abbremsen oder zumindest die Folgen des Klimawandels abmildern kann. Das sind einerseits technische Maßnahmen des Geoengineerings und andererseits ergänzende Maßnahmen der Kommunen oder Verhaltensänderungen jedes einzelnen Bürgers im privaten Bereich.

Mögliche Maßnahmen des Geoengineerings

Mit Geoengineering werden technische Maßnahmen bezeichnet, die in einem planetarischen Maßstab die unerwünschten Umweltfolgen unserer Zivilisation unterdrücken oder beseitigen sollen. Einige Beispiele sollen darlegen, dass der Fantasie der Ingenieure in diesem Bereich kaum Grenzen gesetzt sind.

Eisendüngung/Alkalisierung des Meeres

Dass die Weltmeere große Mengen Kohlendioxid speichern und damit als CO_2-Senke wirken, ist gut bekannt (falls nicht, blättern Sie einfach nochmals vor zu Kapitel 6). Einige Geoingenieure haben daher vorgeschlagen, abgegrenzten

Meeresgebieten große Mengen Eisensalze als Dünger zuzuführen, um damit das Algenwachstum in diesen Meeresregionen stark anzuregen. In der Wachstumsphase nehmen diese Algen große Mengen Kohlenstoff in ihre Biomasse auf.

Sterben anschließend die Algen ab, sinken sie auf den Meeresgrund und entziehen so den gespeicherten Kohlenstoff für lange Zeit dem Kohlenstoffkreislauf. Nach anfänglichen Erfolgen in Demonstrationsprojekten scheinen die Ergebnisse aber längst nicht so vielversprechend wie anfangs gedacht.

Anstatt der Einbringung von Eisensalzen könnte das Meer auch durch Basen wie Natronlauge alkalisiert werden. Durch eine solche Alkalisierung würde ein Großteil der in den letzten Jahrzehnten verbrauchten Pufferkapazität des Meeres wieder rückgängig gemacht und die Speicherfähigkeit des Meeres gegenüber Kohlendioxid könnte erhöht werden.

Für beide Maßnahmen müssten gewaltige Mengen an Chemikalien ins Meer eingebracht werden, sodass auch unerwartete Reaktionen ausgelöst werden könnten, die letztlich nicht mehr rückgängig gemacht werden können.

Es ist nicht vorhersehbar, welche weitergehenden, nicht beabsichtigten, Folgen das Einbringen großer Chemikalienmengen in die Ozeane haben könnte.

Verwitterung von Silikaten

Bei der natürlich ablaufenden Verwitterung von Silikaten wird Kohlendioxid aus der Atmosphäre in Form von Karbonaten gespeichert und so der Atmosphäre entzogen. Dieser natürliche Prozess benötigt Hunderttausende von Jahren bis zur endgültigen Speicherung des Kohlenstoffs im Boden. Die Idee der Geo-Ingenieure ist, diesen Prozess extrem zu beschleunigen, indem man fein gemahlene Silikate dem Angriff des atmosphärischen Kohlendioxid aussetzt.

In fein gemahlenem Silikat ist die Oberfläche größer als in natürlich belassenem Silikat, und an einer kleineren Oberfläche laufen die chemischen Prozesse deutlich schneller ab als an einem naturbelassenen Material. Dieses Vorgehen wird Enhanced Weathering genannt und könnte eine Möglichkeit sein, der Atmosphäre Kohlendioxid zu entziehen.

Erste Experimente haben aber gezeigt, dass die Effekte sehr viel geringer sind, als theoretisch zu erwarten war.

Reflektion des Sonnenlichts durch Schwefelaerosole

Schwefelaerosole, die im Zuge von Vulkanausbrüchen in die Atmosphäre geschleudert werden, reflektieren im großen Umfang das auf die Erde treffende Sonnenlicht und sorgen dadurch für ein kurzfristiges Abkühlen der Temperaturen auf der Erdoberfläche. Mithilfe von Dutzenden von Raketenstarts könnten solche Schwefelaerosole in riesigen Mengen in die Stratosphäre ausgebracht werden und so eine Abkühlung herbeiführen. Der Prozess solle durch die Häufigkeit an Raketenstarts so gesteuert werden, dass der Erwärmungseffekt der letzten Jahrzehnte gerade so ausgeglichen würde.

Ein sehr großes Risiko bei dieser Vorgehensweise ist die Tatsache, dass Schwefelaerosole in der Stratosphäre die schützende Ozonschicht zerstören.

Reflektion des Sonnenlichts durch Spiegel/ Aluminiumfolien im Weltall

Noch utopischer ist der Vorschlag von Geoingenieuren, die Sonneneinstrahlung auf die Erde durch im Weltall an geeigneter Stelle positionierte Spiegel oder Aluminiumfolien zu reflektieren und so ebenfalls die Strahlungsleistung auf die Erdoberfläche zu verringern.

Diese Techniken werden Solar Radiation Modification (SRM) genannt. SRM wirkt jedoch nur auf der Tagseite der Erde, nicht aber auf der Nachtseite. Eine solch einseitige Manipulation des Strahlungshaushalts könnte unübersehbare Einflüsse auf die globale Wetterlage (Gewitter, Stürme, Niederschläge) und damit auch auf die Ernährungssicherheit der Menschen ausüben.

Es ist unklar, ob die hierbei zu erreichenden Ergebnisse die extrem hohen Kosten rechtfertigen würden.

Beurteilung des Geoengineerings

Die hier vorgestellten unterschiedlichen Vorgehensweisen sind allesamt End-of-Pipe-Technologien, die nachträglich versuchen, einen angerichteten Schaden zu beseitigen oder zu minimieren. Dies ist eindeutig nicht nachhaltig. Dagegen ist es sehr wohl nachhaltig, das Übel an der Wurzel zu packen und die CO_2-Emissionen gar nicht erst entstehen zu lassen.

Einerseits kann durchaus angezweifelt werden, ob solche Maßnahmen tatsächlich die erhofften Wirkungen auch bei der notwendigen Wirtschaftlichkeit erzielen, andererseits besteht immer die Gefahr, dass durch diese Eingriffe in die Natur negative Auswirkungen angestoßen werden, die nicht mehr umkehrbar sind.

Massive Eingriffe in die natürlichen Prozesse der Erde ersetzen keinen Klimaschutz. Aber vielleicht werden in einigen Jahren Methoden des Geoengineerings entwickelt, die ein gewaltiges Potenzial aufweisen könnten.

Mögliche Maßnahmen in Kommunen

Kommunen können gegenüber ihren Bürgern eine Vorbildfunktion einnehmen und sollten daher, was den Umwelt- und Klimaschutz angeht, mit gutem Beispiel vorangehen.

Im Bereich Wasser, Luft und Klima sollte

- ✔ die unnötige Versiegelung öffentlicher Flächen vermieden,
- ✔ Park & Ride-Parkplätze an Bahnhöfen eingerichtet und
- ✔ der Fuhrpark auf verbrauchsarme Fahrzeuge umgerüstet werden.

In der Energiewirtschaft sollten

- ✔ die Dachflächen öffentlicher Gebäude mit Solartechnik genutzt,
- ✔ Stromtankstellen errichtet,
- ✔ stromsparende Geräte verwendet,
- ✔ Straßen- und Raumbeleuchtungen optimiert,
- ✔ öffentliche Gebäude energetisch saniert und
- ✔ intelligente Thermostatventile verwendet werden.

Der Biosphäre kann von Kommunen durch

- ✔ naturnahe Bewirtschaftung eigener Flächen,
- ✔ Einrichtung von Naturlehrpfaden und
- ✔ Ausweisung von Wanderwegen gestärkt werden.

Die Ressourcenverluste können durch

- ✔ Optimierung der Bauhöfe,
- ✔ Verwendung von Pfandflaschen in Schulen und Kantinen,
- ✔ die Verwendung von Recyclingpapieren und
- ✔ Verringerung des Papierverbrauchs minimiert werden.

Kommunen können auch Vorteile für das Zusammenleben der Bevölkerung schaffen, indem sie

- ✔ neue Formen der Bürgerbeteiligung einführen,
- ✔ einen naturnahen Tourismus fördern,
- ✔ lokale Einkaufsmöglichkeiten erhalten und
- ✔ Plätze zur sportlichen Betätigung errichten.

Sonderformen wie zum Beispiel Skateboard-Anlagen sind dabei durchaus erwünscht, nicht aber Golfplätze, die durch das häufige Mähen von riesigen Flächen keinen Beitrag zur Biodiversität leisten.

Mögliche Maßnahmen von Bürgern

Auch der einzelne Bürger sollte sich Maßnahmen der Kommunen zum Vorbild nehmen und eigene Klimaschutzaktivitäten durchführen, weil die Bevölkerung der wichtigste Akteur im Hinblick auf strategische Veränderungen ist. Der einzelne Bürger ist Konsument mit einer – in Summe – hohen Wirtschaftskraft, der einzelne Bürger ist auch Wähler von politischen Parteien mit – in Summe – großem Einfluss auf die politische Landschaft, und der einzelne Bürger ist auch Spendengeber von Nichtregierungsorganisationen (NGO) und besitzt daher auch großen Einfluss auf die Durchsetzungskraft von Hilfsorganisationen.

Nachfolgend eine kleine Auswahl aus einer Vielzahl von Möglichkeiten:

Im Bereich Wasser, Luft und Klima sollte man

- ✔ ein energiesparendes Auto kaufen,
- ✔ vorausschauend am Kraftfahrzeugverkehr teilnehmen,

- ✔ geplante Urlaubsreisen mit dem Flugzeug oder dem Kreuzfahrtschiff kritisch hinterfragen,
- ✔ zum Gießen aufgefangenes Regenwasser nutzen und
- ✔ Produkte regional und in Bioqualität einkaufen.

Wenn man weniger Fleisch und dafür mehr vegetarische Kost zu sich nimmt, lebt man gesünder und verbraucht weniger Ressourcen.

In der Energiewirtschaft sollte man

- ✔ energiesparend heizen und lüften,
- ✔ Zugritzen an Fenstern und Türen abdichten,
- ✔ den Thermostaten der Warmwasserversorgung auf 60 Grad Celsius einstellen,
- ✔ zu einem Ökostromanbieter wechseln,
- ✔ Energieeffizienzklassen beim Neukauf von Geräten berücksichtigen,
- ✔ Stand-by-Funktionen an Geräten nicht verwenden,
- ✔ Kühl- und Gefriergeräte auf +7 Grad Celsius beziehungsweise – 18 Grad Celsius einstellen,
- ✔ Kühl- und Gefriergeräte regelmäßig abtauen und
- ✔ Wäschetrockner gar nicht oder nur sehr sparsam verwenden.

Wenn die existierende Gas- oder Ölheizung ein Alter von 20 Jahren erreicht hat, sollte man sich Gedanken darüber machen, in welcher Form diese ersetzt werden kann, wenn im Störungsfall die Reparatur nicht wirtschaftlich ist.

Ist der Anschluss an ein Nahwärmenetz möglich und sinnvoll? Bietet das Heizen mit Scheitholz oder Pellets eine Alternative oder ist eine Wärmepumpe das Mittel der Wahl? Einen Energieberater zu kontaktieren, ist durchaus sinnvoll.

Jeder Einzelne sollte sehr sorgsam mit der Bestellung von Waren aus dem Internet umgehen. Fast alles, was man im Internet bestellen kann, ist auch im lokalen Handel erhältlich. Die elektronische Bestellung ist durchaus bequem, allerdings werden Unmengen von Verpackungsmaterialen für den Versand von kleinen Gebinden benötigt.

Zur Bereitstellung der benötigten Kartonagen werden Bäume gefällt, und je mehr Waren über das Internet vertrieben werden, desto mehr Plastikverpackungen werden benötigt. Wer alle Gegenstände des täglichen Bedarfs im Internet ordert, muss sich auch nicht wundern, wenn immer mehr Geschäfte in den Innenstädten schließen.

Die Biosphäre benötigt die Unterstützung von uns allen. In der Natur sollte man

- ✔ keinen unnötigen Lärm machen,
- ✔ keinen Müll illegal entsorgen und
- ✔ den eigenen Garten naturnah gestalten.

Auf keinen Fall sollte man geschützte Pflanzen- oder Tierarten aus dem Urlaub mit nach Hause bringen. Gartenbesitzer sollten auf ein zu häufiges Mähen des Rasens verzichten. Ein in einem herkömmlichen Sinn gepflegter Rasen, der alle zwei Wochen oder sogar häufiger gemäht wird, ist eigentlich eine ökologische Wüste, weil mit jedem Mähen alle Blühpflanzen verschwinden. Aus ökologischen Gründen wäre es sinnvoll, eine Rasenfläche nur zwei bis viermal im Jahr zu mähen. Ideale Mähmonate sind Juni und September. Allerdings benötigt man dann zum Mähen eine Hand- oder Motorsense, da der Rasenmäher hochstehende Gräser nicht mehr beseitigen kann.

Wer beim Mähen auf den Rasenmäher nicht verzichten will, könnte auch bewusst Blumeninseln schaffen und immer nur um diese Blumeninseln herum mähen. Es ergeben sich so bunt blühende Areale, die keine besondere Pflege benötigen und Rückzugsorte für Insekten darstellen.

Ressourcenverluste können mit den folgenden Maßnahmen recht einfach vermieden werden:

- ✔ Tropfende Wasserhähne und rinnende Toilettenspülungen zeitnah reparieren.
- ✔ Gebrauchsgegenstände möglichst lange nutzen.
- ✔ Eine saubere Mülltrennung sollte selbstverständlich sein.
- ✔ Lebensmittel sollten nur in den Mengen eingekauft werden, die letztlich auch verzehrt werden.
- ✔ Auf den Kauf von kosmetischen Produkten, die Mikroplastik enthalten, sollte komplett verzichtet werden.

- Beim Kauf von Bekleidungsgegenständen sollte man nur das erwerben, was auch wirklich benötigt wird.
- Der Kauf von modischer Kleidung in Kombination mit dem Wegwerfen von älteren Bekleidungsgegenständen, die aber noch in Ordnung sind, ist kein nachhaltiges Geschäftsmodell.
- Im Bereich des Gartenbaus sollten nur noch torffreie Produkte gekauft werden.

Im Bereich Armut in Entwicklungsländern und Zusammenleben in der Gesellschaft kann auch jeder Einzelne wichtige Beiträge leisten.

- Durch die Übernahme von Patenschaften in der Dritten Welt oder Einzelspenden kann viel erreicht werden.
- Ebenso sollten, wo möglich, Fair-Trade-Produkte eingekauft werden.
- Zudem sollte man sich gut überlegen, ob es sinnvoll ist, die »Geiz ist geil«-Mentalität zu unterstützen. Auf den Kauf von billigsten Waren aus Entwicklungsländern, an deren Produktion Kinder beteiligt waren und einfachste Umweltstandards missachtet worden sind, sollte verzichtet werden.

Auf den Kauf von Produkten, die Palmöl oder Palmfette enthalten, sollte man soweit das geht, verzichten. In Brasilien und Indonesien werden jedes Jahr Hunderttausende Hektar Urwaldflächen brandgerodet, um neue Produktionsflächen für Ölpalmen und Nutzholz für die Papierindustrie zu gewinnen. In den Industrieländern wird dieses geschmacksneutrale und hitzebeständige Fett für Waschmittel, Haarshampoo, Lippenstift, Margarine, Backwaren, Eiscreme, Kekse, Kerzen, Frittierfett und Kraftstoffe benötigt. In Bio- und Ökoprodukten ist dieses Öl in der Regel nicht enthalten.

Diese Aufzählung von Einzelmaßnahmen ist sicherlich nicht von jedem genau so umsetzbar. Vielmehr sollte sich jeder überlegen, was zu den eigenen Bedürfnissen am besten passt und durch welche Maßnahmen man nicht zu sehr in der persönlichen Entwicklung eingeschränkt wird.

Klimaschutz in Gänze wird nur funktionieren, wenn bei den Menschen nicht das Empfinden der Einschränkung überwiegt, sondern das Gefühl, etwas Sinnvolles getan zu haben.

Teil V
Was nun?

IN DIESEM TEIL ...

- Nachhaltigkeit, die Grundlage aller zukünftigen Entwicklungen
- Hemmnisse für den Klimaschutz
- Wie könnte es weitergehen, Top oder Flop?

IN DIESEM KAPITEL

Historische Entwicklung des Begriffes Nachhaltigkeit

Agenda 2030 der Vereinten Nationen

Die 17 Sustainable Development Goals

Moderne Definition der Nachhaltigkeit

Kapitel 17
Vom Klimawandel zur Nachhaltigkeit

Umweltschutz wurde noch im 20. Jahrhundert als ein sehr exotischer Bereich der Politik angesehen. Im Allgemeinen wurden Umweltaktivisten als Störer der wirtschaftlichen Entwicklung betrachtet. Der Schutz der Umwelt war dem Fortschritt und dem Wohlstand entgegen gerichtet. Wohl aber gab es bereits in den siebziger Jahren des letzten Jahrhunderts mahnende Stimmen, die Fortschritt und Wohlstand unmittelbar mit dem Schutz der Umwelt verknüpften.

Am 8. Dezember 1970 beschloss der Bayerische Landtag die Gründung des Bayerischen Staatsministeriums für Landesentwicklung und Umweltfragen. Das bayerische Umweltministerium war nicht nur das erste Umweltministerium in Deutschland, sondern auch das erste in Europa und sogar weltweit. Dennoch wurde auch dann noch der Umweltschutz überwiegend als eine Entwicklungbremsende Maßnahme gesehen. Das änderte sich erst, als der Begriff Nachhaltigkeit immer offensichtlicher in der interessierten Öffentlichkeit diskutiert wurde. Der Begriff Nachhaltigkeit wurde erstmals 1713 von dem sächsischen Oberberghauptmann Hans Carl von Carlowitz in seinem Werk »Sylvicultura oeconomica« geprägt, das erste geschlossene Werk über Forstwirtschaft. In der damaligen Zeit waren Holzeinschläge für den Erzbergbau unentbehrlich, da Stützmaterialien für die Stollen benötigt wurden.

Von Carlowitz empfahl ein nachhaltiges Wirtschaften, das heißt, dem Wald nur so viele Bäume zu entnehmen, wie auch wieder nachwachsen.

Im Jahr 1972 veröffentlichte der Club of Rome, eine Reihe von Wissenschaftlern des MIT (Massachusetts Institute of Technology), im Buch »Die Grenzen des Wachstums« eine Studie zur Zukunft der Weltwirtschaft. Das sehr populäre Buch, von dem bisher 30 Millionen Exemplare in 30 Sprachen verkauft wurde, wurde zum Manifest einer wachstumskritischen Ökologiebewegung. Die Autoren wurden 1973 mit dem Friedenspreis des Deutschen Buchhandels ausgezeichnet.

Im Jahr 1987 veröffentlichte die UN-Kommission für Entwicklung und Umwelt das Papier »Unsere gemeinsame Zukunft«. Das Werk wird auch als »Brundtland-Bericht« bezeichnet, weil die Vorsitzende der Kommission die ehemalige norwegische Ministerpräsidentin Gro Harlem Brundtland war. Die Brundtland-Kommission wurde gegründet, um nachhaltige Entwicklung und den Zusammenhang zwischen Wirtschaftswachstum und Umweltschutz zu untersuchen.

Der Brundtland-Bericht der UN-Kommission für Entwicklung und Umwelt aus dem Jahr 1987 wurde zum Ausgangspunkt der Nachhaltigkeitsdebatte in der internationalen Öffentlichkeit.

Im Jahr 1992 fand der erste globale UN-Krisengipfel zur Nachhaltigkeit der Weltressourcen in Rio de Janeiro statt. Rund 10.000 Politiker aus 172 Ländern nahmen an dieser ersten Konferenz der Vereinten Nationen über Umwelt und Entwicklung teil. In den 27 Prinzipien (Grundsätzen) der Rio-Deklaration wurde unter anderem erstmals global das Recht auf nachhaltige Entwicklung (Sustainable Development) verankert. Weiter wurden das Vorsorge- und das Verursacherprinzip als Leitprinzipien anerkannt.

Im Jahr 2015 haben die Vereinten Nationen die Agenda 2030 mit ökologischen, ökonomischen und sozialen Aspekten verabschiedet. Diese richtet sich an Regierungen, Zivilgesellschaft, Privatwirtschaft und Wissenschaft. Die Ziele der Agenda sind: der Weltbevölkerung weltweit ein menschenwürdiges Dasein zu bieten, die natürlichen Lebensgrundlagen dauerhaft zu bewahren und dabei sowohl ökonomische und ökologische als auch soziale Aspekte ins Auge zu fassen. Die Agenda 2030 versteht sich als ein »globaler Aktionsplan für die Menschen, den Planeten und den Wohlstand«, der den universellen Frieden in größerer Freiheit festigen möchte.

Ein kleiner Auszug aus der Präambel der Agenda 2030 verdeutlicht die Ziele und fokussiert auf die Begriffe Menschen, Planet, Wohlstand, Frieden und Partnerschaft:

- ✔ Menschen: Wir sind entschlossen, Armut und Hunger in all ihren Formen und Dimensionen ein Ende zu setzen …

- ✔ Planet: Wir sind entschlossen, den Planeten vor Schädigung zu schützen, unter anderem durch nachhaltigen Konsum und nachhaltige Produktion, die nachhaltige Bewirtschaftung seiner natürlichen Ressourcen und umgehende Maßnahmen gegen den Klimawandel …

- ✔ Wohlstand: Wir sind entschlossen, dafür zu sorgen, dass alle Menschen ein von Wohlstand geprägtes und erfülltes Leben genießen können …

- ✔ Frieden: Wir sind entschlossen, friedliche, gerechte und inklusive Gesellschaften zu fördern …

- ✔ Partnerschaft: Wir sind entschlossen, die für die Umsetzung benötigten Mittel durch eine mit neuem Leben erfüllte globale Partnerschaft für nachhaltige Entwicklung zu mobilisieren …

Die im Rahmen der Agenda 2030 beschlossenen 17 Sustainable Development Goals (SDGs) sind in Abbildung 17.1 gezeigt.

Abbildung 17.1: Sustainable Development Goals, Quelle: United Nations: `https://www.un.org/sustainabledevelopment/`, »The content of this publication has not been approved by the United Nations and does not reflect the views of the United Nations or its officials or Member States«

- ✔ Das **SDG 1 – Keine Armut** wäre durch eine irgendwie geartete Umverteilung von Vermögenswerten zu erreichen.

  Es wäre ein Leichtes, das »überzählige« Vermögen von 62 Superreichen, die im Besitz von 1,76 Billionen US-Dollar sind, und die weltweiten jährlichen Militärausgaben von circa 2,4 Billionen US-Dollar so umzuverteilen, dass die Armut auf der Welt für immer verschwinden würde. Allein, es fehlen der Wille und die Konzepte, wie man diese Umverteilung erreichen könnte.

✔ Das **SDG 2 – Kein Hunger** hängt unmittelbar mit dem SDG 1 zusammen.

Menschen, die nicht arm sind, werden auch keinen Hunger leiden.

✔ Das **SDG 3 – Gesundheit und Wohlergehen** korreliert ebenfalls mit dem SDG 1.

Alle Menschen dieser Erde, unabhängig von Nationalität, Glauben oder anderen persönlichen Einstellungen, sollten uneingeschränkten Zugang zu einer angemessenen medizinischen Versorgung haben.

✔ Das **SDG 4 – Hochwertige Bildung** ist ebenfalls im Wesentlichen mit der Armut der Menschen verknüpft.

Arme Familien müssen ihre Kinder zur Arbeit schicken, damit sie zum Lebensunterhalt beitragen können. Es bleibt dort keine Zeit, um Lesen und Schreiben zu lernen. Wenig gebildete Menschen können sehr leicht von Eliten innerhalb einer Gesellschaft für deren eigene persönliche Vorteile missbraucht werden. Ein wenig gebildeter Mensch hat dem in der Regel wenig entgegenzusetzen.

✔ Das **SDG 5 – Geschlechtergerechtigkeit** greift die Unterdrückung von Frauen in einigen Gesellschaftssystemen auf.

Solche Ungleichbehandlungen sind durch keinerlei Argumente begründbar und müssen beendet werden.

✔ Das **SDG 6 – Sauberes Wasser und Sanitäreinrichtungen**

… nimmt in den Blick, dass circa zwei Milliarden Menschen nicht über sauberes Wasser oder Sanitäreinrichtungen verfügen. Wasser ist das wichtigste Lebensmittel und sollte daher allen Menschen in ausreichender Reinheit zur Verfügung stehen.

✔ Das **SDG 7 – Bezahlbare und saubere Energie** fokussiert darauf, dass Millionen von Menschen nicht an unsere hochtechnische Infrastruktur zur Energiebereitstellung angebunden sind.

Diese Menschen sind auf das Sammeln von Holz oder Dung zum Beheizen und Kochen angewiesen.

✔ Das **SDG 8 – Menschenwürdige Arbeit und Wirtschaftswachstum** fordert einen fairen Ausgleich zwischen Wirtschaftswachstum und der arbeitenden Bevölkerung, die dieses Wirtschaftswachstum trägt.

Die Arbeit muss menschenwürdig sein, also durch Arbeitssicherheitsmaßnahmen hinterlegt, die dem Schutz der Arbeiter dienen, und die Bezahlung der Arbeit muss für das Leben in der Gesellschaft auskömmlich sein.

✔ Das **SDG 9 – Industrie, Innovation und Infrastruktur** nimmt die modernen Gegebenheiten unserer Welt in den Blick.

Es sollen durch Innovationen Industrien aufgebaut werden, die letztlich menschenwürdige Arbeitsplätze schaffen und so zum Aufbau und zur Weiterentwicklung der Infrastruktur beitragen.

✔ Das **SDG 10 – Weniger Ungleichheiten** fokussiert auf die Gleichheit aller Menschen.

Alle Menschen unabhängig von Alter, Geschlecht, Behinderung, Ethnizität, Herkunft, Religion oder sonstigen Unterschieden sollen gleiche Chancen haben, zur Selbstbestimmung befähigt und ihre soziale und politische Inklusion gefördert werden.

✔ Das **SDG 11 – Nachhaltige Städte und Gemeinden** beschreibt unsere gesellschaftlichen Organisationsstrukturen.

Es wäre wünschenswert, dass es den circa 1,1 Milliarden Menschen, die in Slums oder slumähnlichen Verhältnissen leben müssen, ermöglicht wird, in sicheren, inklusiven und nachhaltigen Städten und Siedlungen beheimatet zu sein und damit Zugang zu allen bedeutenden Infrastruktureinrichtungen wie Wasser, Abwasser, Energie, Verkehrssystemen und Naherholung zu haben.

✔ Das **SDG 12 – Nachhaltiger Konsum und Produktion**

... fordert die Produktion von Waren, die über lange Nutzungszeiten verfügen und nicht bereits nach kurzer Zeit zu Abfall werden. Dies geht einher mit der Forderung, industriell hergestellte Produkte reparaturfreundlich zu gestalten, um der in Industriestaaten realisierten Wegwerfgesellschaft entgegenzuwirken.

✔ Das **SDG 13 – Maßnahmen zum Klimaschutz**

... stellt die Notwendigkeit heraus, der Erderwärmung Paroli zu bieten. Ohne gezielte und wirksame Maßnahmen in diesem Bereich ist zu befürchten, dass selbst die größten Anstrengungen bei der Umsetzung der übrigen SDG nur geringe Wirkungen entfalten werden.

- Das **SDG 14 – Leben unter Wasser**

  ... fordert, dass die Versauerung der Ozeane so weit wie möglich reduziert, Fischbestände nachhaltig bewirtschaftet und Überfischung, illegale, unregulierte und ungemeldete Fischerei und zerstörerische Fischereipraktiken beendet werden.

- Das **SDG 15 – Leben an Land** bezieht sich auf intakte Landökosysteme.

  Die Leistungen der vielfältigen Landökosysteme sollen erhalten, gegebenenfalls wiederhergestellt und nachhaltig genutzt werden. Eine Verschlechterung natürlicher Lebensräume und Biodiversitätsverluste müssen verringert werden. Hierzu tragen gute Umweltgesetzgebungen bei, die effektiv durchgesetzt werden.

- Das **SDG 16 – Frieden, Gerechtigkeit und starke Institutionen**

  ... soll dazu beitragen, dass weniger Menschen Opfer von Gewalt werden, Menschenhandel soll beendet und sexualisierte Gewalt bekämpft werden. Hierzu sind Rechtsordnungen notwendig, die konsequent gegen Gewaltanwendung vorgehen.

- Das **SDG 17 – Partnerschaften zur Erreichung der Ziele** fokussiert auf die Zusammenarbeit der Staaten.

  Insbesondere sollen die Länder des globalen Nordens die Länder des globalen Südens beim Kapazitätsaufbau für eine nachhaltige Entwicklung unterstützen, hierfür zusätzliche finanzielle Mittel bereitstellen und Investitionsfördersysteme einrichten.

Diese 17 SDG subsummieren alle wesentlichen Elemente, die für ein Zusammenleben der Menschheit von Bedeutung sind. Nur leider wird deren Bedeutung nicht von allen Menschen erkannt. Das liegt überwiegend an den zahlreichen Egoismen, von denen viele Menschen beherrscht werden.

Man kann diese SDG auch in drei unterschiedliche Gruppen einteilen, und zwar solche, die ökonomische, ökologische und soziale Aspekte adressieren.

Die Ökonomie ist in der Regel auf ständiges Wachstum ausgerichtet und sieht die Ökologie als einen Hemmschuh, der das Wachstum gefährdet und die Gewinne der Wirtschaftsunternehmen schmälert. Ebenso werden soziale Aspekte als kontraproduktiv eingeschätzt, da unter Befolgung sozialer Kriterien die Wirtschaft in ihrer Entwicklung eingeengt wird. Ökonomie kann aber nicht funktionieren, wenn die Menschen fehlen, die die Arbeit bewältigen oder wenn die arbeitende Bevölkerung durch Missgunst oder Misstrauen verunsichert ist.

Die Ökologie richtet ihr Streben auf den Erhalt der Umwelt aus. Wirtschaftliche Aktivitäten beuten die natürlichen Ressourcen aus und gefährden das gedeihliche Nebeneinander von biologischen Arten. Die Ökologie ist aber überall dort in einem desolaten Zustand, wo die Ökonomie nicht die finanziellen Mittel zur Verfügung stellt, um Schäden an der Umwelt zu beheben oder die Menschen nur die Sorge um das tägliche Überleben umtreibt und der Blick für die Umwelt daher verloren geht.

Soziales hat die Gleichheit von Männern und Frauen im Fokus und soll verhindern, dass eine Gruppe von Menschen eine andere Gruppe ausbeutet (zum Beispiel Vermeidung von Kinderarbeit) und die unantastbare Menschenwürde und die unverletzlichen und unveräußerlichen Menschenrechte garantieren. Soziale Aspekte aber geraten leicht in Vergessenheit, wenn Ökonomie und Ökologie in einen unversöhnlichen Wettstreit eintreten.

Die rein ökonomische und auch die rein ökologische Sichtweise gehen an dem eigentlichen Problem deutlich vorbei. Es wird angenommen, dass Technik, die die Ökonomie beflügelt, und Natur, die die Grundlage der Ökologie ist, Kategorien sind, die sich gegenseitig ausschließen.

Es muss keine Entscheidung getroffen werden, wenn beide Sichtweisen miteinander im Konflikt stehen. Vielmehr wird in dem Fall eine Neuausrichtung der Beziehungen von Ökonomie und Ökologie zueinander notwendig. Wenn dabei auch immer die sozialen Aspekte Berücksichtigung finden, hat man alles richtig gemacht.

Zugleich lassen sich diese drei Gruppen auch in der Historie betrachten. Die Ökonomie hatte eine uneingeschränkte Bedeutung nach dem Ende des Zweiten Weltkrieges erlangt. Die Wirtschaft boomte, in Deutschland wurde der Begriff »Wirtschaftswunder« geprägt. Die wirtschaftliche Entwicklung fand statt, ohne dass Rücksicht auf empfindliche Ökosysteme genommen wurde. Zu Beginn der sechziger Jahre des letzten Jahrhunderts offenbarten sich immer mehr negative Folgen der menschlichen Eingriffe in die Natur.

Die Bedeutung der Ökologie wurde immer offensichtlicher, obwohl anfänglich Menschen, die sich für den Erhalt der Ökosysteme einsetzten, als Spinner und Bremser des Wohlstandes abqualifiziert wurden. Bereits in den achtziger Jahren des letzten Jahrhunderts hatte die Politik sehr viele Bedarfe der Ökosysteme in Umweltgesetze gepackt und verfolgte Zuwiderhandlungen auch zivil- und strafrechtlich. Am Ende des 20. Jahrhunderts waren es immer mehr Unternehmen, die ihre Entwicklungsstrategie auf Ökonomie und Ökologie ausrichteten und sich an zertifizierten Umweltmanagementsystemen beteiligten, in denen die Ökonomie und die Ökologie gleichberechtigt nebeneinander auftraten.

Ein Unternehmen, das in seiner Strategie besonderen Wert auf ökonomische und ökologische Aspekte legt, betreibt ein Umweltmanagementsystem.

Soziale Aspekte wurden zu der Zeit immer noch stiefmütterlich behandelt. Diese waren nur von Bedeutung, wenn man selbst betroffen war. Anderen Menschen soziale Aspekte zuzugestehen war man umso weniger bereit, je fremder der Kulturkreis der anderen erschien. Heutzutage sind die sozialen Aspekte auf dem Weg, den gleichen Rang zu erreichen wie die Ökonomie und die Ökologie. Dieser Weg ist allerdings steinig und ein Ende bisher noch nicht in Sicht. Immer mehr Unternehmen gehen dazu über, ihren Umweltmanagementsystemen, die die Ökonomie und die Ökologie berücksichtigen, auch die sozialen Aspekte hinzuzufügen.

Ein Unternehmen, das in seiner Strategie die Ökonomie, die Ökologie und das Soziale in den Fokus nimmt, betreibt ein Nachhaltigkeitsmanagementsystem.

Ökonomie, Ökologie und Soziales sind also die drei Säulen der Nachhaltigkeit (siehe Abbildung 17.2).

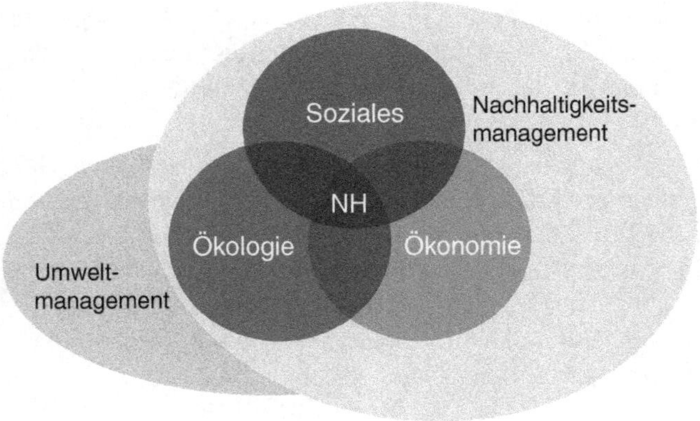

Abbildung 17.2: Die drei Säulen der Nachhaltigkeit

Würden alle Unternehmen in dieser Welt ein echtes Nachhaltigkeitsmanagement betreiben und wir alle deren Bemühungen durch unser Handeln aktiv unterstützen, könnten die großen Probleme in unserer Gemeinschaft gelöst werden.

IN DIESEM KAPITEL

Klimafreundliche Ausgestaltung der Entwicklungshilfe

Bildung und soziale Gerechtigkeit

Kapitel 18
Nachhaltigkeit in Schwellen- und Entwicklungsländern

Heutzutage sollte man den Begriff Klimawandel nicht zu eng fassen. Klimawandel und Umweltverschmutzung können nicht mehr streng voneinander getrennt werden, weil sie eng miteinander verknüpft sind. Insbesondere gilt das in den Entwicklungs- und Schwellenländern. Viele Verhaltensweisen in diesen Ländern führen zu Belastungen für das Klima. In der Regel sind die Menschen dort aber nicht in der Lage, ihre Verhaltensweisen zu ändern, da Armut oder Glaubensvorstellungen dies verhindern.

Die reichen Industriestaaten müssen viel größere Anstrengungen unternehmen, um mithilfe von Projekten über die Entwicklungshilfe die enormen Missverhältnisse zwischen armen und reichen Staaten zu vermindern.

Daher sollte man bei Maßnahmen, die dem Klimawandel entgegenwirken, immer die Nachhaltigkeit im Blick haben.

Das Bundesministerium für wirtschaftliche Zusammenarbeit und Entwicklung definiert die Nachhaltigkeit sehr treffend:

»Nachhaltigkeit oder nachhaltige Entwicklung bedeutet, die Bedürfnisse der Gegenwart so zu befriedigen, dass die Möglichkeiten zukünftiger Generationen nicht eingeschränkt werden. Dabei ist es wichtig, die drei Dimensionen der Nachhaltigkeit – wirtschaftlich effizient, sozial gerecht, ökologisch tragfähig – gleichberechtigt zu betrachten. Um die globalen Ressourcen langfristig zu erhalten, sollte Nachhaltigkeit die Grundlage aller politischen Entscheidungen sein.«

Viele Maßnahmen zur Verminderung von Treibhausgasen kosten Geld – Geld, das den meisten Entwicklungsländern fehlt. Andererseits können in den Entwicklungsländern viele Maßnahmen umgesetzt werden, die keine großen Investitionen benötigen, die aber mit Einstellungsänderungen der Menschen verknüpft sind. Hier müssen die reichen Industriestaaten eingreifen, die bereits über Budgets für die Entwicklungshilfe verfügen und zudem gezielt über Maßnahmen zur Verbesserung von Umweltstandards informieren könnten.

Wasser, Landwirtschaft, Haushalte und Industrie

Ozeane bedecken 71 Prozent der Erdoberfläche. Süßwasser ist weltweit in großen Mengen vorhanden, wenn auch räumlich unterschiedlich verteilt. In den meisten Industrieländern ist genügend Trinkwasser vorhanden.

Dort ist Trinkwasser das sauberste und am besten kontrollierte Lebensmittel. In Entwicklungs- und Schwellenländern verfügen mehr als zwei Milliarden Menschen in 40 Staaten nicht über ausreichende Trinkwasserressourcen, eine Milliarde Menschen hat überhaupt keinen Zugang zu sauberem Wasser. Fünf Millionen Menschen sterben pro Jahr an Krankheiten, die durch verschmutztes Wasser ausgelöst werden. Häufig wird sauberes Grundwasser unwissentlich verschmutzt, sodass die nachträgliche Aufbereitung von Trinkwasser Energie benötigt und damit zum Klimawandel beiträgt.

Eine effiziente Landwirtschaft ist nötig, um acht Milliarden Menschen bestmöglich ernähren zu können. Aber die Intensivlandwirtschaft verbraucht circa fünf Mal so viel Wasser wie die herkömmliche extensive Bodenbewirtschaftung.

Es drohen daher eine lokale Knappheit des Süßwassers und eine Versalzung der Böden, sodass diese für eine weitere landwirtschaftliche Nutzung nicht mehr zur Verfügung stehen.

Ein bekanntes Negativ-Beispiel ist der Aralsee. Hier wurde jahrzehntelang eine intensivste Baumwollwirtschaft betrieben. Dies hat letztlich zu einer ausgetrockneten und mit Agrarchemikalien belasteten Salzwüste geführt.

Die Entwicklungshilfe muss den unterentwickelten Ländern Möglichkeiten aufzeigen, wie die Landwirtschaft in Abhängigkeit von den lokalen Bedingungen nachhaltig betrieben werden kann.

Haushalte tragen große Mengen hormonell wirkender Substanzen und Medikamente in die Kläranlagen oder direkt ungereinigt in die Flüsse ein, die nicht oder nur unzureichend abgebaut werden. Das können Verhütungsmittel, entzündungshemmende Mittel oder Kontrastmittel sein. Industrieanlagen verschmutzen Flüsse, Seen und das Meer durch Schwermetalle oder andere Industriechemikalien.

Mikroplastik, das aus verrottenden Kunststoffen entsteht, wird in großen Mengen in die Umwelt eingetragen, weil in Entwicklungsländern eine funktionierende Abfallwirtschaft fehlt. Die häufigsten Plastikabfälle in Gewässern sind Plastiktüten, PET-Getränkeflaschen und Zigarettenfilter.

Durch eine gezielte Entwicklungshilfe kann eine Abfallwirtschaft aufgebaut werden, die den üblichen Standards in Industrieländern genügt und dabei auch zu Einsparungen bei Treibhausgasemissionen führt.

Saurer Regen und Schwermetalle

Die Verbrennung von fossilen Rohstoffen führt nicht nur zu Emissionen von Kohlendioxid, sondern auch zur Emission von Schwefeldioxid und Stickstoffoxiden, die mit Wasser und Oxidationsmitteln starke Säuren wie Schwefelsäure (H_2SO_4) und Salpetersäure (HNO_3) bilden. Durch die Auswaschung dieser Säuren mit dem Niederschlag bildet sich saurer Regen. Während der pH-Wert von unbelastetem Regen bei circa 5,5 liegt, ist der pH-Wert von saurem Regen zum Teil deutlich unter 5. Saurer Regen führt zur Korrosion von Baustoffen wie Sandstein, Marmor und Stahl und macht Korrosionsschutz und aufwendige Restaurierungen notwendig.

Saurer Regen mobilisiert auch wasserunlösliche Schwermetalle und schädigt Pflanzen, vor allem Bäume. Waldschäden entstehen dadurch, dass der saure Regen die Wurzeln der Bäume schwächt und die Bäume später durch einen Sturm zu Fall gebracht werden können.

In Deutschland und anderen Industrieländern war saurer Regen noch vor einigen Dutzend Jahren ein großes Problem, weil viele Anlagen der Schwerindustrie ihre Abluft ungefiltert in die Atmosphäre entließen. Die Politik jedoch verpflichtete die Anlagenbetreiber zu immer umfangreicheren Rückhaltemaßnahmen, sodass die Luft immer sauberer wurde. Daher ist heutzutage saurer Regen in Industrieländern kein Problem mehr.

In Schwellenländern mit immer größer werdenden Industrieanlagen hingegen trägt saurer Regen auch heute noch zu Umweltverschmutzungen bei, weil es in diesen Ländern oft nur unzureichende Rückhaltemaßnahmen gibt. Saurer Regen in Entwicklungs- und Schwellenländern führt zu großräumigen Schäden an der dortigen Vegetation, wodurch weniger Kohlendioxid durch Wälder gebunden werden kann.

Metalle wie Eisen, Chrom, Kupfer, Zink und Selen sind als Spurenelemente für Lebewesen essenziell, allerdings können hohe Konzentrationen auch schädlich wirken. Andere Elemente wie Blei (früher im bleihaltigen Benzin), Cadmium (in Akkus und Farbstoffen, wird in Metallhütten und Müllverbrennungsanlagen emittiert), Thallium (wird in der metallverarbeitenden Industrie und bei der Herstellung von Spezialgläsern freigesetzt), Quecksilber (früher in Thermometern und bei der Goldgewinnung aus Erzen verwendet) und Arsen (kommt in Altablagerungen vor) sind hochtoxisch und dürfen nicht mehr in die Umwelt eingetragen werden.

In Industrieländern ist die Freisetzung dieser Umweltschadstoffe nur noch ein untergeordnetes Problem, denn die Politik in diesen Ländern erlegt der lokalen Industrie umfassende Vorgaben im Hinblick auf den Einsatz ausgereifter Rückhaltemaßnahmen auf.

Solange die Justiz in diesen Ländern die Einhaltung der rechtlichen Vorgaben überprüft und Verfehlungen auch konsequent geahndet werden, sollten Umweltgefährdungen im großen Stil die Ausnahme sein.

In Schwellen- und Entwicklungsländern allerdings gibt es häufig keine gesetzlichen Vorgaben zur Einhaltung von Rückhaltemaßnahmen und wenn doch, werden diese oft auch durch Korruption ausgehebelt. In diesem Sinne sind die Probleme, die durch die Emission von Schwermetallen verursacht werden, auch heutzutage noch nicht gelöst.

In Schwellen- und Entwicklungsländern werden geogene (also natürliche) Metallvorkommen häufig ohne Berücksichtigung von Umweltstandards abgebaut, was zu dramatischen Schäden in der Natur führen kann. Solche Schäden können große Kohlenstoffsenken dezimieren und verhindern damit die natürliche Fixierung von Kohlendioxid in der Natur.

Mangelnde Bildung und Kinderrechte

Bildung ist eine der wichtigsten Voraussetzungen zur Überwindung von Armut, Hunger, Krankheiten und undemokratischen Staatsformen.

800 Millionen Menschen auf der Erde können nicht lesen und schreiben, davon 560 Millionen Menschen in neun Staaten.

Es sind dies die Länder südlich der Sahara, Indien, China, Bangladesch und Pakistan. Die Quote der Analphabeten im Niger beträgt 80 Prozent. Vielfach können Kinder keine Schule besuchen, selbst wenn der Schulbesuch kostenlos ist.

Armut, Krieg oder die religiöse Einstellung der Bevölkerung verhindern den Schulbesuch der Kinder. Mangelnde Bildung ist aber nicht ausschließlich ein Problem der Entwicklungsländer. Selbst in den USA können 55 Millionen Menschen, das sind fast 17 Prozent, kaum lesen.

Menschen, die nicht über Bildung verfügen, können kaum einschätzen, wie sehr der Klimawandel in der heutigen Zeit unsere Lebensgrundlagen gefährdet.

Diese Menschen werden daher ihr Verhalten kaum danach ausrichten, wie es für Natur und Umwelt angebracht wäre.

Armut, vor allem in Afrika führt dazu, dass Kinderrechte systematisch missachtet werden. Kinder erleben Kinderarbeit, Zwangsverheiratung, Ausbeutung und erfahren eine unzureichende Schulbildung. Vielfach werden sie auch als Kindersoldaten missbraucht. Flucht und Migration sind häufig eine Folge der Missachtung von Kinderrechten.

Geschlechtergerechtigkeit, Diversity, Vielfalt und Inklusion

In Ländern südlich der Sahara gehen drei Viertel der Männer einer bezahlten Tätigkeit nach, aber drei Viertel der Frauen leisten eine unbezahlte Arbeit. Frauen erhalten in der Regel weniger Lohn für gleiche Arbeit und sind prozentual seltener in Führungspositionen als Männer. Das trifft auch auf Industrieländer zu.

Einige besonders extreme Beispiele der fehlenden Gleichberechtigung von Mann und Frau aus der Lebenswirklichkeit sind im Folgenden aufgezählt.

- ✔ In ländlichen Gebieten der Türkei sind Mädchen praktisch im Besitz ihrer Väter und Brüder und werden zur Heirat gezwungen.
- ✔ In afrikanischen Ländern werden teils 80 Prozent aller Mädchen beschnitten und damit ihre Genitalien verstümmelt.

- ✔ In vielen radikal-islamischen Ländern dürfen Jungen zur Schule gehen, nicht aber die Mädchen.

Solche Vorkommnisse gibt es auch in einigen der 195 Staaten weltweit, die das Internationales Abkommen der Vereinten Nationen gegen die Diskriminierung von Frauen im Jahr 1980 unterschrieben haben.

Die Anerkennung und Wertschätzung aller Menschen unabhängig von ihrer sozialen oder ethnischen Herkunft, ihrem Geschlecht, ihrer sexuellen Orientierung, ihrer Religionszugehörigkeit oder Weltanschauung, ihrem Lebensalter, ihrer physischen oder psychischen Fähigkeiten oder anderer Merkmale ist in Entwicklungsländern selten und in Industrieländern nicht immer gegeben.

Seit Ende der 1990er Jahre wird das Konzept von Diversity und Vielfalt von der EU als Leitbild verwendet. Seit 2006 sind in der deutschen Gesetzgebung die Aspekte der Vielfalt im Allgemeinen Gleichbehandlungsgesetz berücksichtigt. Dadurch sollen Menschen vor Diskriminierung geschützt werden.

Menschen mit Behinderung sollen ihr Leben nicht mehr an vorhandene Strukturen anpassen müssen. Die Gesellschaft ist aufgerufen, Strukturen zu schaffen, die es jedem Menschen – auch den Menschen mit Behinderung – ermöglichen, von Anfang an Wertschätzung in der Gesellschaft zu erfahren.

Weltweit gibt es 650 Millionen Menschen mit Behinderung. Das sind knapp über acht Prozent. Die UN-Konvention über die Rechte von Menschen mit Behinderungen inklusive Zusatzprotokoll wurde 2006 von der UN-Generalversammlung verabschiedet. Jedoch nur in 45 Staaten gibt es Vorschriften und Gesetze, die die Rechte dieser Menschen besonders schützen.

Das Bundeskabinett verabschiedete 2011 einen nationalen Aktionsplan mit 200 Einzelmaßnahmen, die die Inklusion in Deutschland verbessern sollen.

Zusammenfassend ergeben sich einige mögliche Maßnahmen zum Schutz vor Umweltverschmutzung, mangelnder Bildung sowie zur konsequenten Durchsetzung von Menschenrechten.

Zur Vermeidung von Umweltverschmutzungen in Entwicklungs- und Schwellenländern sollten Anlagen zur Aufbereitung von Brauchwasser oder Meerwasserentsalzung sowie moderne Rauchgasreinigungsanlagen aufgebaut werden, die mit Solarenergie betrieben werden können. In diesen Ländern sollten zudem Oberflächenwasserverschmutzungen gesetzlich verboten und der Aufbau von Kläranlagen unterstützt werden.

Mögliche Maßnahmen könnten sehr einfach aus der UN-Millenniumserklärung abgeleitet werden, zu der sich 189 UN-Mitgliedsstaaten im Jahr 2000 verpflichtet haben. Das Werkzeug ist da, allein, es fehlt der Handwerker, der es einsetzt.

Die Millenniumsziele der Uno sind:

- ✔ Halbierung der Zahl der Hungernden bis 2015.
- ✔ Alle Kinder sollen bis 2015 zumindest die Grundschule abschließen können.
- ✔ Gleichstellung der Geschlechter.
- ✔ Vermindern der Kindersterblichkeit.
- ✔ Verbesserung der Gesundheitsvorsorge.
- ✔ Bekämpfung von Seuchen wie AIDS und Malaria.
- ✔ Schutz von Umwelt und Biodiversität.
- ✔ Zugang zu sauberem Wasser ermöglichen.

Weitere mögliche Maßnahmen, die im Bereich der Entwicklungshilfe die Gesamtsituation von Natur und Mensch verbessern könnten, sind einerseits der faire Handel und andererseits eine Entwicklungszusammenarbeit, die auf Hilfe zur Selbsthilfe beruht.

Zahlreiche Bauern der Dritten Welt leben von Exportgütern wie zum Beispiel Kaffee, Kakao, Zucker und Bananen, erhalten aber nur einen winzigen Bruchteil des Endverbraucherpreises. Der Großteil des Preises wird durch Zölle, Steuern und Zwischenhandel verursacht. Fair-Handelsorganisationen vermarkten die Produkte zu Preisen über den Weltmarktpreisen und die Differenz kommt den Bauern zugute.

Im Jahr 1961 wurde die OECD in Paris gegründet. Die OECD ist die Organisation für wirtschaftliche Zusammenarbeit und Entwicklung. Im »Kalten Krieg« wurde deren Arbeit häufig von politischen Einflussnahmen bestimmt. Die Umsetzung von Maßnahmen wurden nur unzureichend kontrolliert und die Gelder der Industriestaaten versickerten häufig bei Oligarchen. Heutzutage erfolgt die Unterstützung der Entwicklungsländer zumeist auf Basis der »Hilfe zur Selbsthilfe«, mit Kontrolle der Finanzströme und Beseitigung der Korruption. Schwerpunkte der Förderungen müssen Bildung, Gesundheit, ländliche Entwicklung sowie gute Regierungsführung sein.

Die im Bereich der Schwellen- und Entwicklungsländer wirksamsten Maßnahmen, um die CO_2-Emissionen zu vermindern, sind:

- ✔ Finanzielle Unterstützung beim Bau von Kläranlagen und anderen technischen Einrichtungen, die die Schadstoffemissionen in der Luft vermindern.
- ✔ Technische und organisatorische Hilfe beim Aufbau eines funktionierenden Abfallrecyclings.
- ✔ Flächendeckende Förderung der Schulbildung, damit die Probleme des Klimawandels in der Breite der Bevölkerung wahrgenommen werden.
- ✔ Unterstützung bei der Beachtung von Menschenrechten wie zum Beispiel Geschlechtergerechtigkeit, Diversity, Vielfalt und Inklusion.
- ✔ Hilfe bei der Verhinderung von Korruption.

IN DIESEM KAPITEL

- Autokratie versus Demokratie
- Krieg und Frieden
- Militärausgaben
- Die Grenzen des Wachstums
- Die Kluft zwischen Armen und Reichen

Kapitel 19
Hemmnisse für den Klimaschutz

In der heutigen Zeit gibt es einige Hemmnisse, die es dem Klimaschutz massiv erschweren, sich global Bahn zu brechen. Dies sind die unterschiedlichen Regierungssysteme, insbesondere oligarchische Autokratien, die nicht enden wollenden Unruhen und kriegerischen Auseinandersetzungen, die weltweiten Rüstungsausgaben, die weltweiten Rufe nach immer mehr Wirtschaftswachstum sowie die immer weiter zunehmenden Unterschiede zwischen den Ärmsten der Armen und den Superreichen.

Regierungssysteme

Die heutigen Staatsformen auf der Erde werden von Demokratien und autoritären Regimen bestimmt. Derzeit leben 45,7 Prozent aller Menschen in Demokratien und 39,4 Prozent in autoritären Staatsformen. Die britische Zeitschrift The Economist veröffentlicht seit einigen Jahren einen Demokratieindex, in dem 167 Staaten anhand fünf verschiedener Kategorien bewertet und in einem Ranking gelistet werden. Die fünf Kategorien sind:

- ✔ Wahlprozess und Pluralismus
- ✔ Funktionsweise der Regierung

- Politische Teilhabe
- Politische Kultur
- Bürgerrechte

Je nach erreichten Punktzahlen in jeder dieser Kategorie werden die Staaten eingeteilt in:

- Vollständige Demokratien
- Unvollständige Demokratien
- Hybridsysteme (Mischform aus Demokratie und Diktatur)
- Autoritäre Regime

Gemäß dieser Einteilung sind 23 Staaten vollständige Demokratien (zum Beispiel alle skandinavischen Staaten, Neuseeland, alle mittel- und westeuropäischen Staaten), 49 unvollständige Demokratien (zum Beispiel Vereinigte Staaten von Amerika, Israel, Indien), 36 Hybridsysteme (zum Beispiel Peru, Kenia, Türkei) und 59 autoritäre Regime (zum Beispiel Russland, Volksrepublik China, Saudi-Arabien).

Während in Demokratien Bürgerrechte mehr oder weniger geachtet werden, spielen diese in autoritären Regimen kaum eine Rolle. Die einzelne Person muss sich in einer Autokratie dem dort herrschenden Mainstream bedingungslos unterwerfen. Dieser Mainstream kann religiöse Hintergründe haben, wie zum Beispiel in Afghanistan, oder auch nationalistisch motiviert sein, wie zum Beispiel in Russland. Häufig werden von Diktatoren religiöse oder nationalistische Beweggründe nur vorgeschoben, um den größten Teil der Bevölkerung zur Zustimmung zu bewegen. Tatsächlich ist die Motivation für die »Staatsraison« jedoch lediglich der Machterhalt einer einzelnen Person oder einer kleinen Clique von Gleichgesinnten.

Durch den Machterhalt oder Machtausbau wird die wirtschaftliche Prosperität der Gleichgesinnten auf hohem Niveau erhalten. Dies geht in der Regel auf Kosten der übrigen Bevölkerung, die ihr Leben zumeist unter katastrophalen Bedingungen fristen muss.

Das autoritäre Regime zementiert damit die Ungleichheit, die natürlich auch der einfachen Bevölkerung nicht verborgen bleibt. Jedoch ist es nur schwer möglich, der von der Staatsführung ausgegebenen »Staatsraison« zu entfliehen, die Nichtbefolgung ist mit Strafe bedroht. Die Strafen können von Ausgrenzung über körperliche Gewalt bis hin zur Todesstrafe reichen. Die Unterdrückungsmaßnahmen gegenüber der eigenen Bevölkerung werden im Allgemeinen immer drastischer, je mehr Widerstand aus der Bevölkerung aufkeimt. So zum Beispiel sind im Iran als Antwort auf die Proteste gegen die Verschleierungsvorschriften von Frauen sogar Todesurteile verhängt worden. Sofern das jeweilige Regime gegenüber Protesten in der Bevölkerung Nachgiebigkeit zeigen würde, wäre das Ende der Autokratie absehbar.

In Autokratien werden nicht nur die Bürgerrechte missachtet, sondern es wird auch häufig der Klimawandel geleugnet.

Klimawandel ist mit negativen Emotionen verbunden, in einer Autokratie sind aber überwiegend positive Emotionen erwünscht, um die kleine Clique von Profiteuren des Machtsystems bei der Stange zu halten. In der griechischen Mythologie aber auch in der Bibel wurde der Überbringer der schlechten Nachricht gemieden oder sogar mit dem Tode bedroht. In der Neuzeit muss der Überbringer einer schlechten Nachricht, zum Beispiel den Hinweisen auf den Klimawandel, nicht mehr um sein Leben fürchten, aber die Warnungen vor den Folgen der Erderwärmung werden nicht ernst genommen. Glaubt man aber den Hinweisen der Klimawissenschaftler, muss man auch die negativen Folgen, wie zum Beispiel Einschränkungen im persönlichen Umfeld oder einen Wohlstandverlust, in Kauf nehmen.

In jeder Demokratie gibt es aber auch Menschen, die nur das eigene Wohlergehen im Blick haben und keinerlei Rücksicht auf andere Individuen nehmen. Einschränkungen oder Verhaltensänderungen sollen nur für Andere gelten – Hauptsache man ist selbst auf der Gewinnerseite. Dafür kann man auch schon mal die Demokratie opfern. Die Anzahl an Menschen, die diese Einstellung verfolgt, wird umso größer, je umfangreicher die persönlichen Einschränkungen werden und je länger es dauert, bis erste Erfolge in der Bekämpfung des Klimawandels erzielt werden. Das zunehmende Erstarken von nationalistischen Bewegungen weltweit ist ein Beleg hierfür. Rechtsnationale Wahlerfolge in den USA, in den Niederlande, in Frankreich, in Österreich, in Ungarn und in Deutschland gefährden in nie dagewesener Art und Weise die Demokratie. Aber es gibt die Hoffnung, dass ein rechtsnationaler Kurs auch wieder umkehrbar ist, wie die Wahlergebnisse aus dem Jahr 2023 in Polen zum Sejm zeigen.

Andererseits droht der Demokratie aber auch Gefahr von der entgegengesetzten Seite: Organisationen wie »Die Neue Generation« (vorher: Die letzte Generation) oder »Extinction Rebellion« werden immer aggressiver in ihrem Bemühen, für den Erhalt der natürlichen Umweltbedingungen einzutreten.

Die Ziele dieser Aktivisten sind richtig und lobenswert, nicht aber die Methoden. Das Blockieren von Straßen und Flughäfen fordert den Widerstand der Gesetzgebung heraus. Die Aktivisten werden kriminalisiert und es drohen gewaltsame Auseinandersetzungen bis hin zu Terroranschlägen, wie sie Deutschland bereits Ende der siebziger Jahre des letzten Jahrhunderts erlebt hatte. Über den Klimawandel geraten die Demokratien dieser Welt immer mehr von zwei Seiten unter Druck.

Die notwendigen Maßnahmen, die zur Klimaneutralität führen sollen, müssen aber auch bei der Bevölkerung Verständnis finden, obwohl die mit diesen Maßnahmen einhergehenden Kosten nicht zu vernachlässigen sind. Dies kann nur gelingen, wenn einerseits die Politik die Notwendigkeit fundiert erklärt und andererseits die Maßnahmen in den Medien nicht verzerrt und übertrieben dargestellt werden, weil ein bestimmtes politisches Ziel verfolgt wird oder einfach nur eine pessimistische Grundstimmung verbreitet werden soll, obwohl es hierfür überhaupt keinen Anlass gibt.

Die These »Früher war alles besser« verfängt leider immer noch sehr gut in der Breite der Bevölkerung, auch wenn dafür keinerlei Beweise vorgelegt werden können.

Das beste Beispiel hierfür sind die anhaltenden Diskussionen in der deutschen Presse der vergangenen Jahre über das Gebäudeenergiegesetz (GEG), das umgangssprachlich Heizungsgesetz genannt wird. Es wurde durch falsche Darstellungen der Eindruck erweckt, die Bundesregierung wolle Eigenheimbesitzer dazu zwingen, relativ neuwertige Öl- oder Gasheizungen durch Wärmepumpen zu ersetzen. Solche unsinnigen Behauptungen werden dann begierig von anderen Parteien aufgegriffen, um die Stimmung in der Bevölkerung in eine gewünschte Richtung zu beeinflussen. Durch solche Vorgänge werden leicht unhaltbare Positionen von notorischen Klima-Leugnern unterstützt.

Soziale Unruhen und Kriege

Soziale Unruhen haben meistens ihren Ausgangspunkt in Staaten, die autoritär geführt werden. Sie treten immer wieder auf, solange es extreme Ungleichheiten innerhalb der Bevölkerung gibt. Diese Ungleichheiten können sich auf das Einkommen, die Bevorzugung von gesellschaftlichen Gruppen oder die Auslegung von Politik oder Religion beziehen.

Demokratien sind gegenüber sozialen Unruhen viel belastbarer, weil Meinungsverschiedenheiten in einem Diskurs ausgetragen werden können.

Der Mainstream wird nicht von der Staatsführung bestimmt, sondern von der Bevölkerung. Agiert die Staatsführung entgegen diesem Mainstream, wird sie in der nächsten Wahl abgelöst. Nachfolgend werden einige soziale Unruhen aus der Vergangenheit aufgeführt.

In China fand im Jahr 1989 ein Volksaufstand auf dem Tiananmen-Platz statt, der von der Staatsführung mit brutaler Gewalt niedergeschlagen wurde. In der Ukraine fanden im Jahr 2013 Proteste auf dem Maidan-Platz gegen den Staatspräsidenten statt, der ein Assoziierungsabkommen mit der EU verweigerte. In Chile gab es 2019 nach 30 Jahren Machtmissbrauch der politischen Führung Proteste gegen die soziale Ungleichheit in der Bevölkerung. In Kasachstan protestierte im Jahr 2022 die Bevölkerung gegen die autokratische Staatsführung. In den Jahren 2022 und 2023 protestierten Menschen im Iran gegen das Mullah-Regime wegen der Diskriminierung von Frauen und Mädchen.

Die Folgen solcher sozialen Unruhen sind Verletzte, Tote, Zerstörungen und Umweltverschmutzungen in lokal und zeitlich begrenztem Umfang.

Seit langer Zeit gibt es kein Jahr mehr, in dem keine nationalen oder internationalen Kriege stattfanden, in manchen Jahren sogar mehrere kriegerische Auseinandersetzungen gleichzeitig. Seit 2011 tobt ein Bürgerkrieg in Syrien und seit 2012 Bürgerkriege in der Zentralafrikanischen Republik sowie in Mali.

Von 2013 bis 2018 herrschte Bürgerkrieg im Südsudan. Seit 2014 tobt der Krieg in der Ostukraine. Im Jahr 2014 brach zum wiederholten Male ein Krieg im Gaza-Streifen aus, der im Jahr 2023 in Tötung und Entführung von Hunderten von Israelis und darauffolgend in der Besetzung des Gaza-Streifens durch die israelische Armee kulminierte.

Seit 2015 wird im Jemen Krieg geführt. Seit 2016 wird im Rahmen des Rohyngia-Konflikts in Myanmar gekämpft. Seit 2020 kommt es in Bergkarabach immer wieder zu Auseinandersetzungen zwischen Armenien und Aserbaidschan.

Seit 2020 wütet ein Bürgerkrieg in Tigray/Äthiopien. Im Jahr 2022 überfiel Russland die Ukraine. Viele dieser Kriege werden durch andere autoritäre Staaten aktiv oder auch passiv unterstützt, sodass es für die Weltgemeinschaft meist unmöglich ist, eine dauerhafte Friedenslösung zu erreichen.

Die Folgen solcher Kriege sind Tausende von Verletzten und Toten, Zerstörungen und Umweltschäden in erheblichem Ausmaß.

Solche Auseinandersetzungen werden auf dem Rücken der Bevölkerung ausgetragen. Die Mitglieder der jeweiligen Regierungen nehmen in der Regel keinen Schaden, wohl aber die einfachen Menschen, die kaum eine Möglichkeit haben, den Kampfhandlungen zu entgehen. Besonders eklatant ist, dass die Bevölkerung in kriegführenden Ländern im Allgemeinen den Frieden mit großer Mehrheit herbeisehnt.

Die Kriege der letzten 10 Jahre in Syrien, in der Zentralafrikanischen Republik, in Mali, im Südsudan, im Gaza-Streifen, im Jemen, in Myanmar, in Armenien, in Aserbaidschan, in Äthiopien und in der Ukraine werden allesamt von autoritär geführten Regimen initiiert oder zumindest mit der Lieferung von Waffen und Propaganda unterstützt.

Innenpolitische Konflikte werden aber von autoritären Regierungen durch außenpolitische Auseinandersetzungen kaschiert. Es wird in der Bevölkerung der Eindruck erweckt, die Nation sei in Gefahr. Daher müsse die Gemeinschaft des Staates zusammenstehen und die Werte der Heimat verteidigen.

In einem solchen Umfeld kann ein Ruf nach Klimawandel überhaupt nicht gehört werden. Während andere Nationen Anstrengungen unternehmen, um den Klimawandel einzudämmen, setzen die kriegführenden Staaten durch die Explosionen von Granaten und Raketen enorme Mengen an Kohlendioxid frei.

Rüstungswettlauf

Die weltweiten Rüstungsausgaben haben im Jahr 2023 insgesamt 2,4 Billionen US-Dollar betragen. Dies entspricht gegenüber 2022 einer Steigerung um sieben Prozent. Die USA liegen mit 916 Milliarden US-Dollar mit Abstand an der Spitze gefolgt von China mit 296 Milliarden US-Dollar, Russland mit 109 Milliarden US-Dollar und Indien mit 83,6 Milliarden US-Dollar. Dieser starke Anstieg der weltweiten Rüstungsausgaben ist im Wesentlichen durch den völkerrechtswidrigen Überfall Russlands auf die Ukraine bedingt, der dazu führte, dass viele ost- und mitteleuropäische Länder ihre Rüstungsausgaben massiv steigerten.

Es ist vernünftig, die Militärausgaben eines Staates mit seinem Bruttoinlandsprodukt (BIP) in Beziehung zu setzen. Das BIP repräsentiert die Wirtschaftskraft eines Landes. Je höher das BIP, umso mehr kann sich ein Staat Ausgaben im Rüstungssektor volkswirtschaftlich leisten. Die Abbildung 19.1 zeigt die prozentualen Ausgaben mehrerer Staaten bezogen auf das BIP.

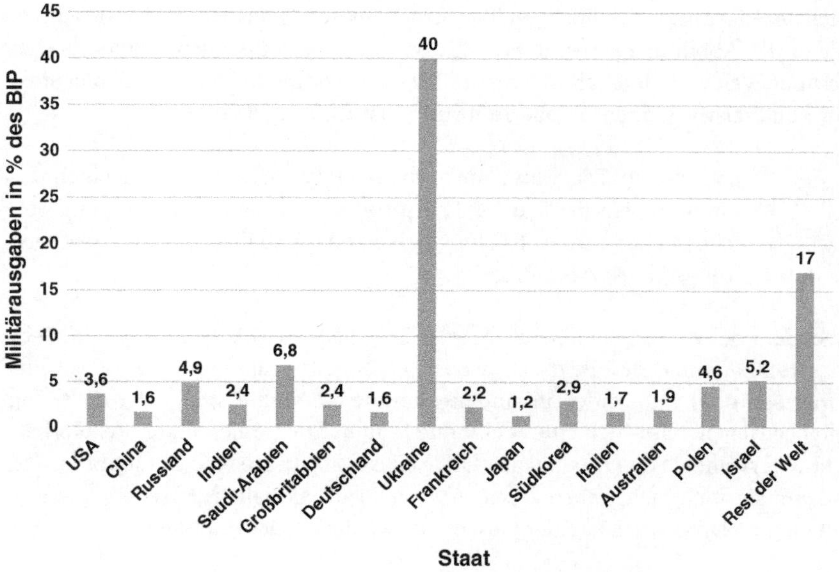

Abbildung 19.1: Militärausgaben in Prozent bezogen auf das BIP

Während in den stark aufgerüsteten Staaten im Großen und Ganzen die Militärausgaben circa zwei Prozent oder weniger des Bruttoinlandsprodukts betragen (China, Indien, Großbritannien, Deutschland, Frankreich, Japan, Italien, Australien), beträgt die Rüstungsquote in der Ukraine 40 Prozent des Bruttoinlandsprodukts.

Dieser erschreckend hohe Wert hängt natürlich mit dem aktuellen Überfall Russlands auf die Ukraine zusammen. Die Ukraine hatte nur die Wahl, die Übernahme durch Russland zu akzeptieren oder sich zu wehren, wodurch unglaublich hohe Ausgaben für die Verteidigung entstehen. Der Aggressor Russland hat im letzten Jahr seine Wirtschaft auf eine Kriegswirtschaft umgestellt und erreicht daher mit fünf Prozent des BIP ebenfalls einen sehr hohen Anteil an Militärausgaben.

Einen noch wesentlich höheren Anteil besitzt Saudi-Arabien mit sieben Prozent. Das Land befindet sich bereits seit Jahren in einem Krieg im Jemen. Die USA verfügen über den weltweit absolut größten Haushalt für das Militär, er nimmt aber nur circa vier Prozent des Bruttoinlandsprodukts ein. Die USA waren seit dem Zweiten Weltkrieg in kriegerische Auseinandersetzungen in Korea, Vietnam, dem Irak und Afghanistan verwickelt. Die hohen Militärausgaben von Israel mit fünf Prozent des Bruttoinlandsprodukts resultieren aus den jahrelangen Kriegen mit den Nachbarländern.

Polen rüstet seit 2022 ganz massiv auf (fünf Prozent des BIP), da im Land die Befürchtung besteht, nach dem Überfall Russlands auf die Ukraine könnte sich die nächste Aggression des dortigen Terrorregimes gegen das eigene Land richten. Die in der Abbildung genannten 17 Prozent des Bruttoinlandsprodukts für den Rest der Welt verteilen sich auf circa 180 Staaten, sodass auf jeden einzelnen Staat nur noch relativ geringe Anteile am Bruttoinlandsprodukt entfallen.

Aus den im Diagramm angegebenen Rüstungsausgaben, die mehr als zwei Prozent des Bruttoinlandsprodukts betragen, erkennt man, welche Staaten ihre Aufrüstungen weit oberhalb ihrer eigentlichen Leistungsfähigkeit betreiben.

Nachdem der russische Generalsekretär der KPDSU Gorbatschow am 25. Februar 1986 erstmals den Begriff Glasnost (Offenheit) prägte und die Perestroika (Umgestaltung) des Landes ankündigte, konnte die Welt erstmals der Hoffnung entgegensehen, dass auch eine Welt ohne Waffen funktionieren könnte. Gorbatschow verwendete den Ausspruch »Ohne Glasnost gibt es keine Demokratie, und es kann sie auch nicht geben.« Leider versucht die aktuelle russische Regierung seit einigen Jahren, das Rad der Geschichte wieder zurückzudrehen.

Die weltweite Rüstungsindustrie erzeugt durch die Herstellung von Sprengmitteln große Mengen an Kohlenstoffdioxid, die in die Atmosphäre abgegeben werden und so den Klimawandel befeuern. Aber noch viel höhere CO_2-Emissionen werden freigesetzt, wenn diese Sprengmittel in kriegerischen Auseinandersetzungen zum Einsatz kommen.

Mit dem Betrag der weltweiten Rüstungsausgaben im Umfang von 2,4 Billionen US-Dollar könnte die aktuelle weltweite Finanzierungslücke für Anpassungsmaßnahmen an den zunehmenden Klimawandel im Bereich von 194 bis 366 Milliarden US-Dollar pro Jahr, die das UN-Umweltprogramm UNEP geschätzt hat, ohne Weiteres geschlossen werden.

Wirtschaftliche Hemmnisse

Neben der Korruption in Autokratien und kriegerischen Auseinandersetzungen kann auch eine falsch strukturierte Ökonomie ein erhebliches Hemmnis für den Klimaschutz darstellen.

Steuern und Abgaben

Mithilfe von Steuern und Abgaben können erhebliche Fortschritte bei der Minimierung von Treibhausgas-Emissionen und der Bewältigung der Folgen des Klimawandels erzielt werden.

Im Wirtschaftssystem gibt es zahlreiche Produkte oder Verbräuche, die Folgekosten für die Gesamtgesellschaft zur Folge haben. Diese Kosten für die Gesamtgesellschaft entstehen, wenn die Umwelt oder das Klima geschädigt wird und der Staat letztlich diese Schäden durch einen finanziellen Aufwand wieder beseitigen muss. Bereiche, in denen solche externen Kosten anfallen, sind Klimawandel durch Treibhausgasemissionen, Luft-, Wasser- und Bodenverschmutzung durch Luftschadstoffe, Düngemittel-, Pestizid- oder Antibiotikaeinsatz, Schaffung neuer Infrastrukturen, in denen die Biodiversität beeinträchtigt wird oder eine ungesunde Ernährung durch zu viel Fleischprodukte und einen zu hohen Zuckergehalt.

Daher sollten umwelt- und klimaschädigende Aktivitäten einen Preis erhalten, der möglichst exakt der Höhe des verursachten Schadens entspricht. Der Staat könnte dann diesen Preis durch das Steuer- und Abgabesystem vom Verbraucher einfordern. Solche externen Kosten lassen sich nicht genau beziffern, aber grobe Schätzungen gehen davon aus, dass in Deutschland die externen Kosten mehr als 13 Prozent der Wirtschaftsleistung betragen. Damit könnte der Staat Einnahmen generieren, die höher wären als die bisherige Lohn- und Einkommensteuer.

Unter konsequentem Umbau des Steuer- und Abgabensystems in Lenkungssteuern und Lenkungsabgaben stünden dem Staat erheblich höhere Steuereinnahmen und damit ein größerer Gestaltungsspielraum für ein nachhaltiges Steuer- und Abgabensystem zur Verfügung.

Steuern und Abgaben auf Produkte und Verbräuche, bei denen keine externen Kosten verursacht werden, könnten gesenkt oder Haushalte und Unternehmen durch Rückerstattungen oder gezielte Förderungen entlastet werden.

In einem solchen Steuersystem hätte die Atomenergie keine Chance mehr, da deren externe Kosten die Technologie unbezahlbar machen. Über Jahrzehnte hinweg haben die Energieversorger mit der Kerntechnik hohe Gewinne eingefahren, die horrenden Kosten für die Wiederaufbereitung oder die Endlagerung von abgebrannten Brennstäben verbleibt allerdings beim Staat.

Die im Bereich von Steuern und Abgaben wirkungsvollste Maßnahme, um die CO_2-Emissionen zu vermindern, ist, allen umwelt- und klimaschädigenden Aktivitäten einen Preis zuzuschreiben, der möglichst exakt der Höhe des verursachten Schadens entspricht. Dieser Preis muss dem Verursacher in Form einer Steuer auferlegt werden. Die »Nicht-Verursacher« müssen im gleichen Umfang steuerlich entlastet werden.

Subventionen

Subventionen werden von der Bundesregierung, von Landesregierungen oder von der Europäischen Union ausgegeben. Unter Subventionen werden direkte Finanzhilfen sowie Steuervergünstigungen zusammengefasst. Die Subventionen der Bundesregierung sind in den letzten Jahren erheblich angestiegen, und zwar von 43,8 Milliarden Euro im Jahr 2021 auf 65,9 Milliarden Euro im Jahr 2023.

Die Bundesregierung hat subventionspolitische Leitlinien erstellt, gemäß denen Subventionen unter anderem zu befristen und degressiv auszugestalten sind. Zudem sind neue Finanzhilfen durch Einsparungen an anderer Stelle zu finanzieren. Diese Leitlinien stellen eine Selbstverpflichtung der Bundesregierung dar. Alle zwei Jahre erstellt die Bundesregierung einen Subventionsbericht. Dieser Bericht soll insbesondere dem Parlament ein differenziertes und zutreffendes Bild über die Finanzhilfen und Steuervergünstigungen vermitteln. Nur dann kann es bewerten, ob insbesondere Finanzhilfen noch im gegenwärtigen Umfang notwendig sind oder abgeschafft werden können. Allerdings sind nach Feststellungen des Bundesrechnungshofes die meisten Finanzhilfen nicht degressiv ausgestaltet und werden teilweise auch seit vielen Jahren ausgegeben, ohne dass die weitere Notwendigkeit geprüft wurde. Zudem sollen alle Subventionen der Bundesregierung hinsichtlich ihrer Klimawirkung bewertet werden. Dabei ist ein nicht unerheblicher Anteil der Steuervergünstigungen (circa fünf Prozent) mit teilweise negativen Wirkungen auf den Klimaschutz eingestuft worden. Hierunter fallen Dieselsteuer- und Dienstwagenprivileg, Pendlerpauschale und Kerosinsteuer, die bereits in Kapitel 14 erläutert worden sind.

Fossile Energieträger werden immer noch in erheblichem Umfang subventioniert, weil zum Beispiel die Kosten der Luftverschmutzung nicht in die Preisbildung einbezogen wird. Die anfallenden Kosten, die entstehen, wenn diese Umweltverschmutzung wieder rückgängig gemacht werden muss, trägt die Allgemeinheit. Rechnet man diese Kosten mit ein, stellt man fest, dass die Tonne Kohlendioxid mit circa 150 US-Dollar subventioniert wird.

Wenn man berücksichtigt, dass ab dem Jahr 2026 die CO_2-Abgabe 55 bis 65 Euro je Tonne ausgestoßenem Kohlendioxid betragen soll (siehe Kapitel 10), sieht man sofort, dass diese Abgabe durchaus verdoppelt werden könnte, wenn man diese fehlgeleitete Subvention beseitigen möchte.

Die Bundesregierung beabsichtigte Anfang 2024, die Kfz-Steuerbefreiung für die Landwirtschaft sowie die Steuerbegünstigung bei Agrardiesel zu streichen, weil diese Steuerbegünstigungen – wie viele andere auch – negative Wirkungen auf den Klimaschutz entfalten. Langanhaltende Proteste der Landwirte gegen diese Reform im Steuerrecht führte letztlich zu einem Kompromiss in der Ausgestaltung.

Auf die Abschaffung der Begünstigung bei der Kfz-Steuer wurde verzichtet, die Steuerbegünstigung beim Agrardiesel soll bis 2025 in Stufen verringert werden, bis diese ab 2026 ganz entfallen soll, wobei dann der normale Steuersatz auch für die Landwirte fällig wird.

Finanzhilfen der Bundesregierung werden nicht stringent nach den Klassifikationen klimafreundlich, klimaneutral oder klimaschädlich bewertet. Dieser Mangel wurde deutlich vom Bundesrechnungshof gerügt.

Die Finanzhilfen der Bundesländer betrugen im Jahr 2023 in Summe 16 Milliarden Euro. Die Aufteilung dieser Subventionen in die verschiedenen Bereiche zeigt die Abbildung 19.2.

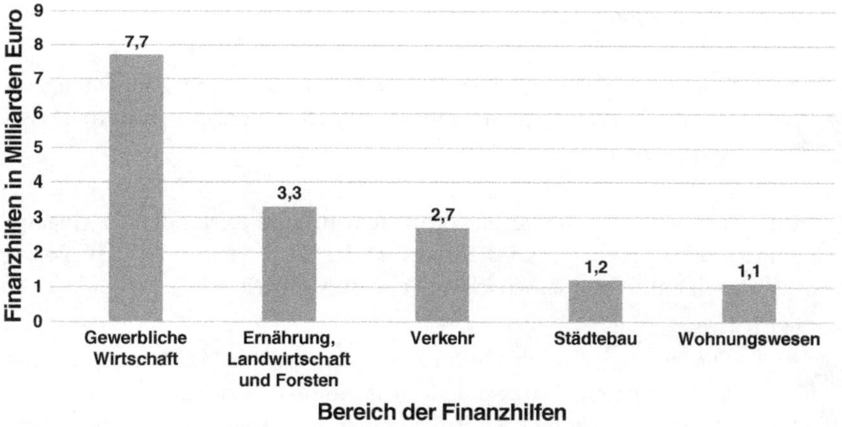

Abbildung 19.2: Finanzhilfen der Bundesländer

Naturgemäß ist der Gesamtbetrag dieser Finanzhilfen der Bundesländer deutlich niedriger als die des Bundes. Der größte Anteil der Finanzhilfen entfällt auf die gewerbliche Wirtschaft, gefolgt von Ernährung, Land- und Forstwirtschaft und dem Verkehr. Den Bereichen Städtebau und Wohnungswesen kommt die geringste Unterstützung zu. Die Finanzhilfen für die gewerbliche Wirtschaft werden zumeist gezahlt, um Arbeitsplätze im jeweiligen Bundesland zu sichern, die Finanzhilfen für Ernährung, Land- und Forstwirtschaft unterstützen zumeist die Landwirte, die ohne solche Unterstützungen kaum überlebensfähig wären.

Die Europäische Union subventioniert die Landwirtschaft in den Mitgliedsländern in sehr großem Stil. Diese Subventionen, die es bereits seit 1962 gibt, werden Gemeinsame Agrarpolitik genannt (GAP). Die EU-Agrarsubventionen werden zurzeit als Direktzahlungen (70 Prozent) oder zur Entwicklung des ländlichen

Raumes (30 Prozent) gewährt. Die deutschen Landwirte erhalten im Jahr 2024 in Form der Direktzahlung 4,3 Milliarden Euro und in Form der Förderung des ländlichen Raumes 1,8 Milliarden Euro. Mit den Direktzahlungen sollen die Einkommen der Landwirte aufgestockt und damit Arbeitsplätze erhalten werden. Die Zahlungen aus dem Topf Entwicklung des ländlichen Raumes fließen nur, wenn die Landwirte Gegenleistungen im Klimaschutz oder im Erhalt der Biodiversität erbringen, zum Beispiel das Stilllegen von Ackerflächen, Erosionsschutz, ökologischen Landbau oder Tierwohlmaßnahmen.

Indem sich die Höhe der Subventionen immer stärker an erbrachten Leistungen im Klimaschutz orientieren, befindet sich die EU prinzipiell auf dem richtigen Weg. Allerdings sollten in Zukunft die Direktzahlungen noch weiter zugunsten der Entwicklung des ländlichen Raumes reduziert werden. Es ist nur schwer einsehbar, dass eine Berufsgruppe in Europa wesentliche Anteile ihres Jahreseinkommens in Form von öffentlichen Geldern erhält, unabhängig davon, wie hoch der eigene Arbeitsanteil ist.

Damit Landwirte von ihrer eigenen Arbeit leben können, müssten die Verbraucher in Europa deutlich höhere Lebensmittelpreise akzeptieren.

Es wird ersichtlich, dass die europäische Gemeinsame Agrarpolitik zwingend weiterentwickelt werden muss. Allerdings ist der Weg dahin unter den Politikern, aber auch unter den Wissenschaftlern, heftig umstritten.

Die im Bereich Subventionen wirkungsvollste Maßnahme, um die CO_2-Emissionen zu vermindern, ist, die aktuellen Subventionen ganz stringent nach den Klassifikationen klimafreundlich, klimaneutral oder klimaschädlich zu bewerten. Klimafreundliche Subventionen sollten beibehalten oder sogar erhöht werden, klimaschädliche Subventionen müssen abgeschafft werden.

Ungebremstes Wirtschaftswachstum

Neue rechtliche Vorgaben der Politik ziehen immer auch neue technologische Entwicklungen in der Wirtschaft nach sich. Das war bereits Ende der sechziger Jahre des letzten Jahrhunderts der Fall, als die gesetzlichen Grenzwerte des Bundesimmissionsschutzgesetzes (BImSchG) mehrfach verschärft worden sind. Die Anlagenbetreiber von zum Beispiel Kraftwerken und Müllverbrennungsanlagen waren gezwungen, ihre technischen Rückhaltemaßnahmen auszubauen, damit die Grenzwerte für Luftschadstoffe eingehalten werden konnten. Diese enormen

Investitionen waren begleitet vom Wehklagen der Industrie, dass die verschärften gesetzlichen Anforderungen den Verlust von Arbeitsplätzen nach sich zögen, weil die Wirtschaft im großen Stil die Arbeitsplätze ins Ausland verlagern würde. Tatsächlich kam es zwar zum Verlust von Arbeitsplätzen in der Schwerindustrie, allerdings wurden aber auch viele neue Arbeitsplätze im Dienstleistungsbereich beziehungsweise in weniger schadstoffverursachenden Industriebereichen geschaffen.

Das Ende der deutschen Wirtschaft blieb aus, allerdings konnte ein massiver Strukturwandel verzeichnet werden.

In ähnlicher Weise stehen wir auch heute wieder vor einem Strukturwandel. Das Ende der auf fossilen Energieträgern basierten Wirtschaft ist eingeläutet, der deutschen und europäischen Wirtschaft bleibt noch genügend Zeit, die Geschäftsmodelle auf neue Technologien umzustellen.

Interessanterweise könnte der einflussreichste Klimaskeptiker, der amerikanische Präsident Donald Trump, dem Klima ungewollt einen großen Dienst erweisen, weil die aktuelle Zollpolitik der USA das Wirtschaftswachstum in einem globalen Maßstab gefährdet. Hohe Zölle vermindern die Wettbewerbsfähigkeit ausländischer Produkte, wodurch die Industrie verstärkt Absatzmärkte im Inland oder im naheliegenden Ausland suchen muss. Dies wird zu massiven Einbrüchen im interkontinentalen Handel führen, wodurch weniger Frachtflugzeuge und weniger Containerschiffe unterwegs sein werden, was dem Klima zugutekommt.

Ein anderes volkswirtschaftliches Problem im Zusammenhang mit dem Klimawandel ist die unterschiedliche Geschwindigkeit der Weiterentwicklung von Volkswirtschaften auf unserem Planeten. Seit jeher wird ein prosperierender Staat mit einem gewissen Wirtschaftswachstum verknüpft. Eine Maßzahl für das Wirtschaftswachstum ist das Bruttoinlandsprodukt (BIP). Je höher das BIP, um so leistungsfähiger ist die Wirtschaft. Dabei wird aber häufig übersehen, dass das Wirtschaftswachstum eines Staates kein erstrebenswertes Ziel an sich sein kann, sondern lediglich ein Mittel, um grundlegende Werte wie Freiheit oder Wohlstand zu erreichen.

Wirtschaftswachstum lässt sich nur rechtfertigen, wenn dieses mit der Lebenszufriedenheit oder mit dem Wohlstand im Sinne guter Lebensbedingungen korreliert.

In den modernen Industriegesellschaften ist der Wohlstand im Sinne guter Lebensbedingungen erreicht. Auch die Lebenszufriedenheit ist gegeben, auch wenn immer wieder der eine oder der andere an der Allgemeinsituation herummäkelt und beklagt, wie schlecht es uns angeblich gehe. In Industriegesellschaften gibt es in der Regel auch kein Bevölkerungswachstum, Stagnation oder abnehmende Bevölkerung ist normal. Daher ist ein zunehmendes Wirtschaftswachstum auch nicht notwendig, um einer zusätzlichen Bevölkerung den gleichen Lebensstandard wie der bereits vorhandenen sichern zu können. Das Ziel einer nachhaltigen Wirtschaftspolitik in Zeiten des Klimawandels muss es sein, das Wirtschaftswachstum in ein Gleichgewicht zu überführen, nicht aber das beständige Aufrechterhalten des Wachstums. Das beständige Wachsen der Wirtschaft führt in nicht allzu ferner Zukunft zu einem vollständigen Zusammenbruch.

Bereits heute verbrauchen wir weit mehr Rohstoffe, als uns unsere Erde eigentlich zur Verfügung stellen kann. Die Katastrophe ist vorprogrammiert.

Ein einfaches Zahlenbeispiel macht klar, dass das Heil in der Wirtschaftspolitik nicht darin liegen kann, dass das Bruttoinlandsprodukt jedes Jahr weiterwächst.

BEISPIEL

Selbst wenn man für die Industrienationen eine konservative Wachstumsrate des Bruttoinlandsprodukt von im Mittel drei Prozent unterstellt, hat es sich in nicht einmal 50 Jahren verdoppelt. Diese Verdoppelung bedeutet auch ungefähr eine Verdoppelung der Energie und auch eine Verdoppelung der übrigen Ressourcen, die notwendig sind, um das Mehr an Waren zu produzieren. Irgendwann sind diese Ressourcen aber einfach nicht mehr da.

Wenn Sie zu den jüngeren Lesern dieses Buches gehören, werden Sie es vielleicht noch aus eigener Anschauung erleben, wie das Weltwirtschaftssystem kollabiert, wenn wir nicht rechtzeitig gegensteuern.

In den Industriegesellschaften kommt ein zusätzliches Wachstum häufig nicht der Mittel- oder Unterschicht zugute, sondern allenfalls den Spitzenverdienern aus der Oberschicht. Wirtschaftswachstum erhöht die immer größer werdende Kluft zwischen arm und reich. Käme das Wirtschaftswachstum viel stärker der notwendigen Transformation von der fossilen Energienutzung hin zur Nutzung Erneuerbarer Energien zugute, wäre ein stichhaltiges Argument für die Bedeutung des Wirtschaftswachstums gegeben. In der Realität wird dem möglichen Rückgang des Bruttoinlandsprodukts zu viel Aufmerksamkeit geschenkt und die Bevölkerung durch ein Jammern auf hohem Niveau unnötig verunsichert.

Vielmehr brauchen wir in den Industrienationen eine ökosoziale Marktwirtschaft, die bereits der ehemalige Präsident des Bundesverbandes für

Wirtschaftsförderung und Außenwirtschaft (BWA), Franz Josef Radermacher, im Jahr 2007 gefordert hatte.

Der Marktfundamentalismus, wie er von den Ökonomen des letzten Jahrhunderts propagiert wurde, lautet: »Leistung muss sich lohnen und Wachstum schafft Arbeitsplätze« beziehungsweise »Soziale Erfordernisse und Umweltfragen können erst gelöst werden, wenn man zuvor das Geld dafür verdient hat«.

Dieser Marktfundamentalismus ist längst überholt. Eine erfolgreiche Wirtschaftspolitik der Industriestaaten erfordert sowohl Konkurrenz (Wettbewerb) als auch Kooperation. (Geben und Nehmen und ein korrespondierendes Gefühl für Gerechtigkeit und Angemessenheit). Fördert man Entwicklungsländer, werden dort schon bald Investitionen in den weiteren Aufbau notwendig. Von diesen Investitionen kann dann die heimische Exportwirtschaft profitieren.

Würde man heute die ökosoziale Marktwirtschaft angemessen berücksichtigen, hätte man sich schon längst auf den finanziellen Ausgleich zwischen Industriestaaten und Entwicklungsländern auf den jährlich stattfindenden UN-Klimakonferenzen geeinigt.

In Entwicklungsländern ist die Situation komplett anders. Wirtschaftswachstum ist zwingend notwendig, damit ein Sozialstaat aufgebaut oder optimiert werden kann, auf dessen Hilfe der Großteil der Bevölkerung angewiesen ist. Zudem wächst die Bevölkerung in Entwicklungsländern zum Teil übermäßig. Hier ist die Daseinsberechtigung des Wirtschaftswachstums uneingeschränkt gegeben. Erlöse aus dem Wirtschaftswachstum werden hier aber noch viel weniger in notwendige Transformationen fließen, weil in der Regel kleine Gruppen von Oligarchen die Länder zu ihrem eigenen Vorteil ausbluten lassen.

Solange es Einzelpersonen gelingt, persönlichen Reichtum zu Lasten des Sozialsystems anzuhäufen, kann es in den Entwicklungsländern keine signifikanten Verbesserungen geben.

Somit wird auch deutlich, dass eine ideale ökosoziale Marktwirtschaft am besten in einer Demokratie funktioniert. In einer Demokratie übernimmt die freie Presse die essenzielle Aufgabe der Überwachung des Gesamtsystems. Personen, die in unangemessener Weise den persönlichen Vorteil zu Lasten des Gemeinwohls betreiben, lassen sich leichter identifizieren als in einem autokratischen System. Der durch eine Veröffentlichung ausgelöste Druck aus der Bevölkerung kann einem möglichen Druck aus dem Regierungsapparat entgegenwirken und bildet die Grundlage für ein unabhängiges Justizwesen, vor dem sich alle Mitglieder der Gemeinschaft verantworten müssen. In einem autokratischen System ist die

Presse gleichgeschaltet, es werden nur Dinge veröffentlicht, die die Regierung zulässt. Damit ist der Korruption Tür und Tor geöffnet, Oligarchen haben in einem solchen System ein leichtes Spiel.

Ein weiterer Aspekt in der weltweiten Wirtschaftsentwicklung muss berücksichtigt werden. Bevor die Globalisierung der Wirtschaft Fuß fasste, gaben die nationalen Regierungen der Finanzwirtschaft die Regeln vor. Der Markt und das Recht waren national. Dies hat sich heute geändert.

Der Markt ist nunmehr global und der internationale Finanzmarkt setzt die nationalen Regierungen unter Druck. Die Regierungen werden dazu gezwungen, die Kapitalrenditen in den Nationalstaaten immer weiter zu erhöhen, damit sich Investitionen im jeweiligen Nationalstaat lohnen und Investoren ihr Geld dorthin umleiten.

Dieser Teufelskreis kann von keiner Nationalregierung durchbrochen werden. Notwendig sind globale und ökosoziale Marktregeln, die beschlossen und deren Einhaltung überwacht werden von einer legitimierten Weltorganisation, möge diese nun Welthandelsorganisation (WTO), Internationaler Währungsfonds (IWF) oder Weltbank (WB) heißen – oder einer neu zu schaffenden globalen Institution unter der Ägide der Vereinten Nationen (UN).

Armut und Superreiche

Die immensen Ausgaben für Waffen bringt viele Staaten auf der Erde, insbesondere die Volkswirtschaften, deren wirtschaftliche Leistungsfähigkeit nicht sehr groß ist, an den Rand der Existenz. Nordkorea ist hierfür ein treffendes Beispiel. Der Machthunger des dortigen Diktators führt zur Entwicklung eines militärischen Atomprogramms und gleichzeitig verhungern Tausende von Menschen. Unverhältnismäßige Aufrüstungsprogramme finden auch in zahlreichen Ländern Afrikas und Asiens statt, in denen eigentlich Hunger und Armut das Leben der Bevölkerung bestimmen.

Die vorhandene riesige Kluft zwischen arm und reich birgt sozialen und politischen Sprengstoff und gefährdet eine nachhaltige Entwicklung auf der Erde. Im Großen und Ganzen ist in Europa, Australien, Ostasien und Nordamerika Wohlstand vorhanden. Die Menschen verfügen überwiegend über eine gute Ausbildung, können einem geregelten Leben nachgehen, haben genug zu essen und zu trinken, eine gute medizinische Versorgung und erfreuen sich einer hohen Lebenserwartung. Im Gegensatz dazu ist der Wohlstand in Afrika, Südamerika und Südasien sehr gering.

Wie groß das Missverhältnis zwischen Armen und Reichen ist, zeigt die folgende Zahl: Das Vermögen der 62 Superreichen dieser Welt ist zusammen genauso groß wie das der gesamten ärmeren Hälfte der Weltbevölkerung. Das Zahlenverhältnis ist also 62 zu 4.000.000.000.

Diese Zahlen aus dem Jahr 2016 sind vermutlich in Folge der Corona-Pandemie nochmals deutlich angestiegen.

Unter diesen Superreichen befinden sich auch einige Personen, die ihren Reichtum zum Wohle der Gemeinschaft einsetzen und sinnvolle Projekte unterstützen. So spendet zum Beispiel Bill Gates, der Mitbegründer von Microsoft, pro Jahr neun Milliarden US-Dollar für wohltätige Zwecke. Die deutsch-österreichische Aktivistin und Publizistin Marlene Engelhorn, Nachfahrin des Gründers der BASF in Ludwigshafen, übergab 25 Millionen Euro aus ihrem Erbe an einen österreichischen Bürgerrat, der den Geldbetrag in einem demokratischen Prozess unter 77 Organisationen, Vereinen und Initiativen in Österreich aufteilte.

Das aber sind sicherlich nur zwei von insgesamt nur wenigen Ausnahmen. Die meisten der Superreichen vererben ihr Vermögen – zum Teil unter Umgehung von nationalem Erbschaftssteuerrecht – an Familienmitglieder, die möglicherweise überhaupt keinen Anteil am Aufbau der Vermögenswerte hatten.

Dementgegen steht im Jahr 2023 die Lebenswirklichkeit von 733 Millionen Menschen, die deutlich unterernährt sind. Jährlich sterben mehr als drei Millionen Kleinkinder unter fünf Jahren an Mangel- und Unterernährung. Nicht nur Menschen, auch die Umwelt leidet unter Armut. Hungernde Menschen sehen in Wildtieren zunächst keine schützenswerte Natur, sondern essbares Fleisch und Bäume werden mit Feuerholz zum Kochen und Heizen verbunden.

Der weltweite Klimawandel kann nur gelingen, wenn ein Großteil der Weltbevölkerung nicht mehr in Armut leben muss.

Aber auch in Industriestaaten können sich die Prioritäten leicht verschieben. Während einer Wirtschaftskrise oder einem Krieg tritt der Umwelt- und der Klimaschutz in der Regel in den Hintergrund.

Ein explodierendes Bevölkerungswachstum, Kriege, Misswirtschaft, Korruption und Naturkatastrophen sind die Hauptursachen für Hunger, weil Nahrung nicht mehr in ausreichendem Maße produziert werden kann. Noch schwieriger wird die Situation, wenn ein Entwicklungsland Fleisch und andere Lebensmittel oder Treibstoffe für den Export in Industriestaaten bereitstellt, der eigenen Bevölkerung diese Dinge aber fehlen.

Kriege, soziale Unruhen, Misswirtschaft und Korruption verhindern, dass ein menschenwürdiges Leben für Alle möglich wird.

Die größten Hemmnisse für einen tragfähigen Klimaschutz sind:

- ✔ Eine zu große Anzahl von Autokratien, die den vielen Oligarchen eine sichere Heimstatt bieten.
- ✔ Bürgerkriege, die häufig in sozialen Unruhen ihren Ausgangspunkt nehmen.
- ✔ Kriegerische Auseinandersetzungen zwischen Nationalstaaten.
- ✔ Steuer- und Abgabensysteme, die ein klimafreundliches Verhalten bestrafen.
- ✔ Fehlgeleitete Subventionen, die auch ein klimaschädliches Verhalten belohnen.
- ✔ Wirtschaftssysteme, die dem Marktfundamentalismus den Vorzug vor einer ökosozialen Marktwirtschaft geben.
- ✔ Einige wenige Superreiche in einem Meer von lebensbedrohlicher Armut.

IN DIESEM KAPITEL

Ein Weltvertrag als Lösungsweg

Verhaltensänderung, Selbstwirksamkeit, Alternative Fakten und Vorsorgeprinzip

Was könnte noch helfen?

Kapitel 20
Das Post-Anthropozän

Die Vereinten Nationen (UNO) könnten als multilaterale Organisation wesentliche Beiträge zur Klimaneutralität leisten. Die psychologische Forschung hat Modelle entwickelt, mit deren Hilfe Verhaltensweisen von Menschen im Bereich des Umwelt- und Klimaschutzes erklärt werden können und wie gegebenenfalls das irrationale Tun des Menschen beeinflusst werden kann. Sofern eine Klimaneutralität durch länderübergreifende Regularien sowie eine positive Einstellung jedes Einzelnen zur Nachhaltigkeit nicht gelingen sollte, droht der Erde ein nicht mehr zu stoppender Treibhauseffekt, wie er gegenwärtig auf unserem Nachbarplaneten Venus herrscht.

Die zentrale Rolle der Vereinten Nationen

Nach den verheerenden Weltkriegen des 20. Jahrhunderts haben einige Mechanismen der Weltpolitik zumindest in Europa zu einer langen Friedenszeit geführt. Die Vereinten Nationen haben bereits mehrere Kriege verhindert, das atomare Gleichgewicht der Großmächte hat immer wieder dazu geführt, dass man zwar mit Säbeln rasselte, aber letztlich den Verhandlungen der Vorzug dem Krieg gegenüber gegeben wurde.

Das Verteidigungsbündnis des Nordatlantikpaktes (NATO), das eindeutig nur auf Verteidigung im Angriffsfall ausgerichtet ist und keinerlei Verpflichtungen bei einem Angriff eines Mitgliedstaates vorsieht, ist ein weiteres Element zur Lösung von Konflikten. Jedoch werden diese Mechanismen zwischenzeitlich ausgehöhlt. Die Vereinten Nationen haben bei Weitem nicht mehr das

Konfliktlösungspotenzial wie vor einigen Jahrzehnten, die atomare Abschreckung wird immer zweifelhafter, da zwischenzeitlich viel mehr Staaten über Atomwaffen verfügen. Die NATO wird in Russland und China als Bedrohung angesehen, obwohl sie eindeutig allein ein Verteidigungsbündnis ist. Wenn die Weltgemeinschaft in den nächsten Jahren keinen echten und dauerhaften Friedensmechanismus verwirklichen kann, könnte der Dritte Weltkrieg vor der Tür stehen.

Die Weltgemeinschaft braucht eine Institution, die unangefochten den Weltfrieden garantiert.

Die Instrumente für eine weltumspannende Friedensarchitektur, die zudem starke ökologische und soziale Komponenten enthält, sind vorhanden, sie müssen nur nach einer gegebenenfalls notwendigen Überarbeitung in der richtigen Dosierung zusammengegeben werden. Diese Instrumente sind die Vereinten Nationen (UN), die Welthandelsorganisation (WTO), der Internationale Währungsfonds (IWF) sowie die Weltbank (WB).

Diese vier internationalen Organisationen könnten einen Weltvertrag aushandeln, in dem sowohl Kriege als auch Armut und Umweltverschmutzung/klimaschädigendes Verhalten geächtet werden.

Ziel eines solchen Weltvertrages müsste es sein, dass alle Staaten dieser Erde eine Bestandsgarantie für alle anderen Staaten abgeben und ein gegenseitiges Verteidigungsbündnis nach dem Vorbild der NATO schließen. Würde irgendein Staat einen anderen Staat angreifen, gleichgültig aus welchem Grund, wäre die Weltgemeinschaft verpflichtet, gegen diesen Aggressor gemeinschaftlich vorzugehen. Eine solche Konstruktion würde letztlich die NATO und auch alle anderen Verteidigungsbündnisse überflüssig machen, die Auflösung von NATO und allen anderen Verteidigungsbündnissen wäre die Konsequenz. Durch Wiederaufnahme der Abrüstungsverhandlungen zwischen den Atommächten könnten nach und nach die Atomwaffenarsenale minimiert, beziehungsweise letztlich ganz aufgelöst, werden. In dieser Konstellation wäre auch die Aufrechterhaltung von stehenden Heeren in den Größenordnungen, die zurzeit gehalten werden, überflüssig, und könnten Stück für Stück in jedem Staat abgebaut werden.

Die Welt könnte letztlich circa zwei Billionen US-Dollar jährlich einsparen. Mit diesem Geldbetrag könnte die Infrastruktur all derjenigen Länder aufgebaut werden, denen es an Arbeitsplätzen für die eigene Bevölkerung mangelt, deren Gesundheits- und Bildungssysteme marode sind und deren Industrie- und Kläranlagen über ungenügende Rückhalteeinrichtungen für Schadstoffe verfügen.

Mit einem solchen Investitionsprogramm, das nicht den Superreichen, sondern den wirklich bedürftigen Menschen dieser Erde zugutekommt, könnte den Flucht- und Migrationsbestrebungen aus Ländern des globalen Südens sehr effizient entgegengewirkt werden. Mit diesem Geldbetrag könnten zudem Klimaschutzprojekte in Industriestaaten auf den Weg gebracht werden. Damit wäre die ökosoziale Marktwirtschaft weltweit realisiert.

Das wäre der Königsweg, um Klimaschutz weltweit zu einem Hoffnungsprojekt für die gesamte Menschheit werden zu lassen. Wenn es dahingegen der Weltgemeinschaft nicht gelingen sollte, eine funktionierende Friedensarchitektur, die Umsetzung der Nachhaltigkeit sowie einen funktionierenden Klimaschutz auf unserem Planeten auf den Weg zu bringen, könnte die Auslöschung der Menschheit auf dem Planeten Erde schon in einigen Generationen bevorstehen!

Entwicklungsszenario für die Erde

Gelingt es nicht, die Emission von Treibhausgasen zu stoppen, könnte sich auf der Erde ein Ablauf ereignen, der im folgenden Worst-Case-Szenario erläutert werden soll. Es muss nicht so ablaufen, dass die Art Homo sapiens ausstirbt, es gibt keine stichhaltigen Beweise für den dargestellten Ablauf. Es könnte aber so sein, weil jeweils nur Annahmen getroffen werden, die auf den ersten Blick plausibel erscheinen. Was wir aus der Entwicklung der verschiedenen Lebensformen auf der Erde gelernt haben, ist die Fähigkeit des Lebens, auch mit den widrigsten Umständen fertig zu werden.

Das bedeutet dann nicht notwendigerweise, dass die Menschheit den geänderten Umweltbedingungen trotzt, vielleicht schaffen es nur bestimmte Arten von Mikroorganismen oder neue Arten, von denen heutzutage niemand eine Vorstellung hat.

Selbst wenn es nur eine geringe Wahrscheinlichkeit gibt, dass die Erde in einigen Tausend Jahren nicht mehr von Menschen bewohnt werden wird, sollten wir dies sehr ernst nehmen.

Wie könnte dieses angesprochene Szenario aussehen?

Die Politiker dieser Welt schaffen es nicht, trotz aller Klimakonferenzen auf internationaler Ebene, den immer stärker werdenden Ausstoß von Treibhausgasen zu vermindern. Mit dem Ausgang des 21. Jahrhunderts strebt die Temperaturerhöhung auf der Erde einem Wert von + 6 Grad Celsius entgegen. Die Eisflächen auf der Erde schwinden dahin, der Meeresspiegel steigt immer weiter, ganze Staaten, zum Beispiel Bangladesch, oder einige Inseln wie die Malediven, Kiribati, Tuvalu oder Teile der Salomonen sind bereits vom Globus verschwunden. Die Erhöhung der Durchschnittstemperaturen lässt immer mehr Wasser aus den Ozeanen verdampfen. Da Wasserdampf einen deutlich höheren Erwärmungseffekt verursacht als alle anderen Treibhausgase zusammen, steigt die Temperatur weiter – und sogar mit einer höheren Geschwindigkeit – an.

Ein Kipppunkt ist bereits überschritten. Selbst wenn die Menschheit doch noch zur Vernunft kommen und die Emission von Treibhausgasen schlagartig auf Null gesenkt werden würde, ist ein weiterer Temperaturanstieg nicht mehr aufzuhalten. In den heißen Sommermonaten kommt es immer wieder zu verheerenden Waldbränden, die zunächst nur in Einzelfällen, später im großen Stil die Vegetation zerstören. Nach und nach fehlt die pflanzliche Nahrungsgrundlage, später schwindet auch das tierische Leben. Hungersnöte breiten sich auf der gesamten Erde aus. Die Atmosphäre ist zwischenzeitlich so stark Wasserdampf gesättigt, dass die UV-Strahlung der Sonne Wassermoleküle in Sauerstoff und Wasserstoff aufspaltet.

Der Wasserstoff entschwindet nach und nach ins Weltall, der Sauerstoff verbrennt immer mehr Biomasse zu Kohlendioxid, was wiederum den Treibhauseffekt noch weiter anheizt. Immer größere Mengen an Wasser sättigen die Atmosphäre. Mit jedem Grad Temperaturanstieg kann die Atmosphäre sieben Prozent mehr Wasserdampf enthalten.

Schließlich steigt die Temperatur durch die sogenannte Wasserdampfrückkopplung so stark an, dass die Ozeane verdampfen und der Luftdruck in der Atmosphäre ein Vielfaches des heutigen Luftdrucks erreicht. Die Plattentektonik auf der Erde, die durch das Vorhandensein von Ozeanen gefördert wird, beginnt, sich abzuschwächen und hört irgendwann ganz auf. Damit wird der natürliche Kohlenstoffkreislauf noch weiter gestört, die Verfrachtung großer Kohlenstoffmengen ins Erdinnere hört auf. Der CO_2-Gehalt der Atmosphäre wird noch höher, die Temperatur steigt weiter an. Der Vulkanismus auf der Erde jedoch geht weiter, Kohlendioxid wird weiter in der Atmosphäre angereichert, ohne dass noch CO_2-Senken vorhanden wären, die für eine Abnahme des Kohlendioxids in der Atmosphäre sorgen könnten.

Der Vulkanismus befördert auch weiterhin H_2S und SO_2 in die Atmosphäre. Diese Gase werden durch Sauerstoff, atmosphärisches Wasser und Staub sowie Sonnenlicht in Schwefelsäure (H_2SO_4) umgewandelt. Das Wettergeschehen wird im Wesentlichen durch Schwefelsäure-Wolken bestimmt. Der Planet Erde kann, wenn überhaupt, nur noch Leben in Form von Mikroorganismen beherbergen, wie sie in den sogenannten Black Smokern in den Ozeanen vorkommen.

Auf der Erde haben sich folgende Umweltbedingungen ausgebildet: Die Atmosphäre besteht überwiegend aus Kohlendioxid, Wasserdampf und Schwefelsäure. Der Luftdruck hat sich vervielfacht, die Oberflächentemperatur beträgt weit über 100 Grad Celsius, flüssiges Wasser kommt nicht mehr vor.

Das sind Bedingungen in den Größenordnungen, wie sie heute auf der **Venus**, dem Schwesterplaneten der Erde, herrschen. Es könnte daher durchaus sein, dass die Venus, die in Größe und Masse der Erde gleicht, aber einen circa 42 Millionen Kilometer geringeren Abstand zur Sonne besitzt, auf einem gleichen Weg der Entwicklung unterschiedlicher Lebensformen war wie die Erde. Allerdings hat letztlich der geringere Abstand zur Sonne einen Treibhauseffekt verursacht, der zum heutigen lebensfeindlichen Zustand geführt hat.

Die Erde wird vermutlich genau den gleichen Weg wie die Venus zurücklegen, allerdings erst in circa zwei Milliarden Jahren, wenn sich unsere Sonne zu einem roten Riesen aufbläht und die Erdoberfläche Temperaturen von mehreren Hundert Grad erreichen wird. Diesem Schicksal wird die Erde kaum entgehen können, auch wenn es vorher überhaupt keinen Treibhauseffekt gegeben hat. Allerdings, wenn wir den zusätzlichen Treibhauseffekt ins Auge fassen, wird die geschilderte Überhitzung der Erde mit Vernichtung der Lebensformen deutlich früher auftreten, vielleicht bereits in zwei Millionen Jahren. Das wären dann 70 000 Generationen von Menschenleben, die sich nicht mehr entwickeln könnten. Wollen wir das unseren Nachkommen antun?

Psychologie des Klimaschutzes

Die Psychologie kann häufig erklären, warum Menschen einen bestimmten Weg einschlagen oder eben nicht gewillt sind, den entscheidenden Schritt zu tun.

Die Verhaltensänderung

Erfolge im Erreichen von Zielen, die den Klimawandel abbremsen oder sogar zum Stillstand bringen, können nur erzielt werden, wenn die Mehrzahl der Menschen die Notwendigkeit zur Verhaltensänderung begreift und die eigenen Handlungen konsequent auf diese Notwendigkeit ausgerichtet werden. Damit werden psychologische Komponenten zum Match-Winner.

Umweltpsychologen haben auf die Intensions-Verhaltens-Lücke hingewiesen, mit der die Menschen typischerweise konfrontiert sind (siehe Abbildung 20.1).

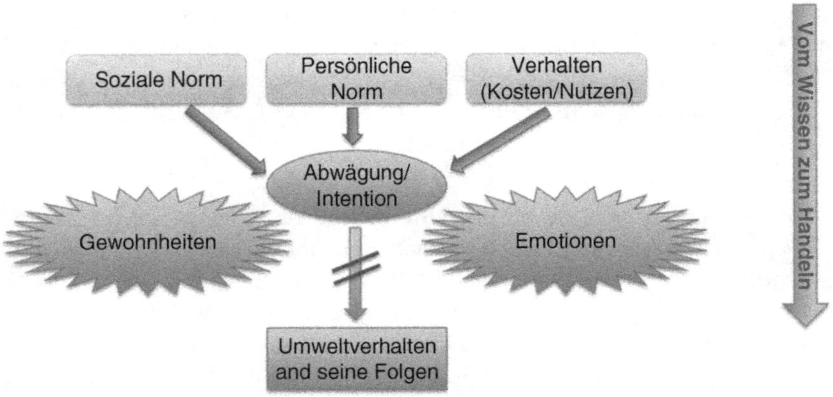

Abbildung 20.1: Die Intensions-Verhaltens-Lücke, Quelle: Hamann, Baumann und Löschinger, verändert

Der Mensch unterliegt sozialen und persönlichen Normen und wird von Kosten/Nutzen-Überlegungen in seinem Handeln bestimmt. Daraus gelangt er zu einer Abwägung, inwiefern er sein eigenes Umweltverhalten ändern muss und welche persönlichen Folgen ihm daraus entstehen. Dieser Abwägungsprozess wird jedoch von Gewohnheiten (»Das haben wir schon immer so gemacht.«) und Emotionen (»Ich kann es mir nicht vorstellen, auf ein gewisses Maß an Luxus verzichten zu müssen.«) überlagert, sodass er letztlich zur Einschätzung kommen kann, dass eine Verhaltensänderung nicht angesagt ist.

Die Selbstwirksamkeit

Ein weiterer Psychologe, Albert Banduras, hat im Jahr 1993 das Konzept der Selbstwirksamkeit entwickelt. Selbstwirksamkeit ist die Überzeugung eines Individuums, eine bestimmte Aufgabe erfolgreich bewältigen zu können. Die Selbstwirksamkeitserwartungen werden gesteuert durch die Selbstwahrnehmung.

Gemäß diesem Konzept wird die Überzeugung eines Menschen über bestimmte Fähigkeiten das Verhalten dieses Menschen entscheidend beeinflussen. Die Überzeugung wird durch komplexe kognitive, motivationale und affektive Prozesse gebildet und beeinflusst nicht nur das Verhalten, sondern auch das Denken sowie die Motivation des Individuums. Im Bereich Umweltschutz wird die eigene Selbstwirksamkeit oftmals als niedrig eingeschätzt (»Was kann ich allein schon erreichen?«), wodurch klimabezogene Herausforderungen subjektiv als schwer lösbar erscheinen und damit aus der vorherrschenden Selbstwirksamkeit ein umweltfreundlicheres Verhalten in Abrede gestellt wird.

Der Einzelne kommt zum Schluss, dass er selbst nichts erreichen kann und schiebt die Verantwortung für das notwendige Tun der Gemeinschaft zu (»Wenn die anderen etwas tun, bin ich auch dabei.«).

Schafft man es, bei den Menschen ein Gefühl zu erzeugen, etwas für das Klima tun und die Kontrolle über die Situation bewahren zu können, dann werden sich die Menschen der Gefahrenquelle zuwenden. Die Energie fließt dann nicht mehr in die Furcht, die von Ohnmacht erzeugt wird, sondern in die Beseitigung der Probleme.

Neben der mangelnden Selbstwirksamkeit können Menschen aber auch in eine tiefgreifende Angst vor den auftretenden Problemen verfallen. Ein recht einfach erscheinender Weg, sich aus dieser lähmenden Angst zu befreien, ist das kritiklose Aufgreifen von zum Teil horrenden Verschwörungstheorien. In solchen Verschwörungstheorien ist der Klimawandel nicht real, sondern allein eine Erfindung von Organisationen oder Einzelpersonen, die andere Menschen durch ihre hochdramatischen Einlassungen zu bestimmten Handlungen zwingen oder sogar die gesamte Gesellschaft beherrschen wollen. Wenn Menschen besorgt sind oder sich bedroht fühlen, werden sie im Allgemeinen anfälliger für Verschwörungstheorien. Das ist so, weil die Vorstellung, dass etwas zufällig geschieht, dem menschlichen Ordnungssinn widerspricht. Eine Verschwörungstheorie jedoch bringt die ersehnte Ordnung wieder zurück, weil man sich nicht um eine Lösung kümmern muss. Verstärkt wird das Aufgreifen von Verschwörungstheorien auch dadurch, dass die Wissenschaft, die sich hinter dem Problem des Klimawandels verbirgt, sehr komplex ist und von der Mehrheit der Menschen nicht verstanden wird. Klimawandelskeptiker nutzen diese Lage mit einfachen Antworten und Verweigerungen aus.

Solche Verschwörungstheorien sind nicht allein im Falle des Klimawandels bekannt, sondern auch im Falle des Auftretens von Pandemien, wie zum Beispiel bei der Pest im Mittelalter, der Spanischen Grippe im 20. Jahrhundert oder Covid-19 im 21. Jahrhundert.

Alternative Fakten

Es gibt aber auch sogenannte alternative Fakten (alternative facts). Ein Ausdruck, den eine ehemalige Beraterin des Präsidenten der Vereinigten Staaten von Amerika, Donald Trump, geprägt hat. Mit solchen Fakten wird versucht, die Wahrheit so hinzubiegen, dass sie der eigenen Meinung eher gerecht wird. Im Bereich des Klimawandels gibt es zahlreiche Versuche von unterschiedlichen Gruppen, die wissenschaftlichen Fakten zu verdrehen.

Ein Beispiel für alternative Fakten ist die HAARP-Verschwörungserzählung. Die Abkürzung HAARP steht für das High-Frequency Active Auroral Research Program, ein Forschungsprogramm der USA, mit dem das Magnetfeld der Erde mithilfe von Kurzwellensendeanlagen untersucht wird. Es wird aber von vielen Personen behauptet, diese Forschungsanlage in Alaska würde insgeheim dazu dienen, das globale Klima zu manipulieren. Angeblich sollen durch die verwendeten Antennen Extremwetterereignisse ausgelöst werden.

Diese Aussage ist wissenschaftlich vollkommen abwegig. In der Anlage wird zwar eine sehr hohe Leistung von 3,6 Megawatt zum Betrieb der Antennen verwendet, das entspricht umgerechnet der Leistung von 3.000 Staubsaugern. Dennoch kann man damit keine Naturkatastrophe auslösen. Dieser Verschwörungstheorie ist auch bei maximal großer Transparenz der Betreiber nicht beizukommen. Selbst ein regelmäßiger Tag der offenen Tür auf der Anlage und das Vorhandensein von Webcams, mit deren Hilfe Außenstehende die Anlage beobachten können, hat den Mythos nicht verschwinden lassen.

Viele Verschwörungsideologen gehen sogar noch sehr viel weiter und behaupten, es gäbe überhaupt keinen Klimawandel. Die in Fernsehen, Radio und Zeitungen berichteten Extremwetterereignisse und Naturkatastrophen seien nur von machthungrigen Gruppen, Politikern, Wirtschaftsunternehmen oder Wissenschaftlern inszeniert, um die Menschheit nach den eigenen Interessen zu lenken. In den vielfältigen Geschichten der Verschwörungsideologen wird in erster Linie Angst verbreitet – Angst vor einer alles kontrollierenden Weltregierung, Angst vor einer Diktatur, Angst vor globalen Eliten. Verschwörungsmythen fallen bei denjenigen Personen auf umso fruchtbareren Boden, je weiter außerhalb der »normalen« Gesellschaft diese Personen selbst stehen.

Dem Klimawandel kann nicht durch alternative Fakten, sondern nur mit Wissenschaft und einem gesunden Menschenverstand begegnet werden.

Das Vorsorgeprinzip

Leider ist der politische Wille, die Klimaschutzproblematik zu lösen, mal stärker und mal schwächer ausgeprägt. Wie intensiv sich die Politik mit dem Klimawandel befasst, hängt leider immer davon ab, welche anderen Probleme für eine Gesellschaft an Bedeutung gewinnen. Erleben wir eine Wirtschaftskrise, eine weltumspannende Pandemie oder einen Krieg, tritt der Klimaschutz in den

Hintergrund. In der deutschen und europäischen Umweltpolitik gilt das Vorsorgeprinzip, welches besagt, dass eine Politik oder Maßnahme nicht durchgeführt werden darf, wenn sie der Allgemeinheit oder der Umwelt Schaden zufügen kann und weiterhin kein wissenschaftlicher Konsens zu diesem Thema besteht.

Tatsächlich kann das Nichtreagieren der Politik auf den Klimawandel der Allgemeinheit und der Umwelt weit größere Schäden zufügen als jede Wirtschaftskrise, Pandemie oder Krieg, die wir bisher auf dieser Welt erlebt haben. Der Klimawandel betrifft die gesamte aktuell lebende Menschheit und zudem auch alle Generationen, die den jetzigen Menschen nachfolgen. Daher müssten geeignete Maßnahmen gegen den Klimawandel immer an erster Stelle stehen, unabhängig davon, welche anderen Katastrophen uns zudem bedrohen.

Ausblick

Auch wenn auf den vorausgegangenen Seiten viele Horrorszenarien dargelegt wurden, ist dennoch auch eine Vielzahl von Wegen aufgezeigt worden, wie die Gesellschaft insgesamt, aber auch jeder Einzelne Beiträge zur Problemlösung beisteuern kann. Wir dürfen uns nicht in der stringenten Absicht beirren lassen, im Zuge von gemeinschaftlichem Handeln Gutes für Natur und Umwelt erreichen zu können.

Der englische Naturforscher Charles Darwin hat eine Prämisse ausgegeben, an die wir uns immer erinnern sollten:

»Es ist nicht die stärkste Spezies die überlebt, auch nicht die intelligenteste, es ist diejenige, die sich am ehesten dem Wandel anpassen kann.« – Charles Darwin

In diesem Sinne bleibt es zu wünschen übrig, dass wir uns alle verändern und dass wir uns alle bestmöglich an den zu erwartenden massiven Wandel anpassen.

Abschließend sei noch ein arabisches Sprichwort zitiert, das zeigt, was zu tun ist:

»Willst Du Dein Land verändern,

verändere Deine Stadt.

Willst Du Deine Stadt verändern,

verändere Deine Straße.

Willst Du Deine Straße verändern,

verändere Dein Haus.

Willst Du Dein Haus verändern,

verändere Dich selbst.«

Dass der Klimawandel große Probleme in sich birgt, die aber alle von uns gemeinsam gelöst werden können, wenn die Weltgemeinschaft nur will, hat uns der verstorbene englische Physiker Stephen Hawking ins Stammbuch geschrieben: »We need to go beyond the Kyoto Protocol, the international agreement adopted in 1997, and cut carbon emission now. We have the technology. We just need the political will« (Stephen Hawking: Brief answers to the big questions, 2018).

Die Technologie ist da – allein, es fehlt der politische und gesellschaftliche Wille!

Teil VI
Der Top-Ten-Teil

web Extras

Besuchen Sie uns auf `www.fuer-dummies.de` oder unseren Social-Media-Kanälen:

Facebook
`www.facebook.com/fuerdummies`

Instagram
`www.instagram.com/furdummies`

YouTube
`www.youtube.com/@dummies-mann`

IN DIESEM TEIL …

- Die zehn Gebote zum Umgang mit dem Klimawandel
- Zehn weitere Sachbücher, die den Klimawandel aus ganz unterschiedlichen Blickrichtungen behandeln

IN DIESEM KAPITEL

Fakten, Fakten, Fakten, …

Kapitel 21
Zehn Fakten zum Klimawandel

Aus allen bisher beschriebenen Fakten der zurückliegenden Kapitel können einige wesentliche Schlussfolgerungen gezogen werden. Man könnte diese Schlussfolgerungen als die zehn Gebote zum Umgang mit dem Klimawandel bezeichnen:

Der Treibhauseffekt ist die Ursache für den aktuellen Klimawandel

Das Gas Kohlendioxid, das wir durch Verbrennen von fossilen Energieträgern in die Atmosphäre freisetzen, absorbiert von der Erdoberfläche reflektierte Infrarot-Strahlung und vermindert dadurch das Entweichen dieser Wärmestrahlung ins Weltall. Die Atmosphäre wirkt wie ein Treibhaus. Die mittlere Durchschnittstemperatur auf der Erde wird dadurch immer höher (siehe Kapitel 5).

Der Treibhauseffekt hat sich in den letzten 175 Jahren aufsummiert

Die mittlere Durchschnittstemperatur auf der Erde erhöht sich Jahr für Jahr immer mehr. Seit dem Jahr 1850 ist der Durchschnitt der globalen Lufttemperatur bereits um circa 1,6 Grad Celsius angestiegen. Bereits in einigen wenigen Jahren könnte die Zielgröße des Pariser Klimaabkommens von zwei Grad Celsius überschritten werden (siehe Kapitel 5, 6 und 9).

Der Klimawandel ist menschengemacht

Drastische Änderungen des Klimas auf der Erde gab es bereits, bevor der Mensch die Bühne des Lebens betrat. Diese Klimaänderungen ereigneten sich aber in Zeiträumen von vielen Tausenden von Jahren. Der momentane Klimawandel ereignet sich in nur wenigen Hunderten von Jahren, sodass viele Lebensformen auf der Erde keine Möglichkeit mehr haben werden, sich dieser rasanten Veränderung anzupassen. Für diese bis dahin nie dagewesene, hohe Geschwindigkeit des Klimawandels ist allein der Mensch verantwortlich. Für die oben genannte Feststellung gibt es zahllose Beweise (siehe Kapitel 6). Kein ernstzunehmender Wissenschaftler zweifelt an dieser Aussage.

Der Klimawandel ist mittlerweile ein weltweites Problem

Der Klimawandel zeigt sich in allen Regionen dieser Welt, sei es durch Starkregenereignisse mit Überflutungen, durch Dürre- und Hitzeperioden, durch die Zunahme von Wirbelstürmen, durch Felsstürze wegen des auftauenden Permafrosts, durch das Abschmelzen von Gletschern und Eisschilden an Nord- und Südpol sowie durch einen Anstieg des Meeresspiegels (siehe Kapitel 8).

Die reichen Industrieländer haben die aktuellen Probleme verursacht und müssen daher einen wesentlichen Beitrag zur Lösung leisten

Die Industrienationen haben den Klimawandel durch ein ungebremstes Verbrennen von fossilen Energieträgern (Kohle, Öl und Erdgas) ausgelöst. Entwicklungs- und Schwellenländer haben nur unwesentlich zum Klimawandel beigetragen, haben aber überwiegend die Folgen zu tragen (siehe Kapitel 18). Daher müssen die Industrieländer einen finanziellen Ausgleich an die Entwicklungs- und Schwellenländer leisten.

Es gibt nicht die eine Problemlösung, es wird ein ganzer Strauß an Maßnahmen notwendig sein

Maßnahmen gegen den Klimawandel können unterschiedlichen Themenfeldern zugeordnet werden. Das sind vor allem Maßnahmen in der Energiewirtschaft und der Industrie, dem Gebäudebereich und der Mobilität, der Landwirtschaft und der Landnutzung sowie im öffentlichen und privaten Bereich (siehe Kapitel 12 bis 16).

Der Klimaschutz dient dem Allgemeinwohl und hat Priorität vor Einzelinteressen

Klimaschutz betrifft die gesamte Menschheit. Dennoch gefährdet der aufwändige Lebensstil von einigen wenigen Superreichen das Klima wesentlich stärker als der der großen Masse der übrigen Weltbevölkerung (siehe Kapitel 11 und 19). Wirkungsvolle Maßnahmen müssen Allgemeinwohl und Einzelinteressen miteinander in Einklang bringen.

Die Lösungen müssen generationen-, sozial und global gerecht sein

Die heute erwachsenen Menschen haben das Weltklima in die jetzige prekäre Situation gebracht. Die heutigen Kinder und Jugendlichen werden die Suppe auslöffeln müssen, die die Erwachsenen ihnen eingebrockt haben. Daher müssen die Erwachsenen unsere Umwelt wieder in Ordnung bringen, damit auch die nächsten Generationen ein lebenswertes Umfeld genießen können. Notwendige Maßnahmen zum Klimaschutz müssen so gestaltet sein, dass auch der ärmere Teil der Bevölkerung die Maßnahmen mittragen kann. Notwendige Maßnahmen zum Klimaschutz müssen so gestaltet sein, dass reichere Staaten eine höhere finanzielle Last tragen als ärmere Staaten (siehe Kapitel 11 und 17 bis 19).

Die Problemlösungen werden viel Geld kosten

Maßnahmen gegen den Klimawandel erfordern erhebliche finanzielle Mittel. Nichts tun ist jedoch keine Alternative, da die volkswirtschaftlichen Kosten für das Nichtstun höher sein werden, weil die durch Wetterextreme zerstörte Infrastruktur wieder aufgebaut werden muss (siehe Kapitel 19).

Wir Alle werden Abstriche am Lebensstandard machen müssen

Die Ressourcen auf unserem Planeten sind endlich und wir haben bereits das meiste davon verbraucht. Eine nachhaltige Lebensführung muss für alle Menschen auf der Erde das »Non-plus-Ultra« sein (siehe Kapitel 17 bis 19).

Kapitel 22
Zehn Literaturempfehlungen

Sofern Sie die Energie aufgebracht haben, den zusammengestellten Fakten bis hierhin zu folgen, gehört Ihnen ein großes Lob ausgesprochen.

Ich möchte Ihnen zudem einen weitergehenden Einblick gewähren, den andere Autoren entwickelt haben. Daher finden Sie im Folgenden die zehn wichtigsten Bücher, die jeweils den Klimawandel aus ganz unterschiedlichen Blickwinkeln betrachten und die für dieses Buch, *Klimawandel kompakt für Dummies*, eine wichtige Inspiration waren.

- ✔ Michael E. Mann, Momente der Entscheidung, 2023, Oekom-Verlag: Dieses Sachbuch eines der bekanntesten amerikanischen Wissenschaftler, der zu Themen des Klimawandels forscht, berichtet über wegweisende Experimente, die zu einem besseren Verständnis des Klimawandels geführt haben.
- ✔ Franz Josef Radermacher, Welt mit Zukunft – Überleben im 21. Jahrhundert, 2007, Murmann-Verlag: Der Autor ist Mitglied des Club of Rome und beschreibt in diesem Buch, wie die Globalisierung gestaltet werden müsste, wenn sie uns allen nutzen soll.
- ✔ Harald Lesch und Klaus Kamphausen, Die Menschheit schafft sich ab, 2018, Knaur-Verlag: Die Autoren vermitteln eine Kulturgeschichte der Menschheit und zeigen, wie der Mensch immer wieder in die Natur eingreift, mit teilweise dramatischen Folgen.
- ✔ Stefan Rahmstorf und Hans Joachim Schellnhuber, Der Klimawandel, 2019, C.H. Beck-Verlag: Zwei international bekannte Klimaforscher berichten, wie es zum weltweiten Klimawandel kommt und welche Gegenmaßnahmen ergriffen werden müssen.

- ✔ Jürgen Karl, Klimawende – Eine Energiebilanz für morgen, 2018, Eigenverlag: In diesem Buch diskutiert der Autor eine nachhaltige, sichere und bezahlbare Energieversorgung für morgen.
- ✔ Ottmar Edenhofer und Michael Jakob, Klimapolitik – Ziele, Konflikte, Lösungen, 2019, C.H. Beck-Verlag: Zwei Ökonomen beschreiben eine Klimapolitik, die zu einer gerechten und effizienten Nutzung globaler Gemeinschaftsgüter führen soll.
- ✔ Marcus Wadsak, Klimawandel – Fakten gegen Fake & Fiction, 2020, Braumüller-Verlag: Der Meteorologe erklärt, wie Hitzewellen, Dürreperioden und sommerliche Tage im Spätherbst zustande kommen.
- ✔ Morten Freidel, So rettet ihr das Klima nicht, 2024, Piper-Verlag: Der Journalist versucht, einen ursächlichen Zusammenhang zwischen effektivem Klimaschutz und Wirtschaftswachstum herzustellen.
- ✔ Claus-Peter Hutter, Karin Blessing, Rainer Köthe, Grundkurs Nachhaltigkeit, 2018, Oekom-Verlag: Die Autoren geben eine grundlegende Einführung in das Thema Nachhaltigkeit.
- ✔ Reinhard Zellner, Chemie über den Wolken, 2011, Wiley-VCH Verlag: Dieses Sachbuch des Herausgebers Reinhard Zellner und der Gesellschaft Deutscher Chemiker fasst unterschiedliche Forschungsthemen zur Atmosphärenchemie zusammen und gibt einen vortrefflichen Überblick darüber, wie unsere Erdatmosphäre, das Klima und unsere Umwelt miteinander in Verbindung stehen.

Abbildungsverzeichnis

C. Ermel und O. Runge

Programmieren und zeichnen mit Python für Dummies Junior

2. Auflage 2022 **ISBN:** 978-3-527-71995-2

224 Seiten

Format: 176 mm x 240 mm

Ladenpreis: 18,- €*

Zaubere tolle Bilder mit dem Computer! Du brauchst dafür nur ein paar einfache Befehle aus der Programmiersprache Python.

W. Eagle et al.

TikTok-Videos selber machen für Dummies Junior

1. Auflage 2023 **ISBN:** 978-3-527-72133-7

160 Seiten

Format: 176 mm x 240 mm

Ladenpreis: 17,-€*

Werde Teil der TikTok Community und begeistere andere mit deinen Ideen. In diesem Buch erfährst du, wie du Videos mit dem Smartphone erstellst, bearbeitest und mit deinen Freunden teilst.

C. Ermel und N. Rosenfeld

Spaß mit Elektronik für Dummies Junior

1. Auflage 2020 **ISBN:** 978-3-527-71705-7

198 Seiten

Format: 176 mm x 240 mm

Ladenpreis: 15,- €*

In diesem Buch lernst du, Schaltungen für coole Gadgets aufzubauen: eine Glückwunschkarte, die leuchtet, eine blinkende Weihnachtsbaumkugel, einen klingenden Draht und anderes mehr.

* Der €-Preis gilt nur für Deutschland. Preisänderungen und Irrtümer vorbehalten.

Stichwortverzeichnis

F

G

H

V

W

Y

Z